"十三五"江苏省高等学校重点教材

(编号: 2018-2-076)

信 息 光 子 学

陈明阳　吴宗森　杨 磊　陈毅华　编著

科 学 出 版 社

北 京

内 容 简 介

本书是讲授光电子信息器件基础理论及其计算机图像的专门教材. 本书围绕光子学与信息科学交叉形成的学科——信息光子学, 从电磁场及光学的基础理论出发, 逐一讨论激光束在波导和光纤中的传播模式与特性, 以及模拟激光在波导、光纤中传输的光束传播法. 作为信息光子学的重要应用领域, 本书又系统地介绍光信息系统中的有源光器件(激光器、光放大器和光接收器)和波分复用系统的原理及实际应用.

本书全面阐述信息光子学理论及光信息器件的工作原理, 同时兼顾前沿及应用. 全书共收录 36 个 MATLAB 仿真程序, 将各种物理现象以图像、图形的方式生动地呈现出来. 同时提供两个波分复用系统的实际调试操作, 可供学生在学习理论的基础上加以实际应用.

本书可作为光电信息科学与工程、光电子技术、光学工程、光纤通信、应用物理等专业高年级本科生、研究生的教材和教学参考书, 也可为光纤通信、光电技术等领域科技人员的课题研究提供参考.

图书在版编目(CIP)数据

信息光子学/陈明阳等编著. —北京: 科学出版社, 2019.8
"十三五"江苏省高等学校重点教材
ISBN 978-7-03-062011-8

I. ①信… Ⅱ. ①陈… Ⅲ. ①光子–高等学校–教材 Ⅳ. ①O572.31

中国版本图书馆 CIP 数据核字(2019) 第 161583 号

责任编辑: 罗　吉 / 责任校对: 杨聪敏
责任印制: 张　伟 / 封面设计: 华路天然工作室

科学出版社 出版
北京东黄城根北街 16 号
邮政编码: 100717
http://www.sciencep.com

北京天宇星印刷厂印刷
科学出版社发行　各地新华书店经销

*

2019 年 8 月第　一　版　开本: 720×1000　1/16
2024 年 8 月第四次印刷　印张: 15 1/4
字数: 308 000
定价: **49.00 元**
(如有印装质量问题, 我社负责调换)

P 前 言

reface

  光子学是研究光的激发、传输、检测、控制以及与物质相互作用的学科. 在信息领域, 光纤、半导体激光器、光放大器、光接收器件等获得了广泛的应用, 基于光纤技术的电信网络已成为最主要的信息传输系统之一. 此外, 在军事、传感、医疗等领域, 光子学也在发挥积极作用, 甚至提供了不可替代的核心技术.

  信息光子学是研究光子作为信息载体的科学. 它随着信息技术与光电技术的进步而迅猛发展, 是学界与产业界的热点所在, 因此应当成为光电信息科学与工程专业的核心课程之一. 但是现有教材要么过于偏重理论的探讨, 要么过于偏重实际应用, 没有将二者有机地结合起来. 对于学生而言, 所学到的知识也是割裂的, 找不到紧密的关联.

  现有的光电子技术方面的教材, 大多以介绍基础概念和知识为主, 往往存在内容不够深入、有关现象和原理介绍比较粗略等缺点, 为此, 编写一部既兼顾基础知识和原理介绍, 又能够从物理和数学方程上给予清晰解释的光电子教材显得非常重要. 本书从基础概念出发, 建立相应的物理模型, 针对光学器件的工作原理、工作模式, 将光子学问题归结为数值求解问题, 结合 MATLAB 强大的数值计算和图形显示功能, 完成光子学问题的仿真计算并给出图形化的显示结果, 使读者对基础理论有直观的认知与深入的理解. 目标是使学生不仅学到扎实的理论基础知识, 而且可以运用 MATLAB 对器件工作、工程应用等相关问题进行分析求解. 本书内容涵盖的器件包括平面波导、光纤、半导体激光器、光放大器、光接收器、波分复用器件等.

  本书编写团队由国内外高校教授和企业专家组成, 希望借鉴国外高校专业教学经验与方法. 同时, 在本书编写的过程中既注重基本原理与方法的传授, 又能结合行业发展动向与人才需求, 使学生具备实际工作所需的能力.

  本书由吴宗森、杨磊负责第 1、2 章的撰写工作, 杨磊负责第 3~5、9 章的撰写工作, 陈明阳负责第 6~8 章的撰写工作, 陈毅华负责第 10 章的撰写工作, 全书的审校工作由吴宗森负责.

书中的习题可以帮助读者进一步了解光子学中的一些基本问题. 本书可以作为高年级本科生、研究生和工程师等学习光子学和光电子学的教材或参考书.

信息光子学领域近年来发展迅猛, 知识更新速度也很快. 尽管编者团队在相关领域有着多年的教学科研经验, 仍需要积极跟进学科发展动态, 书中难免出现不妥之处, 敬请广大读者批评指正.

编 者

2018 年 12 月

C目 录
ontents

C第1章

hapter 1 绪 论

1.1 信息光子学概述

信息光子学是论述利用光子传递信息的一门学科. 它是光子学的重要分支, 牵涉及光子的产生、传播、放大、接收、调制与解调、显示六大环节. 本书将聚焦于前四个方面, 即光在波导、光纤中的传播, 激光器, 光的直接放大和光的接收器. 光子具有其他载体无法相比的优异性能: 首先, 光子具有极高的信息量和效率. 作为信息的载体, 因为 10^{15}Hz 量级的光子频率比电子频率高出 5 个数量级, 所以光子可以携带巨量的信息. 其次, 光子具有极快的响应能力. 电子脉冲宽度最窄限定在纳秒 (10^{-9}s) 量级, 而光子脉冲很容易做到皮秒 (10^{-12}s) 量级. 因此使用光子作为载体, 信息的速率可以做到几十、几百 GB/s, 甚至达到几个到几十 TB/s 的水平. 再次, 光子具有极强的计算和存储能力. 传统的电子计算机使用 "非 0 即 1" 的比特存储和计算原理, 光子使用量子比特 (qubit). 量子比特与传统比特相比, 能携带更多的信息, 具有更快的运算速度. 目前世界许多顶尖实验室都在从事光量子计算机的研制工作. 微软量子计算部门主管 Julie Love 在 2018 年的一次会议上表示, 量子计算机可以解决目前人类完全无法解决的一系列问题, 并且可以在 100s 内完成. 最后, 用光传送信息比用电传送信息要更胜一筹的是, 一般情况下, 光子本身之间没有相互作用, 所以光束之间可以相互穿越而彼此不受干扰, 当然, 光束也不受其他电磁波的干扰.

光学历史上一系列重要的里程碑事件推动着光子学的发展. 1865 年, 麦克斯韦 (Maxwell) 提出电磁波理论, 其后的 1898 年, 马可尼 (Marconi) 用实验证明了光波是一种电磁波. 1905 年, 爱因斯坦 (Einstein) 提出光子假设, 阐明了光电效应原理, 并于 1915 年通过广义相对论将光列为宇宙学的内在要素. 1960 年问世的红宝石激光器及次年问世的氦氖气体激光器和砷化镓半导体激光器开创了光子学新的一页. 1964 年, 查尔斯·汤斯 (Charles Townes) 由于在激光器领域的杰出成就而获得诺贝尔物理学奖. 2009 年诺贝尔物理学奖颁发给了光纤通信技术的鼻祖高锟. 5 年后的 2014 年, 诺贝尔物理学奖又被授予发明蓝光发光二极管 (LED) 的三位科学家. 2018 年诺贝尔物理学奖被授予在 "激光镊子及其在生物系统中的应用" 领域中做出杰出工作的美国科学家阿瑟·阿什金 (Arthur Ashkin) 及在 "产生高强度、超短光脉冲方法" 方面做出杰出贡献的法国科学家热拉尔·穆鲁 (Gérard Mourou) 和加拿大科学家唐娜·斯特里克兰 (Donna Strickland). 这一系列事件充分说明了光子学在人类生活和科技中的显要地位.

光子是传递电磁相互作用的基本粒子, 它是一种规范玻色子. 光子是电磁辐射的载体, 而在量子场论中, 光子被认为是电磁相互作用的媒介子. 1970 年, 荷兰科学家波德沃尔特 (Poldervaart) 首次提出光子学的概念. 他认为光子学是研究光子作为信息和能量载体的学科. 电子学是关于电子及其应用的学科, 与此类比, 光子学被定义为关于光子及其应用的学科. 在理论上, 光子学研究光子的量子特性, 研究光子与分子、原子、电子, 以及光子之间在相互作用时产生的各种物理效应. 在应用上, 光子学研究光子的产生、传输、控制和探测的规律. 信息光子学是光子学在通信技术上的一个重要分支. 即使在 1999~2001 年的电信 "泡沫" 时期, 信息光子学中的光纤通信仍然是一个非常重要和活跃的领域. 例如, 一根光纤具有同时进行大约三百万对电话通话的能力. 2014 年 10 月, 来自美国和荷兰的科学家利用光学信号在新型的光纤中实现了 255TB/s 的传输速率. 通俗点说, 他们能在 1s 内传输 255TB 的数据, 或者用 0.004s 的时间即可把 1TB 硬盘里的全部内容传输到另一个地方. 这一速率要比当时的商用光纤的带宽高出 21 倍, 还远高于同年由丹麦技术大学 (DTU) 创造的 43TB/s 的速率. 这是以前电缆时代根本无法想象的超快速传输.

光子学不仅带动了实验和理论物理学在多个领域的巨大进展, 如玻色-爱因斯坦凝聚、量子场论、量子力学的统计诠释、量子光学和量子计算等, 而且在物理学外的其他领域里, 光子学也有很多重要应用, 如光化学、高分辨显微术以及分子间距测量等. 在当代相关研究中, 光子也是研究量子计算机的基本元素, 它还在复杂的光通信技术, 如量子密码学等领域有重要的研究价值. 此外, 生物医学光子学也受到越来越多的重视. 生物体的信息和能量以光子形式释放或者发送到生物体后反射回来, 被光子探测器接收后用于构建相关生物体的结构和功能的信息.

1.2   通信中的激光器

激光是 20 世纪人类最重大的科技发明之一. 它对人类的社会生活产生了巨大和深刻的影响. 自 1960 年第一台激光器——红宝石激光器问世以后短短几十年, 各种各样的激光器相继问世, 波长从远红外一直到紫外, 工作物质从固体、气体到半导体, 发射光功率从毫瓦到兆瓦, 从而适用于不同的应用场合. 对于光纤通信, 由于具有固体、气体激光器不能比拟的体积小、重量轻、寿命长、易调制等优点, 半导体激光器 (laser diode, LD) 成为光纤通信的常用光源.

半导体激光器中的常用工作物质有砷化镓 (GaAs)、硫化镉 (CdS)、磷化铟 (InP)、硫化锌 (ZnS) 等. 激励方式有电注入、电子束激励和光泵浦三种形式. 半导体激光器件可分为同质结、单异质结和双异质结 (DH) 等类型. 同质结激光器和单异质结激光器在室温时多为脉冲器件, 而双异质结激光器室温时可实现连续工作. 光纤通信中常用的半导体激光器就是由双异质结的双III-V族的半导体 GaAs 和 InP 构成的 InGaAsP 制作而成.

激光光束的特性是:

(1) 单色性好. 激光发射的各个光子频率非常接近, 因而成为最好的单色或准单色光源.

(2) 相干性好. 受激辐射的光子在相位上是一致的, 再加之谐振腔的选模作用, 使激光束横截面上各点间有固定的相位关系, 所以激光的空间相干性很好 (由自发辐射产生的普通光是非相干光). 激光为我们提供了最好的相干光源. 正是激光器的问世促使相干技术获得了飞跃的发展, 全息技术也才得以实现.

(3) 方向性好. 激光束的发散角很小, 几乎是一平行的光线.

半导体激光器是依靠注入载流子工作的, 和其他激光器一样, 它发射激光必须具备三个基本条件:

(1) 要产生粒子数反转, 即处于高能态的粒子数远大于处于低能态的粒子数.

(2) 有一个合适的谐振腔能够起到反馈作用, 使受激辐射光子增生, 从而产生激光振荡.

(3) 要满足一定的阈值条件, 以使光子增益等于或大于光子的损耗.

半导体激光器的工作原理是基于激励方式, 利用电子在能带间跃迁发光, 用半导体晶体的解理面形成两个平行反射镜面作为反射镜, 组成谐振腔, 使光振荡、反馈, 从而产生光的受激辐射放大, 输出激光.

与电子器件的调制方式不一样, 呈中性的光子不能直接使用外电场来调制, 激光器使用间接的办法, 通过改变发光机构或用外场改变材料的光学性质实现光束的调制. 它又有外调制和内调制两大类. 半导体激光器采用的是内调制的方式, 将传输的二进位信号作为偏置电源直接加到半导体激光器上, 从而使它发出的激光光强度随待传输的信号发生变化, 达到传输被调制信号的目的.

1.3 光 纤 通 信

光纤和激光出现以前, 通信的载体是同轴电缆和微波. 光纤作为通信的载体, 与同轴电缆和微波相比, 有巨大的优势:

(1) 通信容量大. 2019 年, 中国信息通信科技集团的科研人员实现了 1.06 PB/s 超大容量波分复用及空分复用的光传输系统实验, 可以在仅有头发丝粗细的一根光纤上同时传输近 300 亿个话路. 这是传统的同轴电缆、微波等远远无法比拟的, 并且一根光缆中可以包含几十根甚至上千根光纤, 其通信容量之大将更加惊人.

(2) 中继距离长. 由于光纤具有极低的损耗系数 (商用化石英光纤已达 0.19dB/km 以下), 若配以适当的光发送与光接收设备, 可使其中继距离达数百千米以上. 这是传统的电缆 (1.5km)、微波 (50km) 等根本无法与之相比拟的. 因此光纤通信特别适用于长途一、二级干线通信. 此外, 已在进行的光孤子通信试验, 已达到传输 120 万个话路、6000km 无中继的水平. 因此, 在不久的将来实现全球无中继的光纤通信是完全可能的.

(3) 保密性能好. 光波在光纤中传输时只在其纤芯区域进行, 基本上没有光 "泄露" 出去, 因此其保密性能极好.

(4) 适应能力强. 光纤不怕外界强电磁场的干扰, 耐腐蚀, 可挠性强 (弯曲半径大于 25cm 时其性能不受影响) 等.

此外, 光缆的体积小, 重量轻, 便于施工维护. 光缆的敷设方式方便灵活, 既可以直埋、管道敷设, 又可以水底敷设和架空. 最后, 光纤的原材料是来源丰富、潜在价格低廉的二氧化硅即砂子, 而砂子在大自然界中几乎是取之不尽、用之不竭的, 因此其潜在价格是十分低廉的.

一根典型的低损耗光纤的损耗实验测量结果如图 1.1 所示. 该图显示了第一、第二和第三通信窗口的位置. 光通信中最常用的波长介于 0.83μm 和 1.55μm 之间. 早期的技术中使用 $0.8 \sim 0.9$μm 的波段 (简称第一窗口), 主要是因为当时的光源和光检测器处于这些波长. 第二窗口集中在对应于光纤零色散 (约 1.3μm) 的区域. 色散是由不同波长的光有不同传播速度引起的, 其结果是当脉冲通过一个色散介质

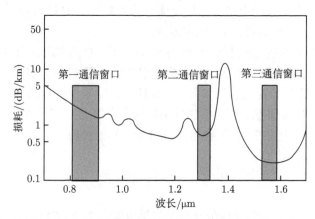

图 1.1　一根典型的低损耗光纤的损耗波谱

时它的脉冲拉长了, 最终限制了数据传输的速度. 第三窗口中心波长在 $1.55\mu m$ 左右, 在该波长, 玻璃的损失接近最低, 约 $0.15dB/km$. 大约 $0.2dB/km$ 的损失相当于 $15km$ 的传输距离后功率损耗了 50%.

1.4 通信中的波分复用技术

为了使不同的制造商能够开发在光纤通信系统中功能兼容的组件, 国际电信联盟 (ITU) 已经制定和公布了不少标准. 各种不同的标准机构也就总体符合系统性能的光纤、发射器、接收器制定了其他的标准.

ITU 已指定六种用于光纤通信的传输频带.

O-波段 (初始波段): $1260 \sim 1360nm$;

E-波段 (扩展波段): $1360 \sim 1460nm$;

S-波段 (短波段): $1460 \sim 1530nm$;

C-波段 (传统波段): $1530 \sim 1565nm$;

L-波段 (长波段): $1565 \sim 1625nm$;

U-波段 (超长波段): $1625 \sim 1675nm$.

第 7 个波段的波长在 $850nm$ 附近, 用作私用网路, 不在 ITU 规定范围之内.

波分复用 (WDM) 是一种复用技术, 它允许波长不同的光信号在一根光纤中传播, 而不会互相干扰. 该技术的发明增加了一根光纤所携带信息的容量. WDM 不是增加光纤能力的唯一办法. 在图 1.2 中我们说明两种基本的复用格式, 都能增加光纤的容量: 时分复用 (TDM)和波分复用 (WDM). 两种格式中都把来自各种渠道的信息组合 (复用) 到单一的信息渠道, 这既可以在时间上又可以用不同的频率 (波长) 来完成.

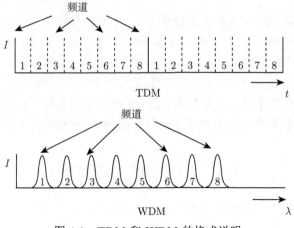

图 1.2 TDM 和 WDM 的格式说明

WDM 传输系统如图 1.3 所示. 图中, MUX 表示多路复用器, 其作用是将光从几个不同的来源结合起来, 它们按各自特定的波长在光纤中沿各自的通道传输. 到达接收端后, 多路解复用器 (DMUX) 又把它们分离回各自不同的波长信道中去.

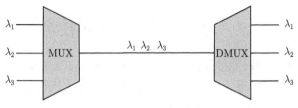

图 1.3   WDM 传输系统

1.5   通信中的光纤放大器

光纤放大器是对光信号直接进行放大的光放大器件. 它在光纤通信系统中的使用, 使得不再需要将光信号转换为电信号, 而是直接放大光信号. 掺铒光纤放大器 (erbium-doped optical fiber amplifier, EDFA), 即在信号通过的纤芯中掺入了稀土元素铒离子 (Er^{3+}) 的光信号放大器, 是英国南安普顿大学和日本东北大学首先研制成功的光放大器, 它是光纤通信中最伟大的发明之一. 在这之前, 也就是从光纤开始服役通信的 1976 年到 1988 年期间, 光信号必须在进入中继站后先将光信号转换为电信号, 利用电信号放大器进行放大, 然后再转换为光信号, 回到光纤中继续传输. 直到 1988 年出现 EDFA 后, 通信系统才成为真正意义上的光子通信系统. 从 20 世纪 80 年代后期开始, EDFA 的研究工作不断取得重大的突破. WDM 技术极大地增加了光纤通信的容量, 因而 EDFA 成为当前光纤通信中应用最广的光放大器件.

EDFA 的基本结构主要由有源介质 (几十米长的掺铒石英光纤, 芯径 $3 \sim 5\mu m$, 掺杂浓度 $(25 \sim 1000) \times 10^{-6}$)、泵浦光源 (990nm 或 1480nm LD)、光耦合器及光隔离器等组成. 信号光与泵浦光在掺铒光纤内可以在同一方向 (同向泵浦)、相反方向 (反向泵浦) 或两个方向 (双向泵浦) 传播. 当信号光与泵浦光同时注入掺铒光纤中时, 铒离子在泵浦光作用下激发到高能级上, 并很快衰变到亚稳态能级上, 在入射信号光作用下回到基态时发射对应于信号光的光子, 使信号得到放大.

1.6   通信中的光接收器

构成光接收器的主要组件是光检测器, 它利用光电效应将入射的光信号转为电信号. 光检测器通常是半导体光电二极管, 如 pn 结二极管, pin 二极管, 或是雪崩型二极管. 另外, "金属–半导体–金属" 光检测器也因为与电路集成性佳, 而被应用在光再生器或是波分复用器中. 光接收器中使用的光电二极管和激光二极管一样, 接入电路时都需要偏置电压, 但是各自的极性正好相反. 从物理上看, 激光器正偏压通过施压将电子–空穴对复合产生光子, 而光检测器将接收到的光子所产生的电子–空穴对拖向电路的正负极, 它们理所当然有相反极性的偏置电压. 光接收器电路通常使用 RC 电路和放大器处理由光检测器转换出的光电流. 光检测器的误码率高低是判断一个光接收器性能优劣的主要判据. 在有关光接收器的章节中我们将会学习到用光接收器提高通信质量的方法.

1.7 计算光子通信

计算光子学是物理学的一个新兴分支, 它使用数值方法研究光 (在这里, 光是广义上的电磁波) 在波导和光纤中的传播以及激光、光放大器和光接收器作用的物理图像. 在这些领域中, 其核心部分是通过分析和计算机建模的手段研究光以及光与物质的相互作用. 这种新兴的计算科学领域对设计新一代的光子器件、长距离传输和通信系统正发挥着举足轻重的作用. 通常, 计算光子学可以理解为实验的 "替代" 法, 即在计算机上进行的相关 "实验". 显然, 这种方法大大地降低了开发成本, 极大地加快了开发新产品的速度. 本书收集了数十个 MATLAB 程序, 它们的计算机成像不仅使我们一目了然地理解许多物理概念, 而且使我们通过改变激光器、光放大器、光波导和光纤的参数获得这些光子器件的最佳效果. 读者可以将本书中的物理概念和数学上的有关方程式与 MATLAB 清单中的程序一一比较, 甚至尝试改变程序中的参数大小观察所得的计算结果, 进一步提升掌握 MATLAB 的能力和加深对各种光子器件性能的理解.

C hapter 2 第 2 章

电磁学基础

光波实质上是一种超高频的电磁波, 它所遵循的电磁波行为由麦克斯韦方程组所概括. 分析光波在波导和光纤中的传输模式、色散以及非线性效应的规律, 本质上就是在不同边界条件下求解麦克斯韦方程组或相应的波动方程. 我们在本章从麦克斯韦方程组开始讨论电磁学的基本定律和光的基本特性.

2.1 麦克斯韦方程组

麦克斯韦方程组有微分和积分两种形式. 我们先讨论麦克斯韦方程组的微分形式, 然后讨论它的积分形式.

2.1.1 麦克斯韦方程组的微分形式

麦克斯韦方程组是英国伟大的物理学家麦克斯韦在 19 世纪总结了电磁学中三个最基本的物理实验定律: 库仑定律、安培–毕奥–萨伐尔定律和法拉第定律, 从而建立的描述电场和磁场的四个基本方程构成的方程组. 该方程组系统而完整地概括了电磁场的基本规律, 揭示了光和电磁现象的本质, 并预言了电磁场的存在.

麦克斯韦方程组的微分形式为

$$\nabla \times \boldsymbol{E} = -\frac{\partial \boldsymbol{B}}{\partial t} \tag{2.1}$$

$$\nabla \times \boldsymbol{H} = \boldsymbol{J} + \frac{\partial \boldsymbol{D}}{\partial t} \tag{2.2}$$

$$\nabla \cdot \boldsymbol{D} = \rho_v \tag{2.3}$$

$$\nabla \cdot \boldsymbol{B} = 0 \tag{2.4}$$

式中, $\boldsymbol{E}$ 是电场强度, 其单位为 V/m; $\boldsymbol{B}$ 是磁感应强度, 其单位为 T; $\boldsymbol{H}$ 是磁场强度, 其单位为 A/m; $\boldsymbol{D}$ 是电位移矢量, 其单位为 C/m^2; $\boldsymbol{J}$ 是传导电流密度, 其单位为 A/m^2; ρ_v 是电荷密度, 其单位为 C/m^3.

方程 (2.1)~(2.4) 所包含的物理意义如下:

方程 (2.1) 表示变化的磁场可以激发涡旋电场;

方程 (2.2) 表示变化的电场以及电流可以产生涡旋磁场;

方程 (2.3) 和 (2.4) 告诉我们, 当电荷存在时, 电场是散度场; 而磁场永远是非散度场.

因此, 在麦克斯韦方程组中, 电场和磁场已经成为不可分割的整体.

上述关系式需辅佐下面的本构关系公式:

$$\boldsymbol{D} = \varepsilon \boldsymbol{E} \tag{2.5}$$

$$\boldsymbol{B} = \mu \boldsymbol{H} \tag{2.6}$$

$$\boldsymbol{J} = \sigma \boldsymbol{E} \tag{2.7}$$

式中, $\varepsilon = \varepsilon_0 \varepsilon_r$ 是传输介质的介电常数, 其单位为 F/m; ε_r 是相对介电常数, 真空时 $\varepsilon_0 = 8.854 \times 10^{-12}$F/m; $\mu = \mu_0 \mu_r$ 是磁导率, 其单位为 H/m; μ_r 是相对磁导率, 真空时 $\mu_0 = 4\pi \times 10^{-7}$H/m, 对于我们通常所考虑的光学问题, 介质是非磁性的, 因此 $\mu_r = 1$; σ 是电导率, 对于绝大多数光学传输介质, $\sigma = 0$.

2.1.2　麦克斯韦方程组的积分形式

两个数学定理: 高斯定理和斯托克斯定理, 可以使我们从上述的麦克斯韦方程组的微分形式得到它的积分形式. 高斯定理是

$$\oint_S \boldsymbol{F} \cdot \mathrm{d}\boldsymbol{S} = \int_V \nabla \cdot \boldsymbol{F} \mathrm{d}v \tag{2.8}$$

式中, S 是包围体积 V 的封闭表面. 斯托克斯定理则为

$$\oint_L \boldsymbol{F} \cdot \mathrm{d}\boldsymbol{l} = \int_A \nabla \times \boldsymbol{F} \cdot \mathrm{d}\boldsymbol{S} \tag{2.9}$$

式中, 路径 L 定义了表面积 A. 借助上述两个定理, 麦克斯韦方程组的微分形式转换为其积分形式

$$\oint_S \boldsymbol{D} \cdot \mathrm{d}\boldsymbol{S} = \int_V \rho_v \mathrm{d}v \tag{2.10}$$

$$\oint_S \boldsymbol{B} \cdot \mathrm{d}\boldsymbol{S} = 0 \tag{2.11}$$

$$\oint_L \boldsymbol{E} \cdot \mathrm{d}\boldsymbol{l} = -\int_A \frac{\partial \boldsymbol{B}}{\partial t} \cdot \mathrm{d}\boldsymbol{S} \tag{2.12}$$

$$\oint_L \boldsymbol{H} \cdot \mathrm{d}\boldsymbol{l} = \int_A \left(\frac{\partial \boldsymbol{D}}{\partial t} + \boldsymbol{J} \right) \cdot \mathrm{d}\boldsymbol{S} \tag{2.13}$$

和麦克斯韦方程组的微分形式一样, 其积分形式的方程 (2.10) 和 (2.12) 描述了电场的性质. 方程 (2.11) 和 (2.13) 描述了磁场的性质. 如果 ε 与 E 独立无关, 那么介质是线性的, 反之, 它是非线性的. 如果 ε 与空间中的位置无关, 那么它被称为匀质介质; 反之, 它是非匀质介质. 再者, 如果特性与方向无关, 介质是各向同性的; 反之, 是各向异性的.

2.2　边界条件

边界条件源于积分形式的麦克斯韦方程组. 为此, 我们将所有矢量分解为两个分量, 一个平行于界面, 另一个则垂直于界面. 使用如图 2.1 所示的路径和圆柱体推导边界条件. 推导时, 电场和磁场独立进行.

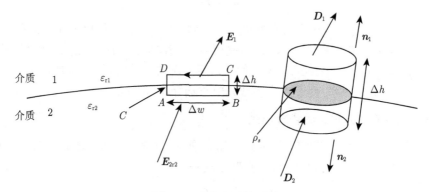

图 2.1　两种介质的界面

2.2.1　电场边界条件

首先, 让我们分析切向分量. 将方程 (2.12) 沿封闭的路径 C 积分, 如图 2.1 所示, 然后使得 $\Delta h \to 0$

$$\int_{ABCDA} \boldsymbol{E} \cdot \mathrm{d}l = -\boldsymbol{E}_1 \cdot \mathrm{d}l + \boldsymbol{E}_2 \cdot \mathrm{d}l = -E_{1t}\Delta w + E_{2t}\Delta w = 0$$

于是

$$E_{1t} = E_{2t} \tag{2.14}$$

因此, 任何两个电介质在边界两侧电场的切向分量是连续的. 利用上述的一般关系 (2.5), 我们得到了矢量 $\boldsymbol{D}$ 的切向分量的边界条件

$$\frac{D_{1t}}{\varepsilon_{r1}} = \frac{D_{2t}}{\varepsilon_{r2}} \tag{2.15}$$

为了获取垂直分量的边界条件, 我们考虑如图 2.1 所示的圆柱体. 这里 n_1 和 n_2 是圆柱体上下表面 S 指向对应电介质的法向分量. 运用高斯定律, 沿着圆柱体的表面进行积分

$$\int_S \boldsymbol{D}\cdot\mathrm{d}\boldsymbol{S} = \int_{\mathrm{top}} \boldsymbol{D}_1 \cdot \boldsymbol{n}_1 \mathrm{d}S + \int_{\mathrm{bottom}} \boldsymbol{D}_2 \cdot \boldsymbol{n}_2 \mathrm{d}S = \rho_S \Delta S$$

圆柱体外表面的贡献在极限 $\Delta h \to 0$ 时消失殆尽. 利用 $\boldsymbol{n}_2 = -\boldsymbol{n}_1$ 的事实以及基本公式 (2.5), 我们得到

$$\boldsymbol{n}_1 \cdot (\boldsymbol{D}_1 - \boldsymbol{D}_2) = \rho_s \tag{2.16}$$

或

$$\varepsilon_{\mathrm{r}1} E_{2\mathrm{n}} - \varepsilon_{\mathrm{r}2} E_{1\mathrm{n}} = \rho_s \tag{2.17}$$

因此, 矢量 $\boldsymbol{D}$ 的法向分量在边界面两边是不连续的 (除非 $\rho_s = 0$).

2.2.2 磁场边界条件

利用和电场类似的方法推导出磁场的边界条件, 对于方程 (2.11), 沿着圆柱面进行积分

$$\int_S \boldsymbol{B}\cdot\mathrm{d}\boldsymbol{S} = 0$$

或者

$$B_{1\mathrm{n}} = B_{2\mathrm{n}} \tag{2.18}$$

利用基本公式 (2.6), 得到磁场的边界条件 $\boldsymbol{H}$

$$\mu_{\mathrm{r}1} H_{1\mathrm{n}} = \mu_{\mathrm{r}2} H_{2\mathrm{n}} \tag{2.19}$$

上述关系告诉我们, 其 $\boldsymbol{B}$ 的法向分量在边界上是连续的. 为了得到切向磁场分量在边界上的表达式, 把安培定律用在路径 C 上, 并使得 $\Delta h \to 0$. 接着, 可以得到

$$\int_C \boldsymbol{H}\cdot\mathrm{d}l = \int_A^B \boldsymbol{H}_2 \cdot \mathrm{d}l - \int_C^D \boldsymbol{H}_1 \cdot \mathrm{d}l = I$$

式中, I 是穿过圆环面的净电流. 如果我们让 Δh 趋于零, 圆环面则接近一根短线 Δw. 于是, 穿过这根短线的电流是 $I = J_s \cdot \Delta w$, 其中 J_s 是流过圆环表面的电流密度. 因此, 可以把上述方程表示为

$$H_{2\mathrm{t}} - H_{1\mathrm{t}} = J_s \tag{2.20}$$

利用单位矢量 n_2, 上述关系可以改写为

$$\boldsymbol{n}_2 \times (\boldsymbol{H}_1 - \boldsymbol{H}_2) = \boldsymbol{J}_s \tag{2.21}$$

式中, n_2 是介质 2 向外的法向矢量, 如图 2.1 所示; J_s 是界面上的表面电流.

在表 2.1 中, 我们列举了两个电介质之间电场和磁场的边界条件. 各种场分量的变化用图 2.2 加以说明.

表 2.1   两个电介质之间电场和磁场的边界条件

场分量	一般形式	特定形式
E 的切向分量	$n_2 \times (E_1 - E_2) = 0$	$E_{1t} = E_{2t}$
D 的法向分量	$n_2 \cdot (D_1 - D_2) = \rho_s$	$D_{1n} - D_{2n} = \rho_s$
H 的切向分量	$n_2 \times (H_1 - H_2) = J_s$	$H_{1t} - H_{2t} = J_s$
B 的法向分量	$n_2 \cdot (B_1 - B_2) = 0$	$B_{1n} = B_{2n}$

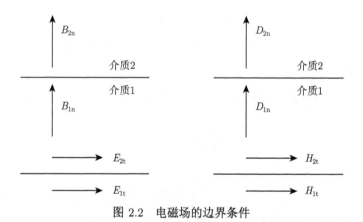

图 2.2   电磁场的边界条件

由表 2.1 我们看到一共有 4 个边界条件, 在特定情况下, 如果界面上没有表面电荷, 也没有表面电流, 电场强度 E 和磁场强度 H 的切向分量是相等的, 而且电位移矢量 D 和磁感应强度 B 的法向分量也是连续的. 对于通信系统中所使用的波导和光纤, 两层介质之间既没有表面电荷也不存在表面电流, 因此它们都遵循特定形式的边界条件.

2.3   波动方程的分析

2.2 节我们讨论了麦克斯韦方程组的微分和积分形式. 麦克斯韦方程组表明电磁场的变化具有波动性, 可以脱离激发源形成电磁波. 实际上, 电磁波是由电场矢量 E 和与之垂直的磁场矢量 H 组合在一起以相应的频率振荡并在空间沿着与电场及磁场相垂直的方向传播的. 电磁波传播的方向用波矢 k 表示, 电场 E、磁场 H 和传播方向 k 的关系图如图 2.3 所示.

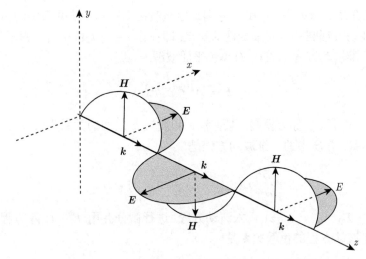

图 2.3 电场 $\boldsymbol{E}$、磁场 $\boldsymbol{H}$ 和传播方向 $\boldsymbol{k}$ 的关系图

本节我们从麦克斯韦方程组的微分形式出发推导出电磁波所服从的波动方程, 然后对其中的重要概念进行分析与探讨.

2.3.1　波动方程

在本节我们将推导无源介质的波动方程. 这里我们重点讨论电场矢量 $\boldsymbol{E}(\boldsymbol{r}, t)$, 它是空间与时间的函数, 这里简记为 $\boldsymbol{E}$. 此时 $\rho_v = 0$ 和 $\boldsymbol{J} = 0$. 把运算子 $\nabla \times$ 施加于方程 (2.1) 的两端, 我们发现

$$\nabla \times \nabla \times \boldsymbol{E} = -\frac{\partial}{\partial t}(\nabla \times \boldsymbol{B}) = -\mu \frac{\partial}{\partial t}(\nabla \times \boldsymbol{H}) = -\mu \frac{\partial}{\partial t} \frac{\partial \boldsymbol{D}}{\partial t} = -\mu \varepsilon \frac{\partial^2 \boldsymbol{E}}{\partial t^2} \qquad (2.22)$$

这里我们利用了麦克斯韦方程 (2.2) 和基本公式 (2.5). 接着, 我们使用下面的数学公式:

$$\nabla \times \nabla \times \boldsymbol{E} = \nabla(\nabla \cdot \boldsymbol{E}) - \nabla^2 \boldsymbol{E} \qquad (2.23)$$

借助于麦克斯韦方程 (2.3), 最终得到

$$\nabla^2 \boldsymbol{E} - \mu \varepsilon \frac{\partial^2}{\partial t^2} \boldsymbol{E} = 0 \qquad (2.24)$$

上述方程就是我们所期待的波动方程. 麦克斯韦方程表明电磁场的变化具有波动性, 它脱离激发源以后可以以波的形式在介质中传播. 物理量 $\mu\varepsilon$ 与光在真空中的速度有以下关系 (假设 $\mu_{\rm r} = 1$):

$$\mu\varepsilon = \mu_0\varepsilon_0\varepsilon_{\rm r} = \frac{\overline{n}^2}{c^2} = \frac{1}{v^2} \qquad (2.25)$$

式中, $\bar{n}$ 是介质的折射率, c 和 v 分别是电磁波在真空和一般介质中的传播速度.

上述波动方程服从时间不变性的规定, 即在作 $t \to -t$ 替换后方程不变.

对于标准波动方程 (2.24), 有单色平面波解

$$\boldsymbol{E} = A\mathrm{e}^{\mathrm{i}(\omega t - \boldsymbol{k} \cdot \boldsymbol{r})}$$

其中, A 是一个常数, 称为振幅. 角频率 ω 和波矢 $\boldsymbol{k}$ 之间的关系为 $k = \omega\sqrt{\mu\varepsilon}$, 其中, $k = |\boldsymbol{k}|$ 为波数. 介质中的一维波动方程是

$$\frac{\partial^2}{\partial t^2}E(z,t) - v^2\frac{\partial^2}{\partial z^2}E(z,t) = 0$$

将 $E(z,t) = E_0 \sin(\omega t - kz)$ 代入波动方程, 进行微分并用 $E(z,t)$ 除方程两端, 可以得到上述波动方程的色散关系是

$$\omega = \pm v \cdot k$$

它表明波的角频率 ω 和它的波数 k 呈线性关系. 角频率 ω 与频率的关系是 $\omega = 2\pi f$, 而波数定义为

$$k = \frac{\omega}{v} = \frac{2\pi}{\lambda}$$

式中, λ 是光波的波长, 而 v 是波的相速度. 因子 $\omega t - kz$ 被称为波的**相位**.

当电磁波在介质中传播时, 它的损耗是显著的, 其衰减必须出现在波的电场表示式中. 因此, 存在衰减的电场表示式是

$$E(z,t) = E_0\mathrm{e}^{-\alpha z}\sin(\omega t - kz)$$

式中, α 是衰减系数. 光的强度和它的电场的平方成正比. 因此, 光束的功率在传播距离 L 后按 $\mathrm{e}^{-2\alpha L}$ 减小. 如果距离以 km 计, 那么 α 的单位是 km^{-1}. 设功率减小的量为

$$A(\mathrm{dB}) = 10\log_{10}\mathrm{e}^{-2\alpha L} \tag{2.26}$$

找出衰减系数 α 和 dB/km 之间的关系

$$\begin{aligned}
A(\mathrm{dB}) &= 10\log_{10}\mathrm{e}^{-2\alpha L}\\
&= -20 \cdot \alpha \cdot L \cdot \log_{10}\mathrm{e}\\
&= -8.685 \cdot \alpha \cdot L
\end{aligned}$$

因此

$$A(\mathrm{dB})/L(\mathrm{km}) = -8.685 \cdot \alpha \tag{2.27}$$

2.3.2 斯托克斯关系

斯托克斯关系把光在两种介质的分界面上的反射率和透射率关联起来. 假设电场 E 入射到界面上, 一部分反射回去, 一部分透射下去, 如图 2.4 所示. 这里 r, t 是电场 (不是强度) 从介质 2 传播到介质 1 时的反射系数和透射系数. 类似地, r', t' 代表场从介质 1 传播到介质 2 时的反射系数和透射系数.

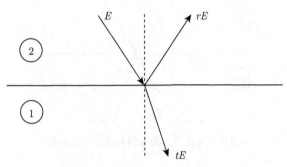

图 2.4 分界面上的反射和透射

本节一开始, 我们知道波动方程的时间服从不变性. 时间倒置不变性告诉我们, 图 2.4 (反射和透射) 当时间倒置时也应该成立, 如图 2.5 所示, 此时我们把 tE 和 rE 合并起来形成电场 E.

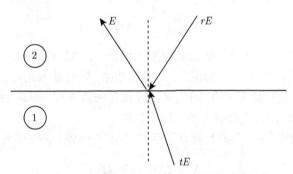

图 2.5 分界面上的反射和透射 (时间倒置的过程)

然而, 当两束光 (tE 和 rE), 一束从上面而另一束从下面, 射到介质 1 和介质 2 的分界面上时, 这两束光必定存在部分的反射和部分的透射, 如图 2.6 所示.

我们发现它们在物理上的相似处改为基于它们在物理上的一致性存在

$$r^2 E + t' t E = E$$

$$r t E + r' t E = 0$$

由此, 我们得到斯托克斯关系

$$t't = 1 - r^2$$

$$r' = -r$$

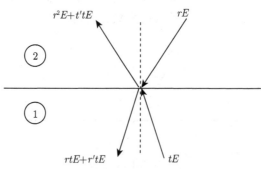

图 2.6   分界面上的反射和透射 (全过程)

2.4   时 谐 场

在许多实际情况下, 电磁场随时间按正弦变化, 俗称时谐场. 任何复杂变化的场都可以通过傅里叶积分的方法分解为许多正弦变化场或时谐场的叠加. 时谐电场可以表示为

$$\boldsymbol{E}(\boldsymbol{r}, t) = \mathrm{Re}\left\{\boldsymbol{E}(\boldsymbol{r})\,\mathrm{e}^{\mathrm{i}\omega t}\right\} \tag{2.28}$$

式中, $\boldsymbol{E}(\boldsymbol{r})$ 是 $\boldsymbol{E}(\boldsymbol{r}, t)$ 具有复矢量相位的电场振幅, 因此它通常是个复数; $\mathrm{Re}\{\cdots\}$ 代表把括号中的量 "取实数" 的结果; ω 是圆频率, 单位是 rad/s. 必须指出所有的电场和磁场都是用矢量表示的, 因此波动方程是矢量方程. 但是, 我们要将它们由矢量方程简化成或拆分成标量方程, 以方便求解.

施以时谐的假设后, 无源的麦克斯韦方程组式 (2.28) 最终成为

$$\nabla \times \boldsymbol{E} = -\mathrm{i}\omega\mu\boldsymbol{H} \tag{2.29}$$

$$\nabla \times \boldsymbol{H} = \mathrm{i}\omega\varepsilon\boldsymbol{E} \tag{2.30}$$

再加上时谐的假设, 波动方程 (2.24) 便成为

$$\nabla^2\boldsymbol{E} + k^2\boldsymbol{E} = 0 \tag{2.31}$$

式中, $k = \omega\sqrt{\mu\varepsilon}$. 该方程可以简洁地表达为

$$\left(\frac{\partial^2}{\partial x^2} + \frac{\partial^2}{\partial y^2} + \frac{\partial^2}{\partial z^2} + k^2\right) E_i = 0 \tag{2.32}$$

式中, $i = x, y, z$.

同理, 可以得到

$$\nabla^2 \boldsymbol{H} + k^2 \boldsymbol{H} = 0 \tag{2.33}$$

方程 (2.32) 和 (2.33) 称为电磁场的亥姆霍兹方程, 它们反映了电磁场随空间变化的基本规律.

考虑一个等幅平面波的传播. 它的唯一的非零的均匀电场是 E_x. 又假定

$$\frac{\partial^2 E_x}{\partial x^2} = 0, \quad \frac{\partial^2 E_x}{\partial y^2} = 0 \tag{2.34}$$

波动方程则简化为

$$\frac{\partial^2 E_x}{\partial z^2} + k^2 E_x = 0 \tag{2.35}$$

方程前向传播的解是

$$E_x(z) = E_0 \mathrm{e}^{-\mathrm{i}kz} \tag{2.36}$$

磁场由麦克斯韦方程 (2.29) 所决定

$$\nabla \times \boldsymbol{E} = \begin{vmatrix} \boldsymbol{a}_x & \boldsymbol{a}_y & \boldsymbol{a}_z \\ 0 & 0 & \dfrac{\partial}{\partial z} \\ E_x(z) & 0 & 0 \end{vmatrix} = -\mathrm{i}\omega\mu \left(\boldsymbol{a}_x H_x + \boldsymbol{a}_y H_y + \boldsymbol{a}_z H_z \right) \tag{2.37}$$

式中, $\boldsymbol{a}_x, \boldsymbol{a}_y, \boldsymbol{a}_z$ 分别是沿着 x, y, z 轴的单位矢量. 由上述方程, 我们发现

$$\begin{cases} H_x = 0 \\ H_y = \dfrac{1}{\mathrm{i}\omega\mu} \dfrac{\partial E_x(z)}{\partial z} \\ H_z = 0 \end{cases} \tag{2.38}$$

利用 $E_x(z)$ 的解, 我们最终得到了磁场的表达式

$$\begin{aligned} \boldsymbol{H} &= \boldsymbol{a}_y H_y(z) \\ &= \frac{1}{-\mathrm{i}\omega\mu} (-\mathrm{i}k E_0) \boldsymbol{a}_y \\ &= \boldsymbol{a}_y \frac{k}{\omega\mu} E_0(z) \\ &= \boldsymbol{a}_y \frac{1}{Z} E_0(z) \end{aligned} \tag{2.39}$$

式中, 我们引入了定义为 $Z = \sqrt{\dfrac{\mu}{\varepsilon}}$ 的介质的阻抗.

假设电场和磁场都是相关的时谐平面波

$$E = A \cdot \exp[\mathrm{i}(\omega t - k \cdot r)]$$

则

$$\nabla \times E = \nabla \times [A \cdot \exp(\mathrm{i}\omega t - \mathrm{i}k \cdot r)]$$

利用结论

$$\nabla \times (fG) = f\nabla \times G + \nabla f \times G$$

这里, $f = \exp(\mathrm{i}\omega t - \mathrm{i}k \cdot r)$, $G = A$, $\nabla \times A = 0$, 所以

$$\nabla \times E = \nabla \exp(\mathrm{i}\omega t - \mathrm{i}k \times A) \tag{2.40}$$

$$= -\mathrm{i}k \times A \exp(\mathrm{i}\omega t - \mathrm{i}k \cdot r) \tag{2.41}$$

$$= -\mathrm{i}k \times E \tag{2.42}$$

类比方程 (2.28), 可知

$$-\frac{\partial B}{\partial t} = -\mathrm{i}\omega B = -\mathrm{i}\omega\mu H$$

于是, 麦克斯韦方程 (2.1) 变为

$$k \times E = \omega\mu_0 H$$

考虑到波数 $k = \omega\overline{n}\sqrt{\mu_0\varepsilon_0}$ 以及自由空间中的阻抗 $Z_0 = \sqrt{\dfrac{\mu_0}{\varepsilon_0}}$, 因此上式可以改写为

$$\overline{n}\,\widehat{k} \times E = Z_0 H \tag{2.43}$$

它表明: ① 电磁波的传播方向 k 与电场 E 的偏振方向和磁场 H 的偏振方向互相垂直, 满足右手定则; ② 电场 E 和磁场 H 并非两个独立变量, 它们的比值等于介质的阻抗 Z.

2.5　偏　振　波

本节将讨论电磁波偏振的概念. 偏振是指横波的振动矢量方向对于传播方向的不对称性, 它使得在垂直于传播方向的平面上, 矢量 E 末端在空间给定点画出随时间而变化的轨迹 (曲线或直线). 在最一般的情况下, 该曲线是一个椭圆, 因此它称为椭圆偏振波, 在一定条件下, 椭圆可退化为一个圆或一条直线, 分别称为圆偏振波和线偏振波. 由于磁场矢量与电场矢量遵循相同规律, 所以我们只需对电场矢量加以讨论.

2.5.1 线偏振波

考虑一个沿 x 轴振动的电场矢量 $\boldsymbol{E}$ 的电磁波

$$\boldsymbol{E} = \boldsymbol{a}_x E_0 \cos(\omega t - kz + \phi) \tag{2.44}$$

我们知道它是一个线性偏振的平面波, 其电场矢量沿着 x 方向来回振荡, 整个波沿着 z 方向传播. 在方程 (2.44) 中, $\omega = 2\pi\nu$ 是圆周频率, 而波数 k 定义为

$$k = \frac{\omega}{v}$$

它是一个传播常数, 其中 $v = c/\bar{n}$ 是电磁波在折射率为 $\bar{n}$ 的介质中的传播速度. ϕ 是电磁波的相位.

电磁波也可以用复数形式表示

$$\boldsymbol{E} = \boldsymbol{a}_x E_0 \mathrm{e}^{\mathrm{i}(\omega t - kz + \phi)} \tag{2.45}$$

用方程 (2.44) 表示的实际电场可以对方程 (2.45) 取实数部分而获得. 电磁波更一般的表示式是

$$\boldsymbol{E} = \hat{e} E_0 \mathrm{e}^{\mathrm{i}(\omega t - \boldsymbol{k} \cdot \boldsymbol{r} + \phi)} \tag{2.46}$$

它被称为平面偏振波. 这里单位矢量 $\hat{e}$ 处在称为偏振面的平面中, 它与描述传播方向的矢量相垂直, 因此

$$\boldsymbol{k} \cdot \hat{e} = 0$$

2.5.2 圆偏振波和椭圆偏振波

在一般情况下, 当我们有任意数量在同一个方向传播的平面波时, 它们合成起来就会变成一个复杂的形状. 最简单的情况是仅有两个平面波. 更具体地说, 考虑两个沿正交方向振动的平面波

$$\boldsymbol{E}_1 = E_x \boldsymbol{a}_x = \boldsymbol{a}_x E_{0x} \cos(\omega t - kz) \tag{2.47}$$

$$\boldsymbol{E}_2 = E_y \boldsymbol{a}_y = \boldsymbol{a}_y E_{0y} \cos(\omega t - kz - \phi) \tag{2.48}$$

我们要知道的是合成波的类型和最终电场矢量 $\boldsymbol{E} = \boldsymbol{E}_1 + \boldsymbol{E}_2$ 末端的轨迹曲线

$$\boldsymbol{E} = \boldsymbol{E}_1 + \boldsymbol{E}_2 = \boldsymbol{a}_x E_{0x} \cos(\omega t - kz) + \boldsymbol{a}_y E_{0y} \cos(\omega t - kz - \phi) \tag{2.49}$$

首先消除掉 $\cos(\omega t - kz)$ 这一项. 对于方程 (2.47)

$$\cos(\omega t - kz) = \frac{E_x}{E_{0x}} \tag{2.50}$$

利用三角恒等式

$$\cos(\alpha - \beta) = \cos\alpha\cos\beta + \sin\alpha\sin\beta$$

把方程 (2.49) 表示成下面的方程:

$$E_y = E_{0y}\left\{\cos(\omega t - kz)\cos\phi + \left[1 - \cos^2(\omega t - kz)\right]^{1/2}\sin\phi\right\}$$

把方程 (2.50) 代入上式, 于是有

$$\frac{E_y}{E_{0y}} = \frac{E_x}{E_{0x}}\cos\phi + \left(1 - \frac{E_x^2}{E_{0x}^2}\right)^{1/2}\sin\phi$$

两边取平方得到

$$\left(\frac{E_y}{E_{0y}} - \frac{E_x}{E_{0x}}\cos\phi\right)^2 = \left(1 - \frac{E_x^2}{E_{0x}^2}\right)\sin^2\phi$$

或者

$$\frac{E_y^2}{E_{0y}^2} - 2\cos\phi\frac{E_y}{E_{0y}}\frac{E_x}{E_{0x}} + \frac{E_x^2}{E_{0x}^2}\cos^2\phi + \frac{E_x^2}{E_{0x}^2}\sin^2\phi = \sin^2\phi$$

最终, 上述方程变成

$$\left(\frac{E_y}{E_{0y}}\right)^2 + \left(\frac{E_x}{E_{0x}}\right)^2 - 2\left(\frac{E_y}{E_{0y}}\right)\left(\frac{E_x}{E_{0x}}\right)\cos\phi = \sin^2\phi \tag{2.51}$$

这是一个椭圆的一般性方程. 因此 $\boldsymbol{E}(z,t)$ 的末端在空间一个给定的位置呈现一个椭圆形的轨迹. 换言之, 这个波是椭圆偏振的. 当相位 $\phi = \dfrac{\pi}{2}$ 时, 合成的总电场是

$$\left(\frac{E_y}{E_{0y}}\right)^2 + \left(\frac{E_x}{E_{0x}}\right)^2 = 1 \tag{2.52}$$

它代表一个右旋的椭圆偏振波. 随着时间的推移, 电场矢量 $\boldsymbol{E}$ 末端沿着椭圆形逆时针地旋转. 我们把椭圆形、圆形和线性三种偏振状态汇总在图 2.7 中.

(a) 椭圆形　　　　　　　(b) 圆形　　　　　　　(c) 线性

图 2.7　三种典型的偏振状态

2.6　电介质界面的反射和布儒斯特角

本节我们讨论电磁波在两个电介质之间的界面遇到的反射, 如图 2.8 所示. 垂直于两种介质之间的界面的单位矢量 n 与入射波和反射波传播方向所组成的平面定义为入射面.

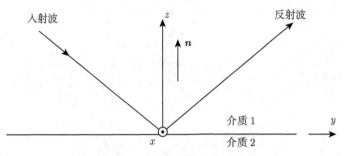

图 2.8　用于定义入射面的图

我们将推导所谓的菲涅耳 (Fresnel) 系数, 即基于波的入射角和两边电介质的材料特性计算的波反射系数和透射系数. 菲涅耳系数的定义为

$$r = \mathrm{e}^{-2\mathrm{j}\phi} \tag{2.53}$$

我们将计算 TE 和 TM 两个模式的反射系数 r 及它们的相位 ϕ.

2.6.1　TE 偏振

参照图 2.9, $E_{1\mathrm{i}}, E_{1\mathrm{r}}, E_{2\mathrm{t}}$ 分别是在介质 1 和 2 中入射、反射和透射的电场. 在介质 1 中的入射电场 ($E_{1\mathrm{i}}$) 平行于这两个介质之间的分界面, 这样的取向被称为 TE 偏振. 偏振的另一种参考系是入射面, 如果电场矢量 E 和入射面垂直, 这种偏振又被称为 s 偏振.

边界条件要求界面两侧总电场 E 和总磁场的切向分量相等. 其方程为

$$E_{1\mathrm{i}} + E_{1\mathrm{r}} = E_{2\mathrm{t}} \tag{2.54}$$

$$-H_{1\mathrm{i}} \cos\theta_1 + H_{1\mathrm{r}} \cos\theta_1 = -H_{2\mathrm{t}} \cos\theta_2$$

另外, 两边介质的阻抗表示式为

$$\frac{E_{1\mathrm{i}}}{H_{1\mathrm{i}}} = Z_1, \quad \frac{E_{1\mathrm{r}}}{H_{1\mathrm{r}}} = Z_1, \quad \frac{E_{2\mathrm{t}}}{H_{2\mathrm{t}}} = Z_2 \tag{2.55}$$

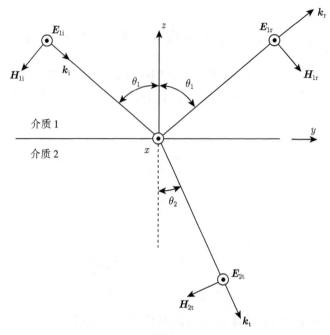

图 2.9　TE 偏振的菲涅耳反射

对于非磁性介质 $(\mu_r = 1)$, 阻抗可以写成 $Z = \dfrac{Z_0}{\overline{n}}$, 其中 $\overline{n}$ 是介质的折射率, 而且

$$Z_0 = \sqrt{\frac{\mu_0}{\varepsilon_0}}$$

是自由空间的阻抗. 方程 (2.54) 中的磁场被方程 (2.55) 的电场所替换, 我们得到

$$E_{1i} + E_{1r} = E_{2t} \tag{2.56}$$

$$-\frac{E_{1i}}{Z_1}\cos\theta_1 + \frac{E_{1r}}{Z_1}\cos\theta_1 = -\frac{E_{2t}}{Z_2}\cos\theta_2$$

反射系数定义为

$$r_{TE} = \frac{E_{1r}}{E_{1i}} \tag{2.57}$$

方程 (2.56) 两边除以 E_{2t}, 再代入方程 (2.57), 我们获得

$$r_{TE} = \frac{Z_2\cos\theta_1 - Z_1\cos\theta_2}{Z_2\cos\theta_1 + Z_1\cos\theta_2}$$

用折射率 $\bar{n}$ 取代阻抗 Z, 最终得到

$$r_{\mathrm{TE}} = \frac{\bar{n}_1 \cos\theta_1 - \bar{n}_2 \cos\theta_2}{\bar{n}_1 \cos\theta_1 + \bar{n}_2 \cos\theta_2}$$

$$= \frac{\bar{n}_1 \cos\theta_1 - \sqrt{\bar{n}_2^2 - \bar{n}_1^2 \sin^2\theta_1}}{\bar{n}_1 \cos\theta_1 + \sqrt{\bar{n}_2^2 - \bar{n}_1^2 \sin^2\theta_1}} \qquad (2.58)$$

由斯涅耳定律 (Snell law), 角度 θ_1 达到某个数值时, $\bar{n}_2^2 - \bar{n}_1^2 \sin^2\theta_1 < 0$ 的情况出现了, 这时, 反射系数变成复数. 我们把它写成

$$r_{\mathrm{TE}} = \frac{\bar{n_1} \cos\theta_1 - \mathrm{i}\sqrt{\bar{n_1}^2 \sin^2\theta_1 - \bar{n_2}^2}}{\bar{n_1} \cos\theta_1 + \mathrm{i}\sqrt{\bar{n_1}^2 \sin^2\theta_1 - \bar{n_2}^2}} \equiv \frac{a - \mathrm{i}b}{a + \mathrm{i}b}$$

上式可以改写成

$$r_{\mathrm{TE}} = \frac{\mathrm{e}^{-\mathrm{i}\phi_{\mathrm{TE}}}}{\mathrm{e}^{\mathrm{i}\phi_{\mathrm{TE}}}} = \mathrm{e}^{-2\mathrm{i}\phi_{\mathrm{TE}}}$$

这里, 我们定义 $a + \mathrm{i}b = \mathrm{e}^{\mathrm{i}\phi_{\mathrm{TE}}}$. 最终, 利用菲涅耳相位 (2.53) 的定义, 得到

$$\tan\phi_{\mathrm{TE}} = \frac{\sqrt{\bar{n}_1^2 \sin^2\theta_1 - \bar{n}_2^2}}{\bar{n}_1 \cos\theta_1} \qquad (2.59)$$

上述公式表示 TE 偏振电磁波在反射时产生了相位移. 位移的数值与入射角和两个介质的折射率有关.

2.6.2 TM 偏振

分析 TM 偏振 (磁场与界面平行) 的场结构如图 2.10 所示. 这里, 电场矢量与入射平面平行. 当入射面作为偏振的评判时, 它又称为 p 偏振. 我们将推导 TM 模式的反射系数 r_{TM}. 和之前一样, $E_{1\mathrm{i}}, E_{1\mathrm{r}}, E_{2\mathrm{t}}$ 是介质 1 和介质 2 复数形式的入射、反射和透射电场. 磁场矢量也使用类似的记号. 边界条件要求切向分量在界面上连续, 相关的方程为

$$E_{1\mathrm{i}} \cos\theta_1 - E_{1\mathrm{r}} \cos\theta_1 = E_{2\mathrm{t}} \cos\theta_2 \qquad (2.60)$$

$$H_{1\mathrm{i}} + H_{1\mathrm{r}} = H_{2\mathrm{t}}$$

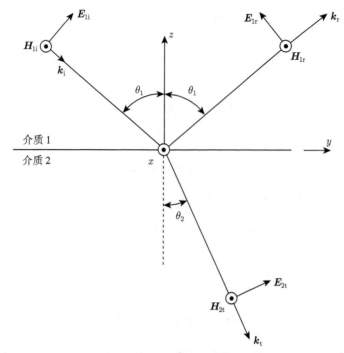

图 2.10　TM 偏振的菲涅耳反射

矢量的方向即偏振波的方向

利用阻抗方程 (2.55) 把磁场置换掉后, 方程 (2.60) 变成

$$E_{1\mathrm{i}} \cos\theta_1 - E_{1\mathrm{r}} \cos\theta_1 = E_{2\mathrm{t}} \cos\theta_2 \tag{2.61}$$

$$\frac{E_{1\mathrm{i}}}{Z_1} + \frac{E_{1\mathrm{r}}}{Z_1} = \frac{E_{2\mathrm{t}}}{Z_2}$$

反射系数定义为

$$r_{\mathrm{TM}} = \frac{E_{1\mathrm{r}}}{E_{1\mathrm{i}}} \tag{2.62}$$

由方程 (2.61) 有

$$r_{\mathrm{TM}} = \frac{Z_1 \cos\theta_1 - Z_2 \cos\theta_2}{Z_1 \cos\theta_1 + Z_2 \cos\theta_2}$$

也可以用折射率来表示

$$r_{\mathrm{TM}} = \frac{\overline{n}_2 \cos\theta_1 - \overline{n}_1 \cos\theta_2}{\overline{n}_2 \cos\theta_1 + \overline{n}_1 \cos\theta_2}$$

$$= \frac{\overline{n}_2 \cos\theta_1 - \dfrac{\overline{n}_1}{\overline{n}_2} \sqrt{\overline{n}_2^2 - \overline{n}_1^2 \sin^2\theta_1}}{\overline{n}_2 \cos\theta_1 + \dfrac{\overline{n}_1}{\overline{n}_2} \sqrt{\overline{n}_2^2 - \overline{n}_1^2 \sin^2\theta_1}} \tag{2.63}$$

处理 TM 相位的步骤与 TE 偏振完全一样. 最终得到的结果是

$$\tan\phi_{\mathrm{TM}} = \frac{\overline{n}_1^2}{\overline{n}_2^2} \times \frac{\sqrt{\overline{n}_1^2 \sin^2\theta_1 - \overline{n}_2^2}}{\overline{n}_1 \cos\theta_1} \tag{2.64}$$

上述方程表示 TM 偏振的电磁波和前面讨论过的 TE 偏振的电磁波一样在反射时产生了相位移, 不过两者相差的倍数等于上下界面的折射率的平方.

2.6.3 布儒斯特角

一般情况下, 一束光波既有 TE 偏振分量又有 TM 偏振分量.

如图 2.11 所示, 入射波既含有平行于分界面的电场分量 (TE 偏振), 又含有平行于分界面的磁场分量 (TM 偏振). 当入射角为特定角度 θ_{B} 时, 平行于入射面的光束的反射系数变成 0, 反射波只剩下垂直于入射面的电场分量. 这个特定角度被称为布儒斯特角. 由 (2.63) 式可以得到

$$\overline{n}_2 \cos\theta_1 - \frac{\overline{n}_1}{\overline{n}_2}\sqrt{\overline{n}_2^2 - \overline{n}_1^2 \sin^2\theta_1} = 0$$

将上式和 $\sin\theta_{\mathrm{B}}/\sin\theta_2 = \overline{n}_2/\overline{n}_1$ 联立起来, 最终得到

$$\tan\theta_{\mathrm{B}} = \frac{\overline{n}_2}{\overline{n}_1}$$

并且当入射角为布儒斯特角时, 折射角和入射角之和为 $\pi/2$. 这样的角度对于 s(TE) 偏振不存在. 因此, 如果一个非偏振光在布儒斯特角入射时, 反射光将是线性偏振光, 或者说, 反射光是 s 偏振光.

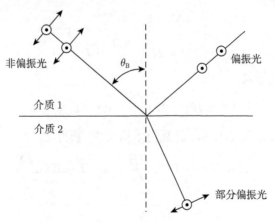

图 2.11 以布儒斯特角入射时的偏振

例如, 我们选取空气–玻璃作为例子计算光波在界面上的反射. 这时 $n = \overline{n}_2/\overline{n}_1 = 1.50$. 反射系数随入射角度的变化在 $n = 1.50$ 的作图示于图 2.12. MATLAB 代码见**二维码 2A.1**. 我们看到, 在布儒斯特角 (57°) 时, $r_{\mathrm{TM}} = 0$.

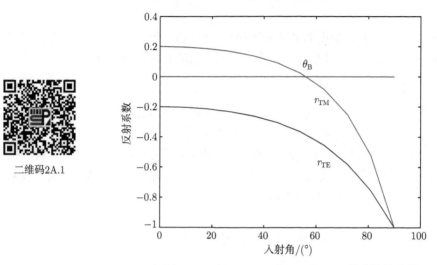

二维码2A.1

图 2.12　当 n=1.50 时 TE 和 TM 模式的外反射

2.7　坡印亭矢量

显而易见, 传播的电磁波总是携带着电磁场的能量. 那么, 它所携带的能量和电磁场的强度有怎样的关系? 本节我们就来揭示这个问题. 让我们从麦克斯韦方程 (2.1) 和 (2.2) 出发

$$\nabla \times \boldsymbol{E} = -\frac{\partial \boldsymbol{B}}{\partial t} \tag{2.65}$$

$$\nabla \times \boldsymbol{H} = \frac{\partial \boldsymbol{D}}{\partial t} + \boldsymbol{J} \tag{2.66}$$

利用下面的数学恒等式:

$$\nabla \cdot (\boldsymbol{E} \times \boldsymbol{H}) = \boldsymbol{H} \cdot (\nabla \times \boldsymbol{E}) - \boldsymbol{E}(\nabla \times \boldsymbol{H}) \tag{2.67}$$

把麦克斯韦方程代入方程 (2.67) 并利用本构公式, 获得

$$\begin{aligned} \nabla \cdot (\boldsymbol{E} \times \boldsymbol{H}) &= -\boldsymbol{H} \cdot \mu \frac{\partial \boldsymbol{H}}{\partial t} - \boldsymbol{E} \cdot \boldsymbol{J} - \boldsymbol{E} \cdot \mu \frac{\partial \boldsymbol{E}}{\partial t} \\ &= -\mu \frac{1}{2} \frac{\partial \boldsymbol{H} \cdot \boldsymbol{H}}{\partial t} - \sigma E^2 - \varepsilon \frac{1}{2} \frac{\partial \boldsymbol{E} \cdot \boldsymbol{E}}{\partial t} \\ &= -\frac{\partial}{\partial t} \left(\frac{1}{2} \varepsilon E^2 + \frac{1}{2} \mu H^2 \right) - \sigma E^2 \end{aligned} \tag{2.68}$$

方程 (2.68) 对 V 进行积分并应用高斯定理, 发现

$$\int_V \nabla \cdot (\boldsymbol{E} \times \boldsymbol{H})\mathrm{d}v = -\frac{\partial}{\partial t}\int_V \left(\frac{1}{2}\varepsilon E^2 + \frac{1}{2}\mu H^2\right)\mathrm{d}v - \int_V \sigma E^2 \mathrm{d}v \qquad (2.69)$$

坡印亭矢量 $\boldsymbol{P}$ 定义为

$$\boldsymbol{P} = \boldsymbol{E} \times \boldsymbol{H} \qquad (2.70)$$

方程 (2.69) 可以写成

$$-\oint_S \boldsymbol{P} \cdot \mathrm{d}\boldsymbol{s} = \frac{\partial}{\partial t}\int_V (w_{\mathrm{e}} + w_{\mathrm{m}})\,\mathrm{d}v + \int_V p_\sigma \mathrm{d}v \qquad (2.71)$$

式中, $w_{\mathrm{e}} = \frac{1}{2}\varepsilon E^2$ 是电能密度; $w_{\mathrm{m}} = \frac{1}{2}\mu H^2$ 是磁能密度; $p_\sigma = \sigma E^2$ 是欧姆功率密度.

上述方程中, 我们可以把矢量 $\boldsymbol{P}$ 视为单位面积中的功率流. 图 2.13 表明三种不同偏振状态下, 尽管图中底部显示的偏振状态各不相同, 但是电场 $\boldsymbol{E}$, 磁场 $\boldsymbol{H}$ 和坡印亭矢量 $\boldsymbol{P}$ 之间仍维系右手定则的关系. 方程 (2.71) 表明逸出整个封闭面积 S 的光功率等于它所包围的体积 V 中单位时间内的电磁能量的变化和体积 V 中消耗的欧姆功率.

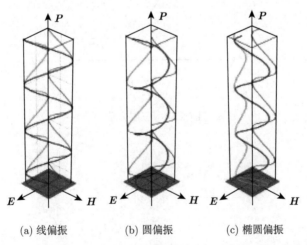

(a) 线偏振　　　　(b) 圆偏振　　　　(c) 椭圆偏振

图 2.13　三种偏振状态下电场 $\boldsymbol{E}$ 和磁场 $\boldsymbol{H}$ 分别沿 x 和 y 方向, 坡印亭矢量 $\boldsymbol{P}$ 沿 z 方向

2.8 习 题

1. 证明一个线性偏振的平面波可以分解为一个右旋圆偏振波和一个等幅的左旋圆偏振波.

2. 确定垂直入射的功率反射率并绘制各种折射率时它随路径差/波长的变化.

3. 写出 MATLAB 程序来说明椭圆偏振的电磁波由两个互相垂直但是振幅不同的波组成, 绘制三维的传播图. 通过改变两个波之间的相位差 ϕ 分析偏振状态.

4. 假定对于某些材料的折射率在一个特定的波长为负数, 讨论这样一个假设的后果, 考虑修正的斯涅耳定律.

5. 当自然光在 70° 入射到空气–玻璃 ($\overline{n}_{glass} = 1.5$) 界面时, 有多少百分比的输入辐照强度被反射掉?

6. 写出右旋圆偏振波沿正 z 方向传播的表达式, 使得在 $z = 0$ 和 $t = 0$ 时它的 $\boldsymbol{E}$ 朝向负 x 方向.

7. 验证线偏振光为椭圆偏振光的一种特殊情况.

8. 如图 2.14 所示, 光从空气入射到折射率为 $\overline{n}_2 = 1.5$ 的平板层材料上, 它下面是折射率为 $\overline{n}_3$ 的材料. 入射角 θ_1 正好是该界面的布儒斯特角, 而当光折射到第三种材料时, 入射角 θ_2 又碰巧是 $\overline{n}_2$ 与 $\overline{n}_3$ 界面的布儒斯特角. 试求 $\overline{n}_3$ 的数值.

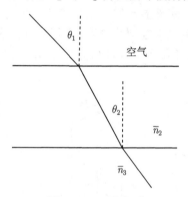

图 2.14　三层介质

第 3 章
Chapter 3 光学基础

　　将电磁波按照波长 (或频率) 依次排列成谱, 就得到了如图 3.1 所示的电磁波谱. 其中光学区域 (或光学频谱) 包括紫外、可见和红外区域. 大多数的光学现象都可以用经典的电磁场理论进行描述, 但是在实际中完整的电磁场描述往往十分复杂, 因此, 对于光学问题经常采用更为简单的模型与理论. 其中最为简单的便是几何光学 (或射线光学) 理论, 它将光作为能够传输能量但没有截面大小、只有位置和方向的几何线——光线处理, 以此来研究光的传播和成像规律. 而更为完善的波动光学 (或物理光学) 理论, 从光的波动性出发, 主要研究光的干涉、衍射、偏振等问题. 本章对于几何光学的介绍包括光线的基本守则与本书中最常用到的几个重要概念; 对于波动光学的介绍从惠更斯–菲涅耳原理出发, 着重介绍薄膜干涉及其一个重要的应用——法布里–珀罗 (Fabry-Pérot, FP) 干涉仪. 需要指出的是, 几何光学理论是最先发展起来的, 它适用的范围是研究对象的尺度远大于所用光波波长的情况.

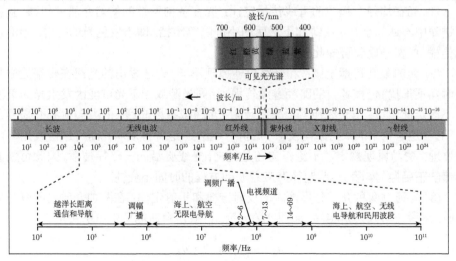

图 3.1　电磁波谱分布图

实际上, 它是波动光学理论的短波长近似. 随着 19 世纪电磁场理论的发展, 光波被证实是一种电磁波, 因此被归纳到电磁波理论的范畴.

3.1　几 何 光 学

3.1.1　光线的基本守则

凡能辐射光能的物体均可称为 "光源". 当光源大小与其辐射光能的作用距离相比可以忽略时, 视其为 "点光源". 光源向空间辐射光波, 在某一瞬时, 光振动相位相同的点构成的曲面, 即某一瞬时光波所到达的位置称为 "波阵面", 简称**波面**. 波面按照形状分为球面、平面及任意曲面. 在均匀的各向同性介质中, 点光源的波面是与点电荷的等势面类似的球面. 电场线是与等势面垂直的一簇曲线, 同样, **光线**也是与波面垂直的一簇曲线. 光线与电场线一样, 都是为了便于分析光场/电场而假想出来的, 不可能通过例如无限缩小光阑孔径等方法得到像几何线那样的所谓 "光线". 光在介质中传播, 其**光程**定义为光传播的几何路程与介质折射率的乘积. 几何光学的问题常常可以归结为光程问题. **费马原理**即为用光程描述的光线传播规律. 它的表述是: 光在指定的两点间传播, 实际光程总是一个极值. 即光总是沿光程为极小、极大或恒定的路程传播, 其数学表达式如下:

$$\int_A^B n \mathrm{d}s = 极值 (极小值、极大值或恒定值) \tag{3.1}$$

光在传播时遵循以下三条基本实验定律.

(1) 光在均匀介质中的直线传播定律: 光在各向同性的均匀介质中传播, 且在行进途中不遇到小孔、狭缝和不透明的小屏障等阻挡, 即不发生光的衍射, 则沿直线传播. 由费马原理可知此结论显而易见.

(2) 光的独立传播定律: 和光路可逆原理不同, 光源发出的光线在传播途中相遇时互不干扰, 仍按各自的路径继续传播. 相同光源或相干光可能因发生光的干涉而不满足此定律. 当光线逆着原来的反射光线 (或折射光线) 的方向射到介质界面时, 必会逆着原来的入射方向反射 (或折射) 出去, 这种性质叫光路可逆性或光路可逆原理. 费马原理规定了不论正向还是逆向, 光线必沿同一路径传播, 因此可知此定律的正确性. 实际上, 此定律对应着波动方程的时间不变性.

(3) 光通过两种介质分界面时的反射定律和折射定律: 在两种介质之间有分界面时, 反射角与入射角相等, 如图 3.2 所示. 折射角由斯涅耳定律所决定

$$\bar{n}_1 \sin \theta_1 = \bar{n}_2 \sin \theta_2 \tag{3.2}$$

式中, $\bar{n}_1$ 和 $\bar{n}_2$ 是两种介质的折射率, 而 θ_1 和 θ_2 分别是入射角和折射角.

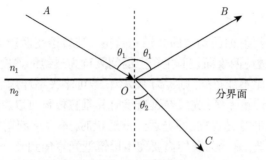

图 3.2 斯涅耳定律

上述反射定律只适用于各向同性介质的界面, 且只解决光线的传播方向而并不涉及反射时的能量分配.

入射光线 A 与反射光线 B 之间的一般关系式是

$$B = R \cdot A \tag{3.3}$$

式中, R 是反射系数 (复数). 两种能在平板波导中传播的主要类型的反射系数由菲涅耳公式 (Fresnel formula) 决定, 我们在第 2 章中已经讨论.

反射定理和折射定理同样可以通过费马原理得到证明.

3.1.2 临界角

由斯涅耳定律, 我们可以推断出在内反射 (光从光密介质射向光疏介质) 的情况下, 存在一个临界角 θ_c, 当入射角大于或等于此临界角时, 光线反射后会留在光密介质内, 这种情况的出现对应于 $\theta_2 = \pi/2$, 如图 3.3 所示. 临界角 θ_c 的大小由下式确定:

$$\sin \theta_c = \frac{\overline{n}_2}{\overline{n}_1} \tag{3.4}$$

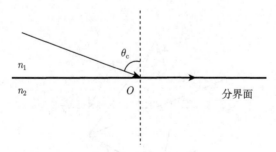

图 3.3 临界角的图解

3.1.3　透镜

透镜是由两个折射曲面构成的共轴光具组. 连接透镜两球面曲率中心的直线称为透镜的光轴. 透镜两表面在其主轴上的间隔称为透镜的厚度. 若透镜的厚度与球面的曲率半径相比不能忽略, 则称为厚透镜; 若可略去不计, 则称为薄透镜. 我们这里要讨论的是薄透镜系统, 光线穿过透镜时其垂直位移可以忽略不计. 由费马原理容易得到薄透镜的等光程性, 即光通过薄透镜时, 不会引起附加光程差. 光纤光学中透镜之所以重要, 是因为我们需要使用透镜把光聚焦到光纤上, 如图 3.4 所示. 这时, 光的准直光束 (与透镜光轴平行的光) 被聚焦到透镜的焦点上, 其距离为 f, 称为透镜的焦距. 所有的准直光线都会聚到焦点上. 焦距 f 与透镜的曲率半径 R_1 及 R_2 有以下关系:

$$\frac{1}{f} = (\overline{n} - 1) \left(\frac{1}{R_1} + \frac{1}{R_2} \right) \tag{3.5}$$

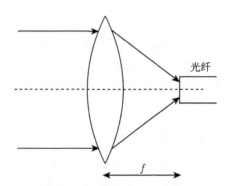

图 3.4　聚焦到光纤上的光束

如果光束相对于透镜轴线以某个角度射入 (图 3.5), 那么光束将聚焦在焦平面上.

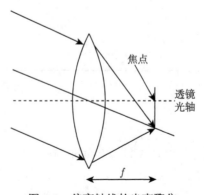

图 3.5　偏离轴线的光束聚焦

3.1.4 渐变折射率透镜

渐变折射率 (gradient in the index of refraction, GRIN) 透镜的材料的折射率不再是一个常数, 而是与空间的位置有关. 因此, 让折射率在空间产生变化成为设计理想透镜的另一个渠道.

GRIN 结构的简单分析如图 3.6 所示. 它如同一个扁平的圆柱体, 它的折射率 $\bar{n}(r)$ 与它的半径 r(光束到轴心的距离) 有关, 在光轴处为极大值, 向外递减. 会聚到焦点 F 的所有光束的光程相同, 即穿过圆柱轴心的光束和穿过 $\bar{n}(r)$ 区域内的光束之间的光程差应该为零, 也就是说

$$\bar{n}_{\max} \cdot d = \bar{n}(r) \cdot d + DE \tag{3.6}$$

距离 DE 可以这样确定: $EF = f$, 其中, f 是焦距, $DF = DE + f$, 而且 $DF \approx \sqrt{r^2 + f^2}$. 把这些关系结合在一起, 我们得到

$$DE = \sqrt{r^2 + f^2} - f \tag{3.7}$$

利用展开式

$$\sqrt{r^2 + f^2} = f\sqrt{1 + \frac{r^2}{f^2}} \approx f\left(1 + \frac{r^2}{2f^2}\right) \tag{3.8}$$

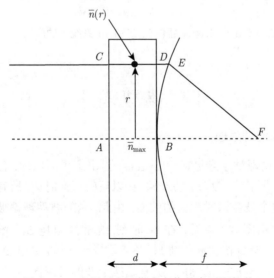

图 3.6　一个折射率呈梯度变化的扁平圆柱体

把上述展开式应用到式 (3.7), 于是得到

$$DE \approx f + \frac{r^2}{2f} - f = \frac{r^2}{2f} \tag{3.9}$$

最终, 折射率的表示式成为

$$\overline{n}(r) = \overline{n}_{\max} - \frac{r^2}{2df} \tag{3.10}$$

上述方程告诉我们, 为了使用 GRIN 板聚焦平行光, 其折射率必须和半径 r 呈抛物线式的关系.

由图 3.7 我们看到 GRIN 器件在光纤通信中的一个重要应用. 两块 GRIN 透镜和两个薄膜滤波器 (TTF) 一起在密集波分复用 (dense wavelength division multiplexing, DWDM) 系统中将一根光纤 (1 号) 中的三路信号 (1510nm/1530nm/1570 nm) 分别馈送到三个不同的光纤 (2、3 和 4 号) 中, 然后通过多孔套筒 (multi-hole ferrule) 或单孔套筒 (single-hole ferrule) 传送到接收系统中去.

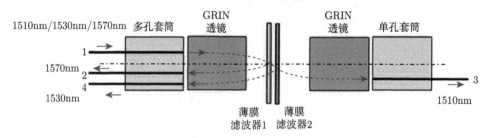

图 3.7　GRIN 器件在 DWDM 系统中的应用

3.2　波 动 光 学

3.2.1　惠更斯–菲涅耳原理

1678 年, 荷兰物理学家惠更斯 (Huygens) 提出惠更斯原理: 任何时刻波面上的每一点都可作为次级子波 (次波) 的波源, 在以后的任何时刻, 所有这些次级子波波面的包络面形成整个波在该时刻新的波面. 由此, 光的波动理论被创立了.

惠更斯原理可由图 3.8 说明: 在 t_1 时刻, 光的波面是 S_1, 光的传播速度为 v. 如果把 S_1 上的每点都看作次波的波源, 各点均发出子波, 经过 Δt 时间后, 各子波的波面都是半径为 $r = v\Delta t$ 的球面. 所有这些子波的包络面 S_2 为 $t_2 = t_1 + \Delta t$ 时刻的新波面.

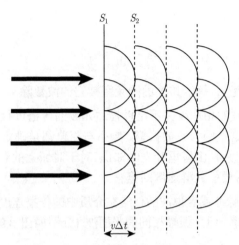

图 3.8 惠更斯–菲涅耳原理示意图

惠更斯原理可以解释光的直线传播、反射、折射和双折射等现象, 但是不能解释波的干涉和衍射现象, 也不能解释为什么子波不能向后传播 (即不存在倒退波). 1818 年, 法国物理学家菲涅耳根据惠更斯的 "次波" 假设, 补充了描述子波的基本特征——相位和振幅的定量表达式, 并增加了 "次波" 相干叠加的原理, 使之发展成惠更斯–菲涅耳原理, 从而说明了倒退波不存在.

3.2.2 相速度与群速度

由惠更斯–菲涅耳原理可知波面上的每一点都是一个次级子波的波源, 子波的波速与频率等于初级波的波速与频率, 此后每一时刻的子波波面的包络就是该时刻总的波动的波面. 因此, 光波的传播速度实际上就是波面的移动速度. 而波面由相位相同的点构成, 因此光波的恒定相位点的推进速度就是光波的传播速度, 此即相速度的定义. 换句话说, 波的任一频率成分所具有的相位即以此速度传递. 可以挑选波的任一特定相位来观察 (如波峰或波谷), 则此处会以相速度前行. 考虑沿 z 方向的单色平面波在无限介质中的传播

$$E(z, t) = E_0 \cos(kz - \omega t)$$

选择波上任意一个点. 如果该点的相位是个常数, 即

$$kz - \omega t = \mathrm{const}$$

可以获得此点的速度. 将上式对时间 t 取微分, 得到

$$k \frac{\mathrm{d}z}{\mathrm{d}t} - \omega = 0$$

或者

$$v_{\mathrm{p}} = \frac{\mathrm{d}z}{\mathrm{d}t} = \frac{\omega}{k} \tag{3.11}$$

因此, 单色波的相速度 v_{p} 等于该波的圆频率被它的波数除.

然而, 一个单色波的相速度并不足以描述光波的传播过程, 其原因在于一个单色波无法承载信息. 这是因为它的振幅、频率与相位都是确定的, 而根据信息论的理论, 其信息熵为零. 并且由傅里叶光学知识, 对于时域上的有限信号, 其频域的带宽为零. 因此, 我们需要引入群速度的概念.

群速度代表一个脉冲或者说波的包络在介质中的传播速度. 让我们考虑两个有不同参数 (波数和频率) 但是振幅相同的平面波 (分别如图 3.9 (a) 和 (b) 所示)

$$E_1(z,t) = E_0 \cos\left[(k + \Delta k)\, z - (\omega + \Delta\omega)\, t\right] \tag{3.12}$$

$$E_2(z,t) = E_0 \cos\left[(k - \Delta k)\, z - (\omega - \Delta\omega)\, t\right] \tag{3.13}$$

E_1 和 E_2 叠加在一起, 形成一个合成的波 $E(z,t)$(如图 3.9(c) 所示)

$$E(z,t) = E_1(z,t) + E_2(z,t) = 2E_0 \cos\left(kz - \omega t\right) \cos\left(\Delta k z - \Delta\omega t\right) \tag{3.14}$$

方程 (3.14) 代表一个载频为 ω, 被一个拍频为 $\Delta\omega$ 的正弦包络调制的波. 其中, 载频的相速度是 $v_{\mathrm{p}} = \omega/k$. 包络则以群速度 v_{g} 传播

$$v_{\mathrm{g}} = \frac{\Delta\omega}{\Delta k} \rightarrow v_{\mathrm{g}} = \frac{\mathrm{d}\omega}{\mathrm{d}k} \tag{3.15}$$

注意到波的相速度未必与波的群速度相同, 相速度是波包中某一单频波的相位移动速度 (如图 3.9 的实线箭头所示); 群速度代表的是 "振幅变化" (或说波包) 的传递速度 (如图 3.9 的虚线箭头所示), 表示一段波包的包络面上具有某特性 (如幅值最大或最小) 的点的传播速度. 群速度和相速度只有混合波 (非单频波) 在频散介质中传播时才有差别. 例如, 图 3.10 给出的一条在频散介质中测量到的色散曲线. 在频率 ω_1 时它的波数为 k_1, 相速度 $v_{\mathrm{p}} = \dfrac{\omega_1}{k_1}$, 与此同时, 它的群速度则是在该点所作切线的正切值 $v_{\mathrm{g}} = \dfrac{\mathrm{d}\omega}{\mathrm{d}k}\Big|_{\omega=\omega_1}$. 显而易见, 这时波的相速度和群速度的数值是不同的.

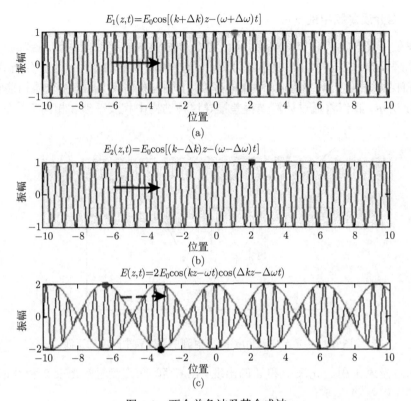

图 3.9　两个单色波及其合成波

实线箭头表示波的相速度 (见 (a) 与 (b)), 虚线箭头为群速度 (见 (c))

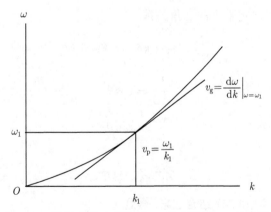

图 3.10　色散曲线上相速度 v_{p} 与群速度 v_{g} 的差别

　　电磁辐射的相速度可能在一些特定情况下 (如出现异常色散的情形) 超过真空中光速, 但这不表示任何超光速的信息或者是能量转移.

3.2.3 电介质薄膜中的干涉

在使用光学器件 (如滤波器) 时, 电介质薄膜中的干涉是我们遇到的一个基本的物理现象. 它同样在法布里–珀罗干涉仪中起着重要的作用. 为了分析这种干涉, 我们考虑一层折射率为 $\bar{n}_f$ 的介电薄膜, 上面与折射率为 $\bar{n}_0$ 的介质相接触, 如图 3.11 所示. 我们将通过计算光程差推导这种结构中相长干涉和相消干涉的条件.

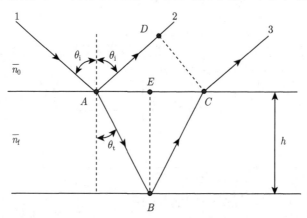

图 3.11　光以任意角度 θ_i 入射到单层薄膜中产生的干涉

入射光束 1 引起光束 2 和 3 的出现. 在 C 和 D 点测量的光束 2 和 3 的光程差是由光程差 Δ 造成的

$$\Delta = \bar{n}_f(AB + BC) - \bar{n}_0 AD \tag{3.16}$$

由图 3.11 我们可以决定下列的三角关系:

$$\frac{AD}{AC} = \cos(90° - \theta_i) = \sin\theta_i \tag{3.17}$$

$$\frac{h}{AB} = \cos\theta_t \tag{3.18}$$

$$\frac{AE}{h} = \tan\theta_t \tag{3.19}$$

另外

$$AC = 2 \cdot AE \tag{3.20}$$

把方程 (3.19) 和方程 (3.20) 结合起来, 得到

$$AC = 2 \cdot h \cdot \tan\theta_t \tag{3.21}$$

把方程 (3.21) 代入方程 (3.17) 得到 AD 的几何长度部分

$$AD = 2 \cdot h \cdot \tan \theta_t \cdot \sin \theta_i \tag{3.22}$$

利用方程 (3.18), 几何长度 $AB + BC$ 可以表示为

$$AB + BC = 2 \cdot AB = 2 \cdot \frac{h}{\cos \theta_t} \tag{3.23}$$

把方程 (3.22) 和方程 (3.23) 与方程 (3.16) 合并起来, 得到如下的光程差:

$$
\begin{aligned}
\Delta &= \overline{n}_f \cdot 2 \cdot \frac{h}{\cos \theta_t} - \overline{n}_0 \cdot 2 \cdot h \cdot \frac{\sin \theta_t}{\cos \theta_t} \cdot \sin \theta_i \\
&= \frac{2h\overline{n}_f}{\cos \theta_t} \left(1 - \frac{\overline{n}_0}{\overline{n}_f} \sin \theta_t \sin \theta_i \right) \\
&= \frac{2h\overline{n}_f}{\cos \theta_t} \left(1 - \frac{1}{\overline{n}_f} \sin \theta_t \overline{n}_f \sin \theta_t \right) \\
&= \frac{2h\overline{n}_f}{\cos \theta_t} \left(1 - \sin^2 \theta_t \right) \\
&= \frac{2h\overline{n}_f}{\cos \theta_t} \cos^2 \theta_t \\
&= 2 \cdot h \cdot \overline{n}_f \cdot \cos \theta_t
\end{aligned}
\tag{3.24}
$$

其中利用了斯涅耳定律

$$\overline{n}_0 \sin \theta_i = \overline{n}_f \sin \theta_t$$

和三角恒等式

$$\cos^2 \theta_t + \sin^2 \theta_t = 1$$

因此, 光程差可以用折射角来表示. 当正入射时, $\theta_i = \theta_t = 0$ 而且 $\Delta = 2\overline{n}_f h$. 该相位差 δ 是光束在薄膜中传播光程差 Δ 后获取的

$$\delta = k \cdot \Delta = \frac{2\pi}{\lambda_0} \cdot \Delta = \frac{4\pi \overline{n}_f h \cos \theta_t}{\lambda_0} \tag{3.25}$$

3.2.4 平板中光束的多次干涉

基于上面的讨论, 我们现在来考虑平板中光束的多次干涉, 如图 3.12 所示. 这里 E_0 是入射光的振幅, r、t 分别是外部的反射系数和透射系数, 而 r'、t' 分别是内部的反射系数和透射系数.

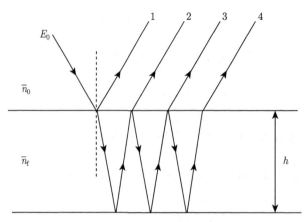

图 3.12 平板中光束的多次干涉

两束相邻反射光束由于在折射率为 $\bar{n}_f$ 的薄膜中传播, 由方程 (3.25) 知它们的相位差是

$$\delta = k \cdot \Delta$$

式中, Δ 由方程 (3.24) 给出. 对图 3.12 进行分析, 对于板外的光束可以写出下列表示式:

$$E_0 e^{i\omega t} \qquad\qquad\quad \text{(入射光束)}$$

$$E_1 = r E_0 e^{i\omega t} \qquad\qquad \text{(第一次反射光束)}$$

$$E_2 = tt'r' E_0 e^{i\omega t - i\delta} \qquad \text{(第二次反射光束)}$$

$$E_3 = tt'r'^3 E_0 e^{i\omega t - i2\delta} \quad \text{(第三次反射光束)}$$

$$E_4 = tt'r'^5 E_0 e^{i\omega t - i3\delta} \quad \text{(第四次反射光束)}$$

第 k 个反射光束是

$$E_k = tt'r'^{(2k-3)} E_0 e^{i\omega t - i(k-1)\delta}$$

因而, 所有反射光束的总和 E_R 变成

$$E_R = \sum_{k=1}^{\infty} E_k = r E_0 e^{i\omega t} + \sum_{k=2}^{\infty} tt'r'^{(2k-3)} E_0 e^{i\omega t} e^{-i(k-1)\delta}$$

$$= E_0 e^{i\omega t} \left\{ r + tt'r' e^{-i\delta} \sum_{k=2}^{\infty} r'^{(2k-4)} e^{-i(k-2)\delta} \right\}$$

为了对上述无限项求和, 我们利用几何级数求和的基本关系

$$S = \sum_{k=2}^{\infty} x^{k-2} = 1 + x + x^2 + \cdots$$

当 $|x| < 1$ 时, 该求和项变成 $S = 1/(1-x)$. 在本节的情况下, $x = r'^2 \mathrm{e}^{-\mathrm{i}\delta}$, 因此总的反射为

$$E_{\mathrm{R}} = E_0 \mathrm{e}^{\mathrm{i}\omega t} \left(r + \frac{tt'r'\mathrm{e}^{-\mathrm{i}\delta}}{1 - r'^2 \mathrm{e}^{-\mathrm{i}\delta}} \right)$$

利用斯托克斯关系, 我们得到

$$E_{\mathrm{R}} = E_0 \mathrm{e}^{\mathrm{i}\omega t} \left(r - \frac{(1-r^2)r\mathrm{e}^{-\mathrm{i}\delta}}{1 - r^2 \mathrm{e}^{-\mathrm{i}\delta}} \right)$$

$$= E_0 \mathrm{e}^{\mathrm{i}\omega t} \frac{r(1 - \mathrm{e}^{-\mathrm{i}\delta})}{1 - r^2 \mathrm{e}^{-\mathrm{i}\delta}}$$

反射光束的光强 I_{R} 为

$$I_{\mathrm{R}} = |E_{\mathrm{R}}|^2 = E_0^2 r^2 \left(\frac{\mathrm{e}^{\mathrm{i}\omega t}(1 - \mathrm{e}^{-\mathrm{i}\delta})}{1 - r^2 \mathrm{e}^{-\mathrm{i}\delta}} \right) \left(\frac{\mathrm{e}^{-\mathrm{i}\omega t}(1 - \mathrm{e}^{\mathrm{i}\delta})}{1 - r^2 \mathrm{e}^{\mathrm{i}\delta}} \right)$$

$$= E_0^2 r^2 \frac{2(1 - \cos\delta)}{1 + r^4 - 2r^2 \cos\delta}$$

引入 I_{i} 作为入射光束的光强, 而 I_{T} 是透射光的光强. 于是, 我们有

$$\frac{I_{\mathrm{R}}}{I_{\mathrm{i}}} = \frac{|E_{\mathrm{R}}|^2}{|E_{\mathrm{i}}|^2}$$

以及

$$I_{\mathrm{R}} + I_{\mathrm{T}} = I_{\mathrm{i}}$$

它来自非吸收薄膜中的能量守恒定律. 基于上述关系, 我们得到

$$I_{\mathrm{R}} = \frac{2r^2(1 - \cos\delta)}{1 + r^4 - 2r^2 \cos\delta} I_{\mathrm{i}} \tag{3.26}$$

$$I_{\mathrm{T}} = \frac{(1 - r^2)^2}{1 + r^4 - 2r^2 \cos\delta} I_{\mathrm{i}} \tag{3.27}$$

3.2.5　法布里–珀罗干涉仪

　　法布里–珀罗干涉仪是重要的多光束干涉装置. 它由平行放置的两块高反射率反射镜及夹在其中的介质 (通常为空气) 组成. 类似的, 法布里–珀罗标准具由端面平行的透明的固体材料构成, 每个端面都是反射面. 3.2.4 节中已经推导了在这种系统中透射和反射的表示式. 透射表示式可以用来决定透射率 T (或艾里 (Airy) 函数)

$$T = \frac{I_T}{I_i} = \frac{(1-r^2)^2}{1+r^4-2r^2\cos\delta} = \frac{1-2r^2+r^4}{1+r^4-2r^2+4r^2\sin^2\dfrac{\delta}{2}} = \frac{1}{1+\dfrac{4r^2}{(1-r^2)^2}\sin^2\dfrac{\delta}{2}} \tag{3.28}$$

利用了三角恒等式 $\cos\delta = 1 - 2\sin^2\dfrac{\delta}{2}$.

精细度系数定义为

$$F \equiv \frac{4r^2}{(1-r^2)^2} \tag{3.29}$$

因而透射率表示为

$$T = \frac{1}{1+F\sin^2\dfrac{\delta}{2}} \tag{3.30}$$

　　法布里–珀罗干涉仪的特性是当入射光的频率满足其共振 (干涉) 条件时, 其透射频谱会出现很高的峰值, 对应着很高的透射率, 并且产生的干涉条纹十分清晰明锐. 这使其成为研究光谱线超精细结构的强有力的工具. 法布里–珀罗干涉仪可以控制和测量出射光的波长, 在通信、激光、光谱学等领域有着广泛的应用.

　　利用法布里–珀罗干涉仪的原理制成的谐振腔成为激光器三大元件之一. 另外两个元件为泵浦源和增益介质, 它们分别起到提供能量与对弱光放大的作用. 而光学谐振腔的作用是对光波模式进行选择. 泵浦源激励增益介质, 使其实现粒子数反转, 从而有许多粒子跃迁到激发态上. 激发态的粒子是不稳定的, 会纷纷跳回到基态, 并发射出自发辐射光子. 这些光子方向随机, 其中偏离谐振腔系统轴向的光子很快逸出谐振腔, 而沿垂直端面的腔轴方向传播的光在腔内多次反射不逸出腔外, 产生轴向的受激辐射. 受激辐射发射出来的光子和引起受激辐射的光子有相同的频率、方向、偏振态与相位. 它们沿轴向不断地往复通过实现了粒子数反转的增益介质, 因而不断地引起受激辐射, 使得轴向行进的光子不断得到放大和振荡, 形成雪崩式的放大过程, 使得谐振腔轴向的光骤然增加, 在一侧反射镜输出时便是激光.

　　接下来, 我们定量地分析一下谐振腔的选模作用.

　　由电介质薄膜相邻反射光束的相位差公式 (3.25) 可知, 谐振腔中两次相邻的反射光束的相位差为

$$\delta = \frac{4\pi n l \cos\theta}{\lambda} \tag{3.31}$$

其中, n 为谐振腔中的介质折射率, l 为反射镜间距, λ 为入射波在谐振腔中的波长, θ 为入射角. 由透射率公式 (3.28) 可知, 只要满足

$$\delta = \frac{4\pi n l \cos\theta}{\lambda} = 2m\pi, \quad m\text{为任意整数} \tag{3.32}$$

透射率就等于 1. 上式为透射率极大值条件, 将 $\nu = c/\lambda$ 代入得到

$$\nu_m = m\frac{c}{2nl\cos\theta}, \quad m \text{ 为任意整数} \tag{3.33}$$

其中, ν 为光的频率. 对于确定的 l 和 θ, 上式就确定了透射率为 1 的谐振腔的共振频率. 它们之间的频率差被称为自由光谱范围

$$\Delta\nu \equiv \nu_{m+1} - \nu_m = \frac{c}{2nl\cos\theta} \tag{3.34}$$

上式的推导中假设了折射率 n 是常数. 当光谱色散不能忽略时, 自由光谱范围则为

$$\Delta\nu \equiv \nu_{m+1} - \nu_m = \frac{c}{2n_gl\cos\theta} = \frac{v_g}{2l\cos\theta} \tag{3.35}$$

式中, v_g 是介质中光的群速度, n_g 是群折射率.

　　FP 标准具透射率与相位差关系曲线如图 3.13 所示. 该图表明在多种不同的外反射 r 的情况下, 透射率是相位差 δ 的函数. MATLAB 代码见**二维码 3A.1**.

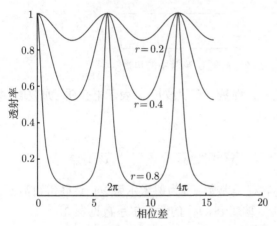

二维码3A.1

图 3.13　FP 标准具透射率与相位差关系曲线

3.3 习　　题

　　1. 利用斯涅耳定律推导出临界角 θ_c 的表示式. 计算水 ($\overline{n}_{water} = 1.33$)–空气界面的 θ_c 数值.

　　2. 各向同性的光源置于水下 d 的距离, 向上照射半径为 5m 的圆形区. 决定 d 的大小.

　　3. 水箱用 1cm 厚的亚麻油 ($\overline{n}_{oil} = 1.48$) 覆盖, 它的上面是空气. 试求从水箱中发出光的角度以至于光不会从水–油界面逸出.

4. 假定玻璃的折射率为 $\bar{n}$, 分析光线通过平行玻璃板的传输. 决定外出光线的位移.

5. 点光源 S 位于离平凸薄透镜 30cm 的轴线上, 透镜的半径为 5cm, 玻璃透镜放在空气中. 如果 (a) 平面对着 S 以及 (b) 凸面对着 S, 决定像距的大小.

6. FP 标准具由两块平行的平板所组成, 平板之间有一层增益为 g 的活性物质. 推导信号增益的表示式.

7. 方形横截面的玻璃棒弯成 U 形, 如图 3.14 所示. 平行光束垂直投射到它的 A 面上. 如果全部入射光通过 A 面进入而从 B 面逸出, 计算比值 R/d 的最小值. 假设玻璃的折射系数是 1.5 .

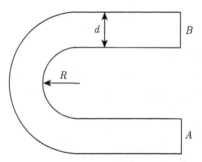

图 3.14　光在 U 形管中的传播

8. 谢米尔 (Sellmeier) 色散方程是一个用波长 λ 表示电介质 (如玻璃) 折射系数的经验公式. 最通用表达式是

$$\bar{n}^2 = 1 + G_1\frac{\lambda^2}{\lambda^2 - \lambda_1^2} + G_2\frac{\lambda^2}{\lambda^2 - \lambda_2^2} + G_3\frac{\lambda^2}{\lambda^2 - \lambda_3^2} \tag{3.36}$$

式中, G_1、G_2、G_3 和 λ_1、λ_2、λ_3 是常数 (称为谢米尔系数), 这些常数需要通过实验数据拟合上述表示式来决定. 玻璃 (SiO_2) 的谢米尔系数见表 3.1 .

表 3.1　玻璃 (SiO_2) 的谢米尔系数

系数	G_1	G_2	G_3	$\lambda_1/\mu m$	$\lambda_2/\mu m$	$\lambda_3/\mu m$
数值	0.696749	0.408218	0.890815	0.069066	0.115662	9.900559

写出 MATLAB 程序以便绘出纯玻璃的折射率在 $0.5 \sim 1.8\mu m$ 波长范围内的变化曲线.

9. 利用谢米尔关系, 绘出对于 SiO_2 的倒群速度及群速度图. 假定 $1.36\mu m < \lambda < 1.65\mu m$.

第4章

Chapter 4 光波在波导中的传播

当光束在空气、水等开放介质中传播时，介质对光的吸收和散射会造成光能量的耗散. 而当光束在限制性光波导介质中传播时，其在横向上受到限制，从而被引导为定向传播，使得其能量和信息的损耗降到最小. 光波导按照形状可以分为平板波导、柱形波导、脊形波导、埋沟波导等，如图 4.1 所示. 其中平板波导由三层介质组成，从下至上依次为基体层、芯层、包覆层. 其中芯层的折射率最高，从而能够约束光束在其中传播，起到导波的作用.

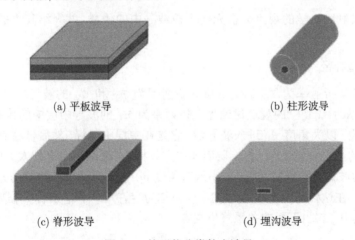

(a) 平板波导　　　　　　　　　　　　　　(b) 柱形波导

(c) 脊形波导　　　　　　　　　　　　　　(d) 埋沟波导

图 4.1　按形状分类的光波导

按照折射率分布可以将光波导分为折射率突变光波导和折射率渐变光波导，如图 4.2 所示.

研究光波导特性的理论有射线光学 (几何光学) 理论和波动光学理论. 前者利用光线在薄层–基体层和薄层–包覆层分界面上发生全内反射，沿 Z 字形路径在薄层中传播的模型对光波导中传输的光束进行分析. 后者从麦克斯韦方程组出发，结合光波导的边界条件, 得到光在其中传播的基本规律.

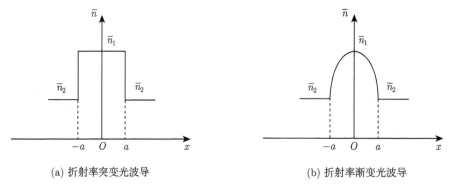

(a) 折射率突变光波导   (b) 折射率渐变光波导

图 4.2   按折射率分布分类的光波导

本章在第 2、3 章内容的基础上针对性地介绍光波导射线光学理论中的一些重要概念以及对于电介质波导电磁学理论的一般性讨论. 之后利用电磁学理论对几种典型的光波导模型进行分析与讨论.

4.1   光波导的射线光学理论

本节以射线光学的观点分析光在平板波导中的传播, 并介绍其中的一些重要概念.

4.1.1   数值孔径

考虑光从折射率为 $\overline{n}_0$ 的空气进入折射率为 $\overline{n}_1$ 和 $\overline{n}_2$ 的波导结构, 如图 4.3 所示. 本节从射线光学的观点讨论光在折射率为 $\overline{n}_1$ 的波导中层中的传播条件. 当光线 1(虚线) 以大角度 θ_1 进入波导后, 它先在中层中传播, 然后转移到折射率为 $\overline{n}_2$ 的波导的上层. 这时光只在上层而非中层传播, 它最终由于衰减太大而消失. 我们把这样的波称为非导波. 逐步减小入射角度 θ_i, 直到光线仅在两层的分界面掠过 (如射线 3). 在这种情况下, 入射角度 θ_a 被称为容许角, 而 θ_c 被称为临界角. 在 D 点的内角是 θ_c, 它由下面的关系式所决定:

$$\sin\theta_c = \frac{\overline{n}_2}{\overline{n}_1} \tag{4.1}$$

对于入射光线 2, 由于它的入射角小于容许角, 即 $\theta_2 < \theta_a$, 这时光线将会一直在波导结构的中层中传播, 这样传播的波称为导波. 下面就详细分析这种情况.

从三角形 ABC, 我们发现 $\overline{\theta}_2 = \pi/2 - \theta$ (角 $\overline{\theta}_2$ 并没有出现在图 4.3 中). 对于以小于容许角的角度 θ_2 入射的射线 2 使用斯涅耳定律, 我们得到

$$\overline{n}_0 \sin\theta_2 = \overline{n}_1 \sin\overline{\theta}_2 = \overline{n}_1 \sin\left(\pi/2 - \theta\right) = \overline{n}_1 \cos\theta = \overline{n}_1 \left(1 - \sin^2\theta\right)^{1/2}$$

因此, 当射线 2 以容许角, 即 $\theta_2 = \theta_a$ 从空气射入介质时, 上式变为

$$\bar{n}_0 \sin \theta_a = \bar{n}_1 \left(1 - \sin^2 \theta_c\right)^{1/2} = \left(\bar{n}_1^2 - \bar{n}_2^2\right)^{1/2}$$

上式的左方即为数值孔径 (NA), 它被定义为

$$NA \equiv \bar{n}_0 \sin \theta_a = \left(\bar{n}_1^2 - \bar{n}_2^2\right)^{1/2} \tag{4.2}$$

引入相对折射率差 Δ

$$\Delta \equiv \frac{\bar{n}_1^2 - \bar{n}_2^2}{2\bar{n}_1^2}$$

考虑到 $\bar{n}_1 \approx \bar{n}_2$, 因而 $\bar{n}_1 + \bar{n}_2 \approx 2\bar{n}_1$. 于是, 我们得到 Δ 的如下近似表达式:

$$\Delta = \frac{(\bar{n}_1 + \bar{n}_2)(\bar{n}_1 - \bar{n}_2)}{2\bar{n}_1^2} \approx \frac{2\bar{n}_1(\bar{n}_1 - \bar{n}_2)}{2\bar{n}_1^2} = \frac{\bar{n}_1 - \bar{n}_2}{\bar{n}_1}$$

借助 Δ, 因此数值孔径 NA 可以近似地表示为

$$NA = \bar{n}_1 (2\Delta)^{1/2}$$

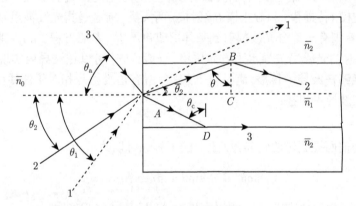

图 4.3　光射入平板波导

4.1.2　导波模式

我们要讨论的波导是基体层上面覆盖一层电介质薄层, 然后在薄层上面再覆盖一层包覆层 (图 4.4). 在这样的结构中, 光将沿着薄层作锯齿状传播. 光是单色和相干的, 其角频率为 ω, 自由空间中的波长为 λ. $k_0 = \dfrac{2\pi}{\lambda}$, 式中 k_0 为波数. 传播的电场是

$$E \sim \mathrm{e}^{-\mathrm{i}k_0 \bar{n}_f (\pm x \cos \theta + z \sin \theta)}$$

电场之所以是这样的形式是因为波的传播既有沿 x 轴的传播, 又有沿 z 轴的传播. 在 x 轴上既有沿正向的传播, 又有沿负向的传播; 而在 z 轴上只有沿正向的传播.

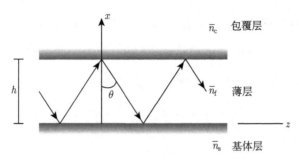

图 4.4   光在平板波导中的传播

令 β 为导波模式的传播常数. 于是, 我们有

$$\beta = \frac{\omega}{v_{\mathrm{p}}} = k_0 \overline{n}_{\mathrm{f}} \sin\theta \tag{4.3}$$

式中, v_{p} 是相速度. 注意: 并非所有的角度都能使上述关系式成立 (有时甚至连一个都没有).

波导中实际可以存在的电磁波都可以表示为特定的模式的叠加. 这些模式可以分为导波模 (传播模) 和截止模 (辐射模) 两大类. 前者是指光波被限制在波导层中传播, 后者则有一部分光波辐射到基体层或包层中. 参照方程 (4.2), 我们知道以 $\theta = 90°$ 入射的光线沿波导水平方向传播. 一般说来, 可以在波导内实现全内反射的光线就能够在波导中传播. 满足以下条件 (所有角度都是相对于法线而言) 的光线确保能在波导中传播:

$$\theta_{\mathrm{c}} \leqslant \theta \leqslant 90°$$

式中, θ_{c} 是前面提到过的临界角. 上面的不等式可以改写为

$$\overline{n}_{\mathrm{f}} \sin\theta_{\mathrm{c}} \leqslant \overline{n}_{\mathrm{f}} \sin\theta \leqslant \overline{n}_{\mathrm{f}} \sin 90° = \overline{n}_{\mathrm{f}}$$

不等式中的三项均已乘上 $\overline{n}_{\mathrm{f}}$. 利用方程 (4.1) 和方程 (4.3) 得到

$$\overline{n}_{\mathrm{s}} \leqslant N \leqslant \overline{n}_{\mathrm{f}} \tag{4.4}$$

上式中引入了下面被称为 "导波有效折射率" 的 N :

$$N = \frac{\beta}{k_0} = \overline{n}_{\mathrm{f}} \sin\theta \tag{4.5}$$

其中

$$N = \overline{n}_{\mathrm{s}}$$

时, 导波模截止. 从几何光学角度看, 此时光线在导波层中的入射角正好等于界面上的全反射临界角. 而从电磁场理论分析, 此时基体层中的指数衰减场正好处于向振荡场过渡的临界点.

4.1.3 横向共振条件

在平板波导的侧视图中, 导波模以 Z 字形波面传播. 波导中的光沿坐标 z 方向传播, 而在 x 方向受到限制. 相对于垂直于 xz 平面的 y 方向上, 由于波导的尺寸相对比较大, 所以在理论上认为平板波导的几何结构和折射率分布沿 y 方向是不变的, 并可进一步认为光场沿 y 方向也是一致的. 锯齿光线实际上是两个重叠的均匀平面波的图像, 一个是斜向上传播, 另一个是斜向下传播的, 其波面法线是图 4.4 中所示的锯齿形光线. 平面波的波矢量为

$$|k| = k_0 \overline{n}_\mathrm{f}$$

$$\kappa = k_0 \overline{n}_\mathrm{f} \cos \theta$$

$$\beta = k_0 \overline{n}_\mathrm{f} \sin \theta$$

式中, κ 和 β 分别是波矢 k 的 x 分量和 z 分量. 薄膜中的波动场按以下方式变化:

$$\exp[\mathrm{i}(\pm \kappa x + \beta z)]$$

κ 前面的正负号分别对应于斜向上和斜向下传播的平面波. 考察某一 z 为常数的波导截面, 此时只看到光波沿 x 方向的上下运动, 因而可不考虑光波沿 z 方向的运动. 设一光波从薄膜下界面 ($x=0$) 出发向上行进到薄膜上界面 ($x = h$), 在上界面经历全反射后返回到下界面, 在下界面又经历全反射后与原先从下界面出发的光波叠加在一起, 为了达到相干加强 (谐振) 的结果, 此过程中光波所经历的相移必须是 2π 的整数倍. 对于厚度为 h 的薄膜, 光线第一次横向穿过薄膜的相移是 κh , 在薄膜–包覆层分界面上的全反射相移是 $2\phi_\mathrm{c}$. 同理, 另一次向下横穿薄膜的相移也是 κh, 在薄层–基体层分界面上全反射的相移是 $2\phi_\mathrm{s}$. 要形成导波模, 在光波导中传播的光波必须满足相干条件, 即一个周期后, 相移的总和必须是 2π 的整数倍, 即

$$2k_0 \overline{n}_\mathrm{f} h \cos \theta - 2\phi_\mathrm{c} - 2\phi_\mathrm{s} = 2\pi\nu, \quad \nu = 0, \pm 1, \pm 2, \cdots \tag{4.6}$$

式中, ν 表示模式的阶数. 相移 $2\phi_\mathrm{c}$、$2\phi_\mathrm{s}$ 是角度 θ 的函数.

TE 偏振时菲涅耳相位的表示式 (方程 (2.59)) 在第 2 章已推导过. 将有关符号作少许改动 (角 θ_1 被 θ 取代), 于是该关系式变成

$$\tan \phi_\mathrm{TE} = \frac{\sqrt{\overline{n}_1^2 \sin^2 \theta - \overline{n}_2^2}}{\overline{n}_1 \cos \theta}$$

把上述表示式应用到目前的几何结构, 有下列反射引起的相位:

(1) 在薄层–基体层分界面上的反射

$$\tan \phi_\mathrm{s} = \frac{\sqrt{\overline{n}_\mathrm{f}^2 \sin^2 \theta - \overline{n}_\mathrm{s}^2}}{\overline{n}_\mathrm{f} \cos \theta} \tag{4.7}$$

(2) 在薄层–包覆层分界面上的反射

$$\tan \phi_\mathrm{c} = \frac{\sqrt{\overline{n}_\mathrm{f}^2 \sin^2 \theta - \overline{n}_\mathrm{c}^2}}{\overline{n}_\mathrm{f} \cos \theta} \tag{4.8}$$

令

$$\sqrt{\beta^2 - k_0^2 \overline{n}_\mathrm{s}^2} = p, \quad \sqrt{\beta^2 - k_0^2 \overline{n}_\mathrm{c}^2} = q$$

则有

$$\tan \phi_\mathrm{s} = \frac{p}{\kappa}, \quad \tan \phi_\mathrm{c} = \frac{q}{\kappa} \tag{4.9}$$

因此, 基体层和包覆层中相移为

$$\phi_\mathrm{s} = \arctan\left(\frac{p}{\kappa}\right), \quad \phi_\mathrm{c} = \arctan\left(\frac{q}{\kappa}\right) \tag{4.10}$$

将式 (4.10) 代入式 (4.6) 中, 得到 TE 模的模式本征方程

$$\kappa h = \nu \cdot \pi + \arctan\left(\frac{p}{\kappa}\right) + \arctan\left(\frac{q}{\kappa}\right) \tag{4.11}$$

同理可以得到 TM 模的模式本征方程

$$\kappa h = \nu \cdot \pi + \arctan\left(\frac{\overline{n}_\mathrm{f}^2}{\overline{n}_\mathrm{s}^2} \frac{p}{\kappa}\right) + \arctan\left(\frac{\overline{n}_\mathrm{f}^2}{\overline{n}_\mathrm{c}^2} \frac{q}{\kappa}\right) \tag{4.12}$$

上述方程也可以表示为角频率 ω 与传播常数 β 的关系, 因此也称为波导的色散方程.

对模式本征方程进行讨论:

(1) 由于 ν 只能取有限个整数, 而 ϕ_s、ϕ_c 又是 θ 的函数, 所以只有满足此方程的入射角 θ 才为波导所接受, 即波导对光线的入射角是有选择性的. 导波模数量也是有限的.

(2) 对于给定的 ν, 一定有 β_ν 或 θ_ν 与之对应. β_ν 叫做 ν 阶导波模的传播常数, θ_ν 叫做 ν 阶导波模的模角.

4.1.4   波导的归一化参数

为了将波导参数减少到有限的几个, 利于波导的设计, 引入下面的变量, 将上述横向条件转换成归一化形式

(1) 波导的归一化频率

$$V \equiv k_0 \cdot h \sqrt{\overline{n}_{\mathrm{f}}^2 - \overline{n}_{\mathrm{s}}^2} \tag{4.13}$$

(2) 波导的归一化导波有效折射率

$$b \equiv \frac{N^2 - \overline{n}_{\mathrm{s}}^2}{\overline{n}_{\mathrm{f}}^2 - \overline{n}_{\mathrm{s}}^2} \tag{4.14}$$

(3) 波导的非对称参数

$$a \equiv \frac{\overline{n}_{\mathrm{s}}^2 - \overline{n}_{\mathrm{c}}^2}{\overline{n}_{\mathrm{f}}^2 - \overline{n}_{\mathrm{s}}^2} \tag{4.15}$$

a 描述波导结构的不对称度, 波导完全对称 $(\overline{n}_{\mathrm{s}}{=}\overline{n}_{\mathrm{c}})$ 时, $a = 0$; 而波导极不对称 $(\overline{n}_{\mathrm{f}} \approx \overline{n}_{\mathrm{s}}, \overline{n}_{\mathrm{s}} \neq \overline{n}_{\mathrm{c}})$ 时, $a \to \infty$.

接下来推导 TE 模式的归一化横向共振条件.

利用方程 (4.14) 和方程 (4.15) 中的定义, 可以证明下述关系:

$$\frac{b}{1-b} = \frac{N^2 - \overline{n}_{\mathrm{s}}^2}{\overline{n}_{\mathrm{f}}^2 - N^2}$$

$$\frac{a+b}{1-b} = \frac{N^2 - \overline{n}_{\mathrm{c}}^2}{\overline{n}_{\mathrm{f}}^2 - N^2}$$

另外

$$1 - b = \frac{\overline{n}_{\mathrm{f}}^2 - N^2}{\overline{n}_{\mathrm{f}}^2 - \overline{n}_{\mathrm{s}}^2}$$

利用上述关系, 方程 (4.7) 和方程 (4.8) 代表的相位表示式可以分别写成

$$\phi_{\mathrm{s}} = \arctan \sqrt{\frac{N^2 - \overline{n}_{\mathrm{s}}^2}{\overline{n}_{\mathrm{f}}^2 - N^2}} = \arctan \sqrt{\frac{b}{1-b}}$$

$$\phi_{\mathrm{c}} = \arctan \sqrt{\frac{N^2 - \overline{n}_{\mathrm{c}}^2}{\overline{n}_{\mathrm{f}}^2 - N^2}} = \arctan \sqrt{\frac{a+b}{1-b}}$$

还有

$$\overline{n}_{\mathrm{f}} \cos \theta = \sqrt{\overline{n}_{\mathrm{f}}^2 - \overline{n}_{\mathrm{f}}^2 \sin^2 \theta} = \sqrt{\overline{n}_{\mathrm{f}}^2 - N^2}$$

把上述公式代入方程 (4.6), 于是得到

$$V\sqrt{1-b} = \nu \cdot \pi + \arctan \sqrt{\frac{b}{1-b}} + \arctan \sqrt{\frac{a+b}{1-b}} \tag{4.16}$$

此归一化横向共振条件也称为 TE 导波模的模式本征方程. 类似的, 可以得到 TM 导波模的模式本征方程

$$V\sqrt{1-b} = \nu \cdot \pi + \arctan \frac{\overline{n}_{\mathrm{f}}^2}{\overline{n}_{\mathrm{s}}^2} \sqrt{\frac{b}{1-b}} + \arctan \frac{\overline{n}_{\mathrm{f}}^2}{\overline{n}_{\mathrm{c}}^2} \sqrt{\frac{a+b}{1-b}} \qquad (4.17)$$

TE 模的归一化的导波有效折射率 b 随归一化频率 V 的变化关系, 被称为归一化色散曲线. 分析横向共振条件 (4.12) 的 MATLAB 程序 (见**二维码 4A.1**) 绘制出的色散曲线如图 4.5 所示. 该曲线以 a $(a = 0, 8, 50)$ 为参数.

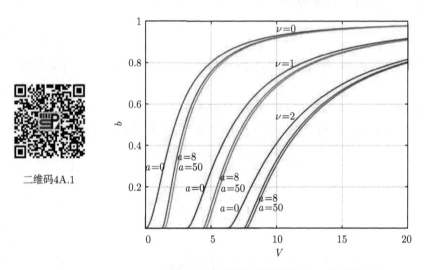

二维码4A.1

图 4.5　各种不对称度下的归一化色散曲线

从图中可知, b 的极大值和极小值为 $b = 1$ 和 $b = 0$, 它们分别对应于式 (4.14) 中的 $N = \overline{n}_{\mathrm{f}}$ 和 $N = \overline{n}_{\mathrm{s}}$, 与此同时, 相对应的极大角为 $\phi = 90°$, 极小角为临界角 $\phi = \phi_{\mathrm{c}} = \arcsin\left(\dfrac{\overline{n}_{\mathrm{s}}}{\overline{n}_{\mathrm{f}}}\right)$, 由图 4.5 可知, 对于对称波导, $a = 0$, TE$_0$ 模不会截止, 而非对称波导存在截止频率. 归一化频率 V 越小, 模式数越少, 单色性越好. 当 V 小于某个数值时, 波导中只能传播单个模式.

4.2　古斯–汉欣效应

4.2.1　古斯–汉欣位移

光波在入射到介质的交界面, 发生全反射的过程中, 入射点和反射点在同一点, 只不过产生了一个相移. 这种观点被普遍接受, 直到 1947 年古斯 (Goos) 和汉欣 (Hänchen) 用实验推翻了这一观点. 以他们命名的古斯–汉欣现象表述为, 线性极

化的光在全反射的过程中经历了一小段位移, 这段位移垂直于波的传播方向. 同时, 光也不是在两种介质的交界面处反射, 而是存在一个穿透深度, 如图 4.6 所示.

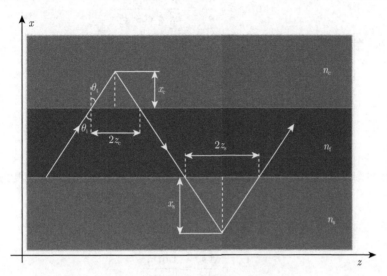

图 4.6 光波导中的古斯–汉欣效应

其产生机理可以解释为: 将有限横向宽度的光波看成一系列具有不同传播方向的平面光波的叠加, 其中有些入射角小于临界角的光, 将产生透射光和反射光; 而有些入射角大于临界角的光将产生消逝波和全反射光; 实际观察到的反射光是各种平面反射光的合成

$$E = E^{\mathrm{TE/TM}}(\mathrm{e}^{\mathrm{i}k_1 \cdot r} + \mathrm{e}^{\mathrm{i}k_2 \cdot r}) \cdot \mathrm{e}^{-\mathrm{i}\omega t} \tag{4.18}$$

其中

$$k_1 = k[\cos(\theta_\mathrm{i} + \Delta\theta)x + \sin(\theta_\mathrm{i} + \Delta\theta)z]$$

$$k_2 = k[\cos(\theta_\mathrm{i} - \Delta\theta)x + \sin(\theta_\mathrm{i} - \Delta\theta)z]$$

$$k = \frac{\omega}{c}\overline{n}_\mathrm{f}$$

可见合成的两束光波具有相同的频率, 只是相位不同, 因而发生干涉. 干涉导致反射光产生的位移称为古斯–汉欣位移.

由电磁场理论, 传播常数 $\beta = k_0 \overline{n}_\mathrm{f} \sin\theta$ 的导波经过传输距离 z 后的相位累积为 $\phi = \beta z$. 因此, 对于全反射相移 ϕ , 光束的位移为

$$z = \frac{\mathrm{d}\phi}{\mathrm{d}\beta}$$

对于 TE 波, 根据式 (4.9) 可得

$$\tan^2 \phi_c = \frac{q^2}{\kappa^2} = \frac{\beta^2 - k_0^2 \overline{n}_c^2}{k_0^2 \overline{n}_f^2 \cos^2 \theta_i} \tag{4.19}$$

对式 (4.19) 微分可得

$$2 \tan \phi_c \sec^2 \phi_c \mathrm{d}\phi_c = \frac{2\beta(k_0^2 \overline{n}_f^2 - k_0^2 \overline{n}_c^2)}{(k_0^2 \overline{n}_f^2 - \beta^2)^2} \mathrm{d}\beta \tag{4.20}$$

因此, 得到

$$z_c = \frac{\mathrm{d}\phi_c}{\mathrm{d}\beta} = \frac{2\beta(k_0^2 \overline{n}_f^2 - k_0^2 \overline{n}_c^2)}{2 \tan \phi_c \sec^2 \phi_c (k_0^2 \overline{n}_f^2 - \beta^2)^2} = \frac{\tan \theta_i}{q} \tag{4.21}$$

从图中可知 $z_c = x_c \cdot \tan \theta_i$, 所以光从光波导层到基体层产生的穿透深度为

$$x_c = \frac{1}{q} \tag{4.22}$$

同理,

$$z_s = \frac{\mathrm{d}\phi_s}{\mathrm{d}\beta} = \frac{\tan \theta_i}{p} \tag{4.23}$$

光从光波导层到基体层产生的穿透深度为

$$x_s = \frac{1}{p} \tag{4.24}$$

其中, $2z_c$ 和 $2z_s$ 即为古斯–汉欣位移.

4.2.2　有效厚度

对于平面波 $\boldsymbol{E} = E_0 \exp[-\mathrm{i}(\omega t - \boldsymbol{k} \cdot \boldsymbol{r})]$, 其从光波导层到包覆层的透射波分量为

$$E_{ct} = E_t \exp[-\mathrm{i}(\omega t - k_0 \overline{n}_c \cos \theta_t \cdot x - k_0 \overline{n}_c \sin \theta_t \cdot z)] \tag{4.25}$$

式中, θ_t 为折射角, E_t 为透射波振幅. 由

$$\cos \theta_t = \sqrt{1 - \sin^2 \theta_t} = \sqrt{1 - \left(\frac{\overline{n}_f}{\overline{n}_c}\right)^2 \sin^2 \theta_i} = \mathrm{i}\sqrt{\frac{\overline{n}_f^2}{\overline{n}_c^2} \sin^2 \theta_i - 1}$$

因而

$$k_0 \overline{n}_c \cos \theta_t = \mathrm{i}\sqrt{k_0^2 \overline{n}_f^2 \sin^2 \theta_i - k_0^2 \overline{n}_c^2} = \mathrm{i}q$$

如此

$$E_{ct} = E_t \exp[-\mathrm{i}(\omega t - \mathrm{i}q \cdot x - k_0 \overline{n}_c \sin \theta_t \cdot z)] = E_t \exp(-qx) \exp[-\mathrm{i}(\omega t - k_0 \overline{n}_c \sin \theta_t \cdot z)] \tag{4.26}$$

同理, 从光波导层到基体层的透射波分量为

$$E_{st} = E_t \exp[-i(\omega t - ip \cdot x - k_0 \overline{n}_s \sin\theta_t \cdot z)] = E_t \exp(-px) \exp[-i(\omega t - k_0 \overline{n}_s \sin\theta_t \cdot z)]$$
(4.27)

由式 (4.26) 和式 (4.27) 可知, 进入光疏介质的光波, 其振幅随与分界面垂直的深度的增大而呈指数形式衰减, 即为消逝波, 其能量很快衰减. 在包覆层和基体层产生的穿透深度分别为 $x_c = \dfrac{1}{q}$, $x_s = \dfrac{1}{p}$. 由于存在穿透深度, 使光波导层具有比 h 大的有效厚度: $h_{eff} = h + x_c + x_s$.

因此, 古斯–汉欣效应的物理过程为全反射的前半周期, 光波能量进入光疏介质, 在界面附近的薄层存储; 后半周期, 这一能量释放为反射波能量, 并不构成折射光束. 消逝波的存在不与能量守恒定律矛盾. 实际上, 全反射过程中透射波的瞬时能流密度不为 0, 而平均能流密度为 0. 可以理解为全反射时的反射面不在分界面, 而是在与分界面距离为 x_c 和 x_s 的面.

4.3 电介质波导的电磁学理论基础

4.3.1 一般性讨论

假定我们处理的是时谐场, 并利用本构关系, 无源的麦克斯韦方程是

$$\nabla \times \boldsymbol{E} = -i\omega\mu\boldsymbol{H}$$
(4.28)

$$\nabla \times \boldsymbol{H} = i\omega\varepsilon\boldsymbol{E}$$
(4.29)

利用第 3 章推导过的边界条件, 电场和磁场被分成横向和纵向两个分量

$$\boldsymbol{E} = \boldsymbol{E}_t + \boldsymbol{E}_z, \quad \boldsymbol{H} = \boldsymbol{H}_t + \boldsymbol{H}_z$$
(4.30)

式中

$$\boldsymbol{E}_t = [E_x, E_y, 0]$$

是电场的横向分量, 而

$$\boldsymbol{E}_z = [0, 0, E_z]$$

是电场的纵向分量. 而且

$$\nabla = \nabla_t + \boldsymbol{a}_z \frac{\partial}{\partial z}, \quad \boldsymbol{a}_z = [0, 0, 1]$$
(4.31)

式中, $\boldsymbol{a}_z$ 是沿 z 方向的单位矢量. 把方程 (4.30) 和方程 (4.31) 代入方程 (4.28) 和方程 (4.29), 于是得到

$$\nabla_t \times \boldsymbol{E}_t = -i\omega\mu\boldsymbol{H}_z$$
(4.32)

$$\nabla_t \times \boldsymbol{H}_t = \mathrm{i}\omega\varepsilon \boldsymbol{E}_z \tag{4.33}$$

$$\nabla_t \times \boldsymbol{E}_z + \boldsymbol{a}_z \times \frac{\partial \boldsymbol{E}_t}{\partial z} = -\mathrm{i}\omega\mu \boldsymbol{H}_t \tag{4.34}$$

$$\nabla_t \times \boldsymbol{H}_z + \boldsymbol{a}_z \times \frac{\partial \boldsymbol{H}_t}{\partial z} = \mathrm{i}\omega\varepsilon \boldsymbol{E}_t \tag{4.35}$$

表征波导中模式的是介电常数

$$\varepsilon(x,y) = \varepsilon_0 \overline{n}^2(x,y) \tag{4.36}$$

式中, $n(x,y)$ 是在横向平面中折射率的分布. 将电磁场写成

$$\boldsymbol{E}(x,y,z) = \boldsymbol{E}_\nu(x,y)\,\mathrm{e}^{-\mathrm{i}\beta_\nu z} \tag{4.37}$$
$$\boldsymbol{H}(x,y,z) = \boldsymbol{H}_\nu(x,y)\,\mathrm{e}^{-\mathrm{i}\beta_\nu z}$$

式中, 引入模式的阶数 ν, 而 β_ν 是模式 ν 的传播常数. 把方程 (4.37) 代入方程 (4.32)~ 方程 (4.35), 我们得到

$$\nabla_t \times \boldsymbol{E}_{t\nu}(x,y) = -\mathrm{i}\omega\mu \boldsymbol{H}_{z\nu}(x,y) \tag{4.38}$$

$$\nabla_t \times \boldsymbol{H}_{t\nu}(x,y) = \mathrm{i}\omega\varepsilon \boldsymbol{E}_{z\nu}(x,y) \tag{4.39}$$

$$\nabla_t \times \boldsymbol{E}_{z\nu}(x,y) - \mathrm{i}\beta_\nu \boldsymbol{a}_z \times \boldsymbol{E}_{t\nu}(x,y) = -\mathrm{i}\omega\mu \boldsymbol{H}_{t\nu}(x,y) \tag{4.40}$$

$$\nabla_t \times \boldsymbol{H}_{z\nu}(x,y) - \mathrm{i}\beta_\nu \boldsymbol{a}_z \times \boldsymbol{H}_{t\nu}(x,y) = \mathrm{i}\omega\varepsilon \boldsymbol{E}_{t\nu}(x,y) \tag{4.41}$$

对上述方程进行分析, 我们可以分辨出几种不同的模式. 更多的详情将在后面讨论. 一般说来, 主要的模式有:

(1) 导波模式 (束缚能)——这时, β_ν 呈分立谱;

(2) 辐射模式 —— 属于连续态;

(3) 消逝波 —— $\beta_\nu = -\mathrm{i}\alpha_\nu$, 它们按照 $\exp(-\alpha_\nu z)$ 的方式衰减.

4.3.2　通用方程的简约形式

利用下面的通用公式:

$$\nabla_{\text{t}} \times E_{\text{t}} = \begin{vmatrix} \boldsymbol{a}_x & \boldsymbol{a}_y & \boldsymbol{a}_z \\ \dfrac{\partial}{\partial x} & \dfrac{\partial}{\partial y} & 0 \\ E_x & E_y & 0 \end{vmatrix}$$

$$\nabla_{\text{t}} \times E_z = \begin{vmatrix} \boldsymbol{a}_x & \boldsymbol{a}_y & \boldsymbol{a}_z \\ \dfrac{\partial}{\partial x} & \dfrac{\partial}{\partial y} & 0 \\ 0 & 0 & E_z \end{vmatrix}$$

$$\boldsymbol{a}_z \times E_{\text{t}} = \begin{vmatrix} \boldsymbol{a}_x & \boldsymbol{a}_y & \boldsymbol{a}_z \\ 0 & 0 & 1 \\ E_x & E_y & 0 \end{vmatrix}$$

式中, $\boldsymbol{a}_x$, $\boldsymbol{a}_y$, $\boldsymbol{a}_z$ 是沿坐标方向的单位矢量, 我们得到通用方程 (4.38)~ 方程 (4.41) 的简约形式 (略去模式数)

$$\left[0, 0, \frac{\partial E_y}{\partial x} - \frac{\partial E_x}{\partial y}\right] = -\mathrm{i}\omega\mu\left[0, 0, H_z\right] \tag{4.42}$$

$$\left[0, 0, \frac{\partial H_y}{\partial x} - \frac{\partial H_x}{\partial y}\right] = \mathrm{i}\omega\varepsilon\left[0, 0, E_z\right] \tag{4.43}$$

$$\left[\frac{\partial E_z}{\partial y}, -\frac{\partial E_z}{\partial x}, 0\right] - \mathrm{i}\beta[-E_y, E_x, 0] = -\mathrm{i}\omega\mu\left[H_x, H_y, 0\right] \tag{4.44}$$

$$\left[\frac{\partial H_z}{\partial y}, -\frac{\partial H_z}{\partial x}, 0\right] - \mathrm{i}\beta[-H_y, H_x, 0] = \mathrm{i}\omega\varepsilon\left[E_x, E_y, 0\right] \tag{4.45}$$

4.4 节中, 我们将利用上述通用方程分析一些特殊情况.

4.4 平板波导的亥姆霍兹方程

对于在 y 方向的尺度远大于厚度的波导, 电磁场沿 y 方向的分布可视为常数, 如图 4.7 所示. 因此, 我们只需要考虑场在 x 方向受到的制约. 为此, 令

$$\frac{\partial}{\partial y} = 0$$

而且折射率也仅沿 x 方向变化

$$\overline{n} = \overline{n}\left(x\right)$$

这类波导只支持以下两种模式:

(1) 横向电场 TE 模式, 此时 $E_y \neq 0$ 而且 $E_x = E_z = 0$;

(2) 横向磁场 TM 模式, 此时 $H_y \neq 0$ 而且 $H_x = H_z = 0$.

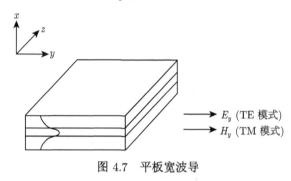

E_y (TE 模式)

H_y (TM 模式)

图 4.7 平板宽波导

由方程 (4.42)~ 方程 (4.45) 给出的一般公式, 我们得到三组描述 TE 模式的方程, 以及三组描述 TM 模式的方程. 下面分别写出这两种模式的方程.

1. TE 模式

为了描述 TE 模式, 我们只需要使用与 E_y 及其导数有关的方程. 当 $E_x = E_z = 0$ 时, 由方程 (4.44) 知道 $H_y = 0$. 于是描述 TE 模式的方程是

$$\beta E_y = -\omega \mu H_x \tag{4.46}$$

$$\frac{\partial H_z}{\partial x} + \mathrm{i}\beta H_x = -\mathrm{i}\omega \varepsilon E_y \tag{4.47}$$

$$\frac{\partial E_y}{\partial x} = -\mathrm{i}\omega \mu H_z \tag{4.48}$$

最后, 消去 H_x 和 H_z. 对第三个方程求导, 并利用第二个方程取代 $\dfrac{\partial H_z}{\partial x}$, 最终利用第一个方程消去 H_x. 于是, 我们得到 TE 模式的方程

$$\frac{\partial^2 E_y}{\partial x^2} + (k_0^2 \bar{n}^2 - \beta^2) E_y \tag{4.49}$$

式中, $k_0 = \dfrac{\omega}{c} = \omega \sqrt{\varepsilon_0 \mu_0}$.

2. TM 模式

采用相似的方法处理 TM 模式. 当 $H_x = H_z = 0$ 时, 由方程 (4.45) 得到 $E_y = 0$. 我们只保留 H_y 的方程以及它的导数. 描述 TM 模式的方程为

$$\beta H_y = \omega \varepsilon E_x \tag{4.50}$$

$$\frac{\partial H_y}{\partial x} = \mathrm{i} \omega \varepsilon E_z \tag{4.51}$$

$$\frac{\partial E_z}{\partial x} + \mathrm{i} \beta E_x = \mathrm{i} \omega \mu H_y \tag{4.52}$$

注意到 $\varepsilon = \varepsilon_0 \overline{n}^2$ 并消除 E_x 和 E_z. 对于折射率突变波导, $\overline{n}$ 并非 x 的函数. 从第一个方程可以决定 E_x, 而由第二个方程可以决定 E_z. 把这些结果代入第三个方程, 最终, 我们获得 TM 模式的方程

$$\frac{\partial^2 H_y}{\partial x^2} + (k_0^2 \overline{n}^2 - \beta^2) H_y \tag{4.53}$$

方程 (4.49) 和方程 (4.53) 分别是光波导各层 TE 波和 TM 波标量亥姆霍兹方程, 它们适用于无源、无损耗、各向同性和非磁性的介质平板波导.

4.5 三层对称的导波结构 (TE 模式)

本节将分析 TE 模式的三层对称结构, 该结构如图 4.7 所示. 它的细节如图 4.8 所示. 薄层厚度为 $2a$, 折射率为 $\overline{n}_{\mathrm{f}}$. 它的下方是基体层, 上方是折射率为 $\overline{n}_0$ 的包覆层. 我们引入下列记号:

$$\kappa_{\mathrm{f}}^2 = \overline{n}_{\mathrm{f}}^2 k_0^2 - \beta^2 \tag{4.54}$$

$$\gamma^2 = \beta^2 - \overline{n}_0^2 k_0^2 \tag{4.55}$$

式中, γ 由薄层上、下层的折射率所决定. 也就是说, γ 的数值主要由包覆层和基体层的折射率所决定. 因此, 我们要考虑的不仅是薄层本身, 还要了解它的上、下层的性质.

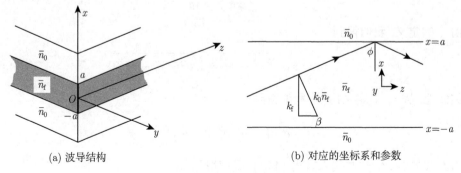

(a) 波导结构   (b) 对应的坐标系和参数

图 4.8 三层平板对称波导

此时, 波导结构中的亥姆霍兹方程是

$$\frac{\mathrm{d}^2 E_y(x)}{\mathrm{d}x^2} + \left(\overline{n}^2 k_0^2 - \beta^2\right) E_y(x)$$

这是一个二阶常系数线性齐次微分方程. 对于波导中的导波模式, 它的解分为奇数模式和偶数模式.

1. 奇数模式

假设上述波动方程的解是

$$\begin{cases} E_y(x) = A_\mathrm{c} \mathrm{e}^{-\gamma(x-a)}, & a < x & \text{(包覆层)} \\ E_y(x) = B \sin \kappa_\mathrm{f} x, & -a < x < a & \text{(薄层)} \\ E_y(x) = A_\mathrm{s} \mathrm{e}^{\gamma(x+a)}, & x < -a & \text{(基体层)} \end{cases} \tag{4.56}$$

在分界面上, 即在 $x = \pm a$ 处, 电场 E_y 和它的导数 $\dfrac{\mathrm{d}E_y}{\mathrm{d}x}$ 必须是连续的. 在 $x = a$ 处, 边界条件的连续性要求

$$A_\mathrm{c} = B \sin \kappa_\mathrm{f} a$$

$$-\gamma A_\mathrm{c} = \kappa_\mathrm{f} B \cos \kappa_\mathrm{f} a$$

由以上方程我们获得

$$-\gamma = \kappa_\mathrm{f} \cot \kappa_\mathrm{f} a \tag{4.57}$$

在 $x = -a$ 的连续性条件下给出相同的方程. 引入变量

$$y = \kappa_\mathrm{f} a$$

方程 (4.57) 可以写成

$$-y \cot y = \gamma a$$

由 γ 的定义, 我们得到

$$-\gamma a = a\sqrt{\overline{n}^2 k_0^2 - \beta^2} = \sqrt{a^2 \overline{n}^2 k_0^2 - a^2 \beta^2} \tag{4.58}$$

类似地, 从 κ_f 的定义出发, 我们得到

$$a^2 \kappa_\mathrm{f}^2 = a^2 \, \overline{n}_\mathrm{f}^2 k_0^2 - a^2 \beta^2$$

由上式得出 $a^2 \beta^2$, 并代入方程 (4.58), 我们得到

$$-y \cot y = \sqrt{R^2 - y^2} \tag{4.59}$$

式中, 我们定义

$$R^2 = a^2 k_0^2 \left(\overline{n}_f^2 - \overline{n}^2 \right) \tag{4.60}$$

超越方程 (4.59) 必须用数值方法来解.

2. 偶数模式

对于更高的模式, 我们假定下列表示式是导波的解:

$$\begin{cases} E_y(x) = A_c e^{-\gamma(x-a)}, & a<x & \text{(包覆层)} \\ E_y(x) = B \cos \kappa_f x, & -a < x < a & \text{(薄层)} \\ E_y(x) = A_s e^{\gamma(x+a)}, & x<-a & \text{(基体层)} \end{cases} \tag{4.61}$$

剩下的步骤与奇数模式的解法完全相同. 传播常数的最终超越方程为

$$y \tan y = \sqrt{R^2 - y^2} \tag{4.62}$$

函数 R 由方程 (4.60) 定义. 求解方程 (4.62) 的结果如图 4.9 所示: 代表方程右方的线 h 和代表方程左方的线 g 的交叉点就是我们所寻找的传播常数. 显然, 必须用数值方法才能获得方程的解. 为了得到数值解, 我们引入下面的方程:

$$f_{\text{even}}(y) = y \tan y - \sqrt{R^2 - y^2} \tag{4.63}$$

$$f_{\text{odd}}(y) = -y \cot y - \sqrt{R^2 - y^2} \tag{4.64}$$

上述方程被用来作数值解, 因为诸如 $f_{\text{even}}(y_1) = 0$ 对应于解 y_1, 于是传播常数 β_1 就被确定下来.

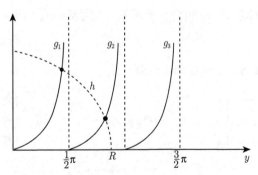

图 4.9 超越方程偶数模式的作图解

下面的几个主要步骤组成了数值算法.

(1) 下列算法用来寻找偶函数和奇函数的间隔:

偶函数

$$y_i = n\pi, \quad y_f = \min \left(n\pi + \frac{\pi}{2} - 10^{-3}, R \right)$$

奇函数

$$y_i = \frac{\pi}{2} + n\pi, \quad y_f = \min\left((n+1)\pi - 10^{-3}, R\right)$$

式中, y_i 和 y_f 是所寻找间隔的起始和终点的适当值. 引入小常数 (10^{-3}) 为的是避免工作在奇点附近.

(2) 完成搜索每个间隔中的零点.

(3) 在逐个搜索中获得偶数解和奇数解.

(4) 利用 MATLAB 的函数 fzero() 找到方程的解.

$$y_{temp} = fzero\left(func, [y_i, y_f]\right)$$

式中, 右方第一个参数为搜索函数, 第二个为决定搜索间隔的函数.

4.6　一维任意三层不对称平板波导的模式

我们来考虑将图 4.8 所示的波导结构进行修改, 使其基体层和包覆层的折射率不同, 即为不对称的平板波导.

这里, $\overline{n}_c$ 表示包覆层的折射率, $\overline{n}_f$ 为薄层的折射率, 而 $\overline{n}_s$ 是基体层的折射率. 对于不对称平板波导, $\overline{n}_c \neq \overline{n}_s$. 对下面的物理量进行定义:

$$\begin{cases} \kappa_c^2 = \overline{n}_c^2 k_0^2 - \beta^2 \equiv -\gamma_c^2 \\ \kappa_f^2 = \overline{n}_f^2 k_0^2 - \beta^2 \\ \kappa_s^2 = \overline{n}_s^2 k_0^2 - \beta^2 \equiv -\gamma_s^2 \end{cases} \tag{4.65}$$

式中, γ_i 代表横向衰减, 而 κ_i 包含传播常数, i 代表 c 或 f 或 s.

4.6.1　TE 模式

对于传导的 TE 模式, 存在如下的解:

$$\begin{cases} E_y(x) = A_c e^{-\gamma_c(x-a)}, & a < x & \text{(包覆层)} \\ E_y(x) = A\cos\kappa_f x + B\sin\kappa_f x, & -a < x < a & \text{(薄层)} \\ E_y(x) = A_s e^{\gamma_s(x+a)}, & x < -a & \text{(基体层)} \end{cases} \tag{4.66}$$

求导后, 我们得到

$$\begin{cases} \dfrac{dE_y(x)}{dx} = -\gamma_c A_c e^{-\gamma_c(x-a)}, & a < x & \text{(包覆层)} \\ \dfrac{dE_y(x)}{dx} = -\kappa_f A\sin\kappa_f x + \kappa_f B\cos\kappa_f x, & -a < x < a & \text{(薄层)} \\ \dfrac{dE_y(x)}{dx} = \gamma_s A_s e^{\gamma_s(x+a)}, & x < -a & \text{(基体层)} \end{cases} \tag{4.67}$$

边界条件决定于 E_y 和 $\dfrac{\mathrm{d}E_y(x)}{\mathrm{d}x}$ 的连续性.

对 E_y 和 $\dfrac{\mathrm{d}E_y(x)}{\mathrm{d}x}$ 施加边界条件, 可以得到如下的方程:

对于 $x = -a$

$$A\cos\kappa_f a - B\sin\kappa_f a = A_s$$

$$\kappa_f A\sin\kappa_f a + \kappa_f B\cos\kappa_f a = \gamma_s A_s$$

对于 $x = a$

$$A_c = A\cos\kappa_f a + B\sin\kappa_f a$$

$$-\gamma_c A_c = -\kappa_f A\sin\kappa_f a + \kappa_f B\cos\kappa_f a$$

上述方程可以改用矩阵的形式表示

$$
\begin{bmatrix}
\cos\kappa_f a & -\sin\kappa_f a & -1 & 0 \\
\kappa_f\sin\kappa_f a & \kappa_f\cos\kappa_f a & -\gamma_s & 0 \\
\cos\kappa_f a & \sin\kappa_f a & 0 & -1 \\
-\kappa_f\sin\kappa_f a & \kappa_f\cos\kappa_f a & 0 & \gamma_c
\end{bmatrix}
\begin{bmatrix}
A \\ B \\ A_s \\ A_c
\end{bmatrix} = 0
\tag{4.68}
$$

为了使上面的各向同性系统有非无效解, 主行列式必须为零

$$
\begin{vmatrix}
\cos\kappa_f a & -\sin\kappa_f a & -1 & 0 \\
\kappa_f\sin\kappa_f a & \kappa_f\cos\kappa_f a & -\gamma_s & 0 \\
\cos\kappa_f a & \sin\kappa_f a & 0 & -1 \\
-\kappa_f\sin\kappa_f a & \kappa_f\cos\kappa_f a & 0 & \gamma_c
\end{vmatrix} = 0
\tag{4.69}
$$

上述行列式可以用下面的方法进行估算. 对最后一列进行展开, 得到

$$
\gamma_c
\begin{vmatrix}
\cos\kappa_f a & -\sin\kappa_f a & -1 \\
\kappa_f\sin\kappa_f a & \kappa_f\cos\kappa_f a & -\gamma_s \\
\cos\kappa_f a & \sin\kappa_f a & 0
\end{vmatrix}
+
\begin{vmatrix}
\cos\kappa_f a & -\sin\kappa_f a & -1 \\
\kappa_f\sin\kappa_f a & \kappa_f\cos\kappa_f a & -\gamma_c \\
-\kappa_f\sin\kappa_f a & \kappa_f\cos\kappa_f a & 0
\end{vmatrix} = 0
$$

对两个行列式进行评估, 得到

$$\sin^2\kappa_f a - \cos^2\kappa_f a + \frac{\kappa_f}{\gamma_c}\sin\kappa_f a\cos\kappa_f a - \frac{\gamma_s}{\kappa_f}\sin\kappa_f a\cos\kappa_f a = 0$$

它可以表示为

$$\tan^2\kappa_f a - 1 + \frac{\kappa_f}{\gamma_c}\tan\kappa_f a - \frac{\gamma_s}{\kappa_f}\tan\kappa_f a = 0 \tag{4.70}$$

它是三层不对称平板波导的通用方程. 对于对称波导

$$\gamma_s = \gamma_c = \gamma$$

此外, 我们把方程 (4.70) 写成

$$\left(\tan \kappa_f a - \frac{\gamma}{\kappa_f}\right)\left(\tan \kappa_f a + \frac{\kappa_f}{\gamma}\right) = 0 \tag{4.71}$$

它们代表 4.5 节中讨论的偶数模式和奇数模式 (对称模式).

注意, 上述模式没有对功率归一化. 单位波导宽度中每个模式所携带的功率 P 可以按下式决定:

$$P = -2 \int_{-\infty}^{+\infty} \mathrm{d}x E_y H_x$$

$$= \frac{2\beta}{\omega\mu} \int_{-\infty}^{+\infty} \mathrm{d}x E_y^2$$

$$= N \sqrt{\frac{\varepsilon_0}{\mu_0}} E_f^2 \cdot h_{\mathrm{eff}}$$

$$= E_f \cdot H_f \cdot h_{\mathrm{eff}} \tag{4.72}$$

式中, $h_{\mathrm{eff}} \equiv 2a + \dfrac{1}{\gamma_s} + \dfrac{1}{\gamma_c}$ 是波导的有效厚度.

4.6.2   TE 模式的场分布

对方程 (4.70) 给出不对称平板波导的一般行列式的分析是十分复杂的. 如果我们想得到适合作数值计算也适合获取场分布的公式, 最好的方法是消除在方程 (4.66) 中出现的所有常数. 因此, 我们将场分布仅用一个常数, 如 A_s, 来表示. 从导数的连续性出发, 于是得到了用来获取传播常数的超越方程. 考虑一个位于 $x = 0$ 的基体层–薄层分界面以及位于 $x = h$ 的薄层–包覆层分界面的不对称结构. 从 TE 场在 $x = 0$ 和 $x = h$ 的连续性, 我们得到

$$A_c = A \cos \kappa_f h + B \sin \kappa_f h \tag{4.73}$$

以及

$$A_s = A \tag{4.74}$$

上述两处导数的连续性

$$-\gamma_c A_c = -\kappa_f A \sin \kappa_f h + \kappa_f B \cos \kappa_f h \tag{4.75}$$

以及

$$\gamma_s A_s = \kappa_f B \tag{4.76}$$

由方程 (4.74) 和方程 (4.76), 常数 A 和 B 可以用 A_s 来表示. 把它们代入方程 (4.73) 我们就能得到用 A_s 表示的常数 A_c. 利用这些结果, 方程 (4.66) 中的常数 A, B 和 A_c 被替换掉. 该方程变成

$$\begin{cases} E_y(x) = A_s \left(\cos \kappa_f h + \dfrac{\gamma_s}{\kappa_f} \sin \kappa_f h \right) \exp\left[-\gamma_c \left(x - h \right) \right], & h < x \\[2mm] E_y(x) = A_s \left(\cos \kappa_f\, x + \dfrac{\gamma_s}{\kappa_f} \sin \kappa_f\, x \right), & 0 < x < h \\[2mm] E_y(x) = A_s \exp\left(\gamma_s x \right), & x < 0 \end{cases} \quad (4.77)$$

由此, 上述方程对 x 的导数成为

$$\begin{cases} E_y'(x) = -A_s \gamma_c \left(\cos \kappa_f h + \dfrac{\gamma_s}{\kappa_f} \sin \kappa_f h \right) \exp\left[-\gamma_c \left(x - h \right) \right], & h < x \\[2mm] E_y'(x) = A_s \left(-\kappa_f \sin \kappa_f\, x + \gamma_s \cos \kappa_f\, x \right), & 0 < x < h \\[2mm] E_y'(x) = A_s \gamma_s \exp\left(\gamma_s x \right), & x < 0 \end{cases} \quad (4.78)$$

对导数方程在 $x = h$ 运用连续性条件, 我们发现

$$-\gamma_c \left(\cos \kappa_f h + \frac{\gamma_s}{\kappa_f} \sin \kappa_f h \right) = -\kappa_f \sin \kappa_f\, h + \gamma_s \cos \kappa_f\, h$$

于是, 我们得到了下面的超越方程:

$$\tan \kappa_f h = \frac{\gamma_s + \gamma_c}{\kappa_f - \gamma_c \gamma_s / \kappa_f} \quad (4.79)$$

上述方程用来搜索传播常数的数值. 方程 (4.79) 的典型结果如图 4.10 所示. 有了这些传播常数, 由方程 (4.77) 我们得到了场的分布.

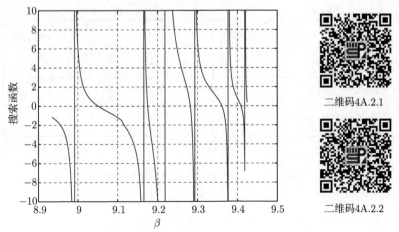

图 4.10　由表 4.1 定义的三层不对称平板波导方程 (4.79) 的作图

我们考虑的三层不对称平板波导见表 4.1 中的描述, 其光波长为 $\lambda = 1\mu m$.

表 4.1 三层不对称平板波导

折射率	厚度
$n_c = 1.40$	—
$n_f = 1.50$	$5\mu m$
$n_s = 1.45$	—

借助于 MATLAB 代码 (见**二维码 4A.2.1 与 4A.2.2**), 我们对结构进行了分析, 得到的传播常数归纳在表 4.2 中. 四种场分布如图 4.11 所示.

表 4.2 由表 4.1 所定义的三层不对称平板波导的传播常数

模式	传播常数 β
TE_0	$9.40873\mu m^{-1}$
TE_1	$9.36079\mu m^{-1}$
TE_2	$9.28184\mu m^{-1}$
TE_3	$9.17521\mu m^{-1}$

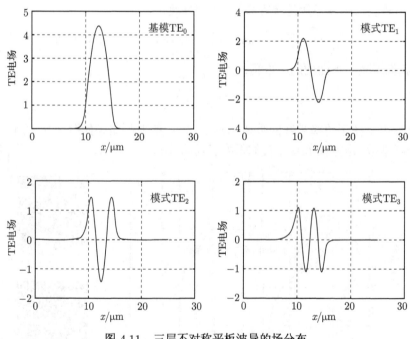

图 4.11 三层不对称平板波导的场分布

4.7 二 维 结 构

前面几节中我们讨论了一维的波导结构, 即所谓的平板波导, 但是实用的器件本质上是二维的. 这种结构中, 折射率 $\bar{n}(x,y)$ 与横向坐标 x 及 y 有关. 以下以图 4.12 所示的脊形波导为例, 讨论求解传播模式合理解的方法——等效折射率法.

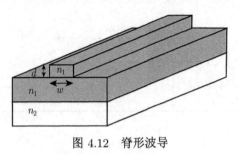

图 4.12 脊形波导

等效折射率法:

为了说明等效折射率方法, 我们从二维的标量亥姆霍兹方程开始

$$\frac{\partial^2 \phi(x,y)}{\partial x^2} + \frac{\partial^2 \phi(x,y)}{\partial y^2} + k_0^2 \left[\varepsilon_{\mathrm{r}}(x,y) - N_{\mathrm{eff}}^2 \right] \phi(x,y) = 0 \qquad (4.80)$$

式中, N_{eff} 是我们所要确定的等效折射率. 假设在 x 和 y 的变量之间没有交往, 这使我们可以把场分离为

$$\phi(x,y) = X(x) \cdot Y(y)$$

将预先假定的解代入该波动方程, 评估有关的导数, 并按 $X(x) \cdot Y(y)$ 把得到的方程分拆成两边. 我们得到

$$\frac{1}{X(x)} X''(x) + \frac{1}{Y(y)} Y''(y) + k_0^2 \left[\varepsilon_{\mathrm{r}}(x,y) - N_{\mathrm{eff}}^2 \right] = 0$$

引入分离常数 $k_0^2 \lambda^2$, 使

$$\frac{1}{Y(y)} Y''(y) + k_0^2 \varepsilon_{\mathrm{r}}(x,y) = k_0^2 \lambda^2 \qquad (4.81)$$

剩下的项则为

$$\frac{1}{X(x)} X''(x) - k_0^2 N_{\mathrm{eff}}^2 = -k_0^2 \lambda^2 \qquad (4.82)$$

根据上述理论, 我们有可能设计一种称为等效折射率法的方法来确定导波等效折射率 N_{eff}. 如图 4.13 所示, 该方法有以下四个步骤.

第一步, 用沿 x 轴的一维组合波导取代二维波导.

第二步, 通过计算沿 y 轴的等效导波指数分别求解各自的一维问题并得到每个情况 (对于我们的结构有三种情况) 的 N_{eff}.

第三步, 构建新的有效的一维波导 (沿 x 轴), 它将起原先的二维波导的功能. 新的等效导波指数的折射率已标明.

第四步, 按第三步求解一维波导结构的导波等效折射率.

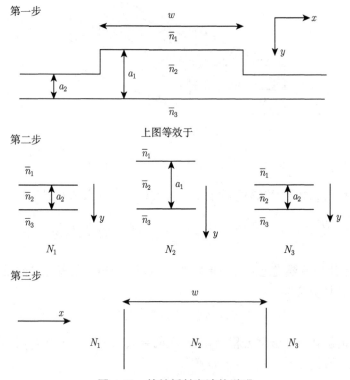

图 4.13 等效折射率法的说明

用一个实例说明等效折射率法, 其结构如图 4.14 所示, 其参数值列于表 4.3 中.

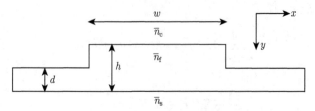

图 4.14 作为等效折射率法应用实例的结构

表 4.3 用于等效折射率法实例的参数值

波长	折射率	几何结构
	$\overline{n}_c = 1$	$h = 1.8\mu m$
$\lambda = 0.8\mu m$	$\overline{n}_f = 2.234$	$d = 1\mu m$
	$\overline{n}_s = 2.214$	$w = 2\mu m$

该方法需遵循以下六步:

(1) 利用 a 的定义以及表 4.3 的数值得到非对称参数

$$a = \frac{\overline{n}_n^2 - \overline{n}_c^2}{\overline{n}_f^2 - \overline{n}_s^2} = 43.86$$

(2) 利用 MATLAB 作出 b-V 图, 如图 4.15 所示.

(3) 利用 V 的定义决定归一化频率

$$V_f = k_0 \cdot h \sqrt{n_f^2 - \overline{n}_n^2} = 4.22, \quad V_d = k_0 \cdot d \sqrt{n_f^2 - \overline{n}_n^2} = 2.34$$

(4) 从 b-V 图中得出对应的 b 值

$$b_f = 0.666, \quad b_d = 0.274$$

导波有效折射率 N_f 和 N_d 由下面公式决定:

$$N_{f,d}^2 = \overline{n}_s^2 + b_{f,d}(\overline{n}_f^2 - \overline{n}_s^2)$$

于是, 我们得到

$$N_f = 2.227, \quad N_d = 2.219$$

(5) 使用上面数值的沿 x 方向的同样结构. 其处理方式与一维波导相同. V 的数值由下面公决定:

$$V_{eq} = k_0 \cdot w \sqrt{N_f^2 - N_d^2} = k_0 w \sqrt{(\overline{n}_f^2 - \overline{n}_s^2)(b_f - b_d)} = 2.933$$

从 b-V 图中得出

$$b_{eq} = 0.444$$

(6) 最后, 揭示导波特性的导波有效折射率 $N = N_{eq}$ 由下式决定:

$$N \equiv N_{eq} = \sqrt{N_d^2 + b_{eq}(N_f^2 - N_d^2)} = \sqrt{N_d^2 + b_{eq}(\overline{n}_f^2 - \overline{n}_s^2)(b_f - b_d)} = 2.222$$

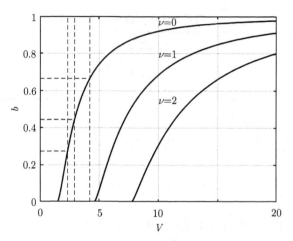

图 4.15   二维平板被导的归一化色散曲线

4.8 习   题

1. 假设一个平板波导的三层介质的折射率分别为 $\bar{n}_c = 1.40$, $\bar{n}_f = 1.50$ 及 $\bar{n}_s = 1.45$, 波导中间层 $\bar{n}_f$ 的厚度为 3μm, 光波的波长 λ=0.82μm. 作出色散曲线图:

(1) 求出在此波导中所有可能传播的 TE 模式的模式数 ν 以及它们的导波有效折射率 N, 并确定它们的传播角度 θ.

(2) 若仅容许单模在该波导中传播, 试求出此时光波的截止波长 λ_c.

2. 利用图 4.5 , 计算确保单个 TE 模式在上述波导中的最大厚度.

3. 分析三层不对称平板波导结构, 推导传播常数的超越方程.

第 5 章

Chapter 5　光波在光纤中的传播

光纤是光导纤维的简称, 是一种圆柱形光波导, 也是目前应用最广泛的光波导. 因此, 在第 4 章的基础上, 本章探讨光波在光纤中的传播. 其传播具有三个特点:

(1) 光波能量以电磁波的形式在光纤内部或表面沿其轴向传播.

(2) 光波以全反射原理或其他机理 (如光子带隙等) 被约束在光纤界内.

(3) 光波的传输特性由光纤的结构和材料特性所决定.

本章首先介绍光纤的基本结构、分类以及重要参量, 之后着重论述柱坐标中的光纤模式. 光纤光学特性的重要表现在于其传输特性, 而传输特性主要包括光纤色散与光纤损耗, 它们在光通信、光纤传感等领域都有着十分重要的意义. 因此本章的后半部分将讨论色散与损耗对光纤的影响.

5.1　光纤光学基础

5.1.1　光纤概述

1. 光纤的结构

光纤的结构是一种细长多层同轴圆柱体实体复合纤维. 自内向外分别称为纤芯、包层和涂覆层, 如图 5.1 所示. 纤芯和包层共同构成介质光波导, 形成对光信号的传导和约束. 涂覆层的作用在于增强光纤的机械强度和柔韧性.

考虑横截面如图 5.1 所示的光纤, 折射率剖面的相应变化如图 5.2 所示. 我们举出两种折射率的剖面: 阶跃型和渐变型.

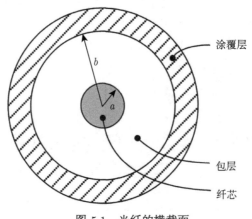

图 5.1   光纤的横截面

2. 光纤的分类

1) 一般分类

一般而言, 光纤可以分为两大类: 通信用光纤与非通信用光纤. 前者主要用于各种光纤通信系统中, 后者则应用于光纤传感、光纤测量等各种常规光学系统中. 对于两类光纤的要求不同: 对于通信用光纤, 在其系统工作波长处要求低损耗、宽频带、元器件之间高的耦合效率等; 对于非通信用光纤, 通常要求其具有特殊的性能, 如高双折射率、高非线性、高敏感性等.

2) 工作波长

按照工作波长, 光纤可以分为紫外光纤、可见光纤和红外光纤.

3) 折射率分布

按照折射率分布, 常用的通信用光纤可以分为阶跃型光纤和渐变型光纤. 如图 5.2 所示.

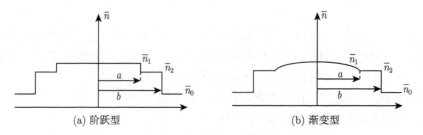

图 5.2   光纤的典型横截面

阶跃型光纤纤芯的折射率和包层的折射率都是一个常数. 而纤芯到包层的折射率是突变的 (阶跃的). 对于阶跃型多模光纤, 各种模式在其中的传输路径不同, 经传输后到达终点的时间也不同, 因而产生时延差, 使脉冲展宽. 所以这种光纤的模间色散高, 传输频带不宽, 传输效率不高.

渐变型光纤纤芯的折射率随着半径的增加规律地减小, 在纤芯与包层交界处减小为包层的折射率. 纤芯的折射率变化近似于抛物线. 光波在这种光纤中传输的过程是: 高次模和低次模的光线分别在不同的折射率层界面上按折射定律产生折射, 进入低折射率层中. 因此, 光的行进方向与光纤轴方向所形成的角度将逐渐变小, 直至光在某一折射率层产生全反射, 使光改变方向, 朝中心较高的折射率层行进. 此时, 光的行进方向与光纤轴方向所构成的角度, 在各折射率层中每折射一次, 其值就增大一次, 最后到达中心折射率最大的地方. 因此, 光在渐变型光纤中会自觉地调整, 从而最终到达目的地, 即自聚焦. 由此可知, 这种光纤能够有效地减少模间色散, 提高光纤带宽, 增加传输距离, 但是成本较高.

近二十年来, 微结构光纤的出现, 使光纤的结构和性能均发生了革命性的变化, 有兴趣的读者可查阅相关文献. 如不加说明, 在本书中我们讨论的均为通信用阶跃型光纤.

4) 传输模式

光波在光纤中传输时, 由于纤芯边界限制, 满足边界条件的电磁场解是不连续的, 这种不连续的场解称为模式. 直观上, 可以将模式看成光场在光纤截面上的一种分布图. 只允许一个模式传输的光纤称为单模光纤, 允许多个模式传输的光纤称为多模光纤.

在光纤中允许存在的模式数目可以由下式来估算:

$$M = \frac{g}{2g(g+2)}V^2 \tag{5.1}$$

式中, V 为光纤归一化频率; g 为折射率分布参数. 在阶跃光纤中, 若 $V < 2.405$, 则它只能容纳单模, 称为主模或基模. 单模光纤的芯径一般为 $1 \sim 10\mu m$, 只能传输基模, 无模间色散, 适用于远程通信, 但单模光纤对光源的谱宽和稳定性有较高的要求. 多模光纤的芯径一般为 $50 \sim 1000\mu m$, 可以传输多种模式的光, 模间色散较大, 限制了传输数字信号的频率, 且损耗随着距离的增加而增大.

5) 传输的偏振态

根据传输的偏振态, 单模光纤又可分为偏振保持光纤 (保偏光纤) 和非偏振保持光纤 (非保偏光纤), 二者的差异在于能否传输偏振光.

6) 制作材料

按照制作材料, 光纤可以分为石英光纤、复合光纤、氟化物光纤、塑包光纤、塑料光纤等.

5.1.2　光纤的重要参量

1. 数值孔径

在光纤中存在两类光线：子午光线和斜射光线. 前者是指在子午平面, 即通过光纤中心轴的平面上传输的光线; 后者是指与光纤轴既不平行也不相交的光线. 这里我们仅考虑子午光线在阶跃型光纤中传播的情况, 对于斜射光线与渐变型光纤的讨论, 参见相关参考文献.

如图 5.3 所示. 当光线从折射率为 $\overline{n}_0$ 的介质 (即空气) 射入折射率为 $\overline{n}_1$ 的光纤后, 并非所有的光线都能够保证在光纤中传输. 只有一定角度范围内的光线射入光纤后, 例如, 光线 A 能保持在纤芯的范围内传播, 我们把这样传播的波称为导波. 反之, 如果入射角太大, 例如, 光线 B 进入光纤后, 它会进入包层中最后从光纤泄漏出去, 我们把这样的波称为非导波. 因此, 光纤中存在着这样的角度 θ_a (接收角), 只有入射角度满足以下关系:

$$\theta < \theta_a$$

的光线才会被保持在纤芯内传播. 当光线的入射角恰好等于接收角 θ_a 时, 它们会以临界状态沿着纤芯和包层之间的界面传播.

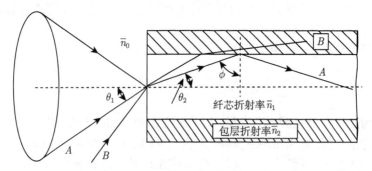

纤芯折射率 $\overline{n}_1$

包层折射率 $\overline{n}_2$

图 5.3　接收角

数值孔径 (NA) 定义为

$$NA \equiv \overline{n}_0 \sin\theta_a$$

它是一个无量纲的物理量. 显然, 数值孔径大的光纤意味着它的接收角比较大. 典型的 NA 值介于 $0.14 \sim 0.50$.

光纤数值孔径的意义是：NA 的大小表征了接收光功率能力的大小, 即只有落入以 θ_a 为半锥角的锥形区域之内的光线才能为光纤所接收.

2. 相对折射率差

光纤的相对折射率差是指纤芯轴线折射率与包层折射率的相对差值, 其表达

式为

$$\Delta = \frac{(\overline{n}_1 + \overline{n}_2)(\overline{n}_1 - \overline{n}_2)}{2\overline{n}_1^2} \approx \frac{2\overline{n}_1(\overline{n}_1 - \overline{n}_2)}{2\overline{n}_1^2} \approx \frac{\overline{n}_1 - \overline{n}_2}{\overline{n}_1} \tag{5.2}$$

式中, 约等号右侧关系式仅在弱导条件下 $(\overline{n}_1 \approx \overline{n}_2)$ 成立. 光纤相对折射率差的意义是: Δ 的大小决定了光纤对光场的约束能力和光纤端面的受光能力. 对于单模光纤, Δ 值大约在 0.01. 因此,

$$NA = \overline{n}_1 (2\Delta)^{1/2} \tag{5.3}$$

3. 归一化频率

光纤的归一化频率的定义为

$$V = k_0 a \sqrt{\overline{n}_1^2 - \overline{n}_2^2} \approx k_0 a \overline{n}_1 \sqrt{2\Delta} = \frac{2\pi a}{\lambda} \overline{n}_1 \sqrt{2\Delta}$$

式中, a 为纤芯半径, k_0 为真空中的光波波数, λ 为光波的波长.

光纤归一化频率的意义是: V 决定了光纤中容纳的模式数量. 显然, 当波长 λ 和折射率参数确定后, 光纤中允许传输的模式数目只与纤芯半径 a 有关. 因此, 多模光纤芯径较粗, 而单模光纤芯径较细, 模式数量与入射波长 λ 有关. 除基模之外, 其他导波模都可能在某一 V 值以下不允许存在, 这称为导波模截止, 此时导波模转化为辐射模. 使某一导波模截止的 V_0 值称为该导波模的截止条件.

5.2　柱坐标中的光纤模式

光纤横截面折射率分布一般具有圆对称性, 如图 5.4 所示. 在柱坐标中, 我们使用下述变量: r, ϕ, z. 折射率表示为

$$\overline{n} = \begin{cases} \overline{n}_1, & r \leqslant a \\ \overline{n}_2, & r > a \end{cases} \tag{5.4}$$

式中, a 是光纤中间核心区域, 即纤芯的半径.

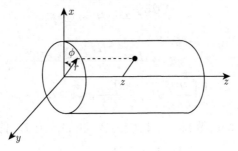

图 5.4　柱坐标系统

5.2.1 柱坐标中的麦克斯韦方程

在柱坐标中, 对于一个任意的矢量 $\boldsymbol{A}$, 我们有如下的一般性关系:

$$\nabla \times \boldsymbol{A} = \frac{1}{r} \begin{vmatrix} \widehat{\boldsymbol{a}}_r & r\widehat{\boldsymbol{a}}_\phi & \widehat{\boldsymbol{a}}_z \\ \dfrac{\partial}{\partial r} & \dfrac{\partial}{\partial \phi} & \dfrac{\partial}{\partial z} \\ A_r & rA_\phi & A_z \end{vmatrix}$$

$$= \widehat{\boldsymbol{a}}_r \left(\frac{\partial A_z}{r\partial \phi} - \frac{\partial A_\phi}{\partial z} \right) + \widehat{\boldsymbol{a}}_\phi \left(\frac{\partial A_r}{\partial z} - \frac{\partial A_z}{\partial r} \right) + \widehat{\boldsymbol{a}}_z \frac{1}{r} \left[\frac{\partial}{\partial r} \left(rA_\phi \right) - \frac{\partial A_r}{\partial \phi} \right]$$

式中, $\widehat{\boldsymbol{a}}_r, \widehat{\boldsymbol{a}}_\phi, \widehat{\boldsymbol{a}}_z$ 是相应方向的单位矢量. 矢量 $\boldsymbol{A}$ 表示为

$$\boldsymbol{A} = \widehat{\boldsymbol{a}}_r A_r + \widehat{\boldsymbol{a}}_\phi A_\phi + \widehat{\boldsymbol{a}}_z A_z$$

假设 $\mathrm{e}^{\mathrm{i}\omega t}$ 表示场随时间的变化, 于是柱坐标中的第一个麦克斯韦方程是

$$\frac{1}{r} \frac{\partial E_z}{\partial \phi} - \frac{\partial E_\phi}{\partial z} = -\mathrm{i}\omega\mu H_r$$

$$\frac{\partial E_r}{\partial z} - \frac{\partial E_z}{\partial r} = -\mathrm{i}\omega\mu H_\phi$$

$$\frac{1}{r} \left[\frac{\partial}{\partial r} \left(rE_\phi \right) - \frac{\partial E_r}{\partial \phi} \right] = -\mathrm{i}\omega\mu H_z$$

假设 $\mathrm{e}^{-\mathrm{i}\beta z}$ 表示场随距离的变化, 我们发现

$$\frac{1}{r} \frac{\partial E_z}{\partial \phi} + \mathrm{i}\beta E_\phi = -\mathrm{i}\omega\mu H_r \tag{5.5}$$

$$\mathrm{i}\beta E_r + \frac{\partial E_z}{\partial r} = \mathrm{i}\omega\mu H_\phi \tag{5.6}$$

$$\frac{1}{r} \left[\frac{\partial}{\partial r} \left(rE_\phi \right) - \frac{\partial E_r}{\partial \phi} \right] = -\mathrm{i}\omega\mu H_z \tag{5.7}$$

同样地, 由麦克斯韦第二个方程我们得到

$$\frac{1}{r} \frac{\partial H_z}{\partial \phi} + \mathrm{i}\beta H_\phi = \mathrm{i}\omega\varepsilon E_r \tag{5.8}$$

$$\mathrm{i}\beta H_r + \frac{\partial H_z}{\partial r} = -\mathrm{i}\omega\varepsilon E_\phi \tag{5.9}$$

$$\frac{1}{r} \left[\frac{\partial}{\partial r} \left(rH_\phi \right) - \frac{\partial H_r}{\partial \phi} \right] = \mathrm{i}\omega\varepsilon E_z \tag{5.10}$$

由方程 (5.5) 和方程 (5.9) 得到 H_r. 比较两者, 我们得到 E_ϕ 的表示式

$$E_\phi = -\frac{\mathrm{i}}{q^2} \left(\frac{\beta}{r} \frac{\partial E_z}{\partial \phi} - \omega\mu \frac{\partial H_z}{\partial r} \right) \tag{5.11}$$

式中

$$q^2 = \omega^2 \varepsilon \mu - \beta^2 = \overline{n}^2 k_0^2 - \beta^2 \tag{5.12}$$

同样地, 由方程 (5.6) 和方程 (5.8) 得到 E_r 的表示式

$$E_r = -\frac{\mathrm{i}}{q^2}\left(\beta\frac{\partial E_z}{\partial r} + \frac{\omega\mu}{r}\frac{\partial H_z}{\partial \phi}\right) \tag{5.13}$$

以类似的方法, 我们推出 H_ϕ 和 H_r 的如下表示式:

$$H_\phi = -\frac{\mathrm{i}}{q^2}\left(\frac{\beta}{r}\frac{\partial H_z}{\partial \phi} + \varepsilon\omega\frac{\partial E_z}{\partial r}\right) \tag{5.14}$$

$$H_r = -\frac{\mathrm{i}}{q^2}\left(\beta\frac{\partial H_z}{\partial r} - \varepsilon\frac{\omega}{r}\frac{\partial E_z}{\partial \phi}\right) \tag{5.15}$$

方程 (5.11), 方程 (5.13)~ 方程 (5.15) 使我们用 E_z 和 H_z 的分量给出 $\boldsymbol{E}$ 和 $\boldsymbol{H}$ 场的有关分量. 下面, 我们就来推导这些分量的方程.

5.2.2 柱坐标的波动方程

从上面的分析中, 我们可以观察到电场的 z 分量 E_z (同样, 对磁场的 z 分量 H_z) 可以被视为独立的变量, 而其余分量可以用 E_z 来表示 (这同样适用于 H_z). 因此, 我们只需要着力于 E_z(或 H_z). 为此, 我们将首先推导相应的波动方程, 然后求得它的解 E_z . 一旦有了 E_z , 我们将用它来找到 E_r 和 E_ϕ . 用这种方式, 圆波导中的所有电场分量都能得到.

为了推导 E_z 的公式, 我们先从方程 (5.10) 着手. 方程的左方用方程 (5.14) 和方程 (5.15) 替换, 适当重组有关项后, 发现

$$\frac{\partial^2 E_z}{\partial r^2} + \frac{1}{r}\frac{\partial E_z}{\partial r} + \frac{1}{r^2}\frac{\partial^2 E_z}{\partial \phi^2} + q^2 E_z = 0 \tag{5.16}$$

式中, q^2 由方程 (5.12) 决定.

同样地, 可以得到 H_z . 最后一步中, 我们使用方程 (5.7). 在柱坐标中, 我们用 H_z 取代 E_ϕ 和 E_r , 从而得到

$$\frac{\partial^2 H_z}{\partial r^2} + \frac{1}{r}\frac{\partial H_z}{\partial r} + \frac{1}{r^2}\frac{\partial^2 H_z}{\partial \phi^2} + q^2 H_z = 0 \tag{5.17}$$

5.2.3 柱坐标中波动方程的解

这里我们来分析方程 E_z, 以同样的方式解 H_z . 假设下面的变量分离是可行的:

$$E_z (r, \phi) = R (r) \Phi (\phi) \tag{5.18}$$

变量分离后, 我们获得了两个方程

$$\frac{\mathrm{d}^2 \Phi(\phi)}{\mathrm{d}\phi^2} + m^2 \Phi(\phi) = 0 \tag{5.19}$$

$$r^2 \frac{\mathrm{d}^2 R}{\mathrm{d}r^2} + r \frac{\mathrm{d}R}{\mathrm{d}r} + \left(r^2 q^2 - m^2\right) R = 0 \tag{5.20}$$

式中, m^2 是一个分离常数. 方程 (5.20) 是熟知的贝塞尔 (Bessel) 方程, 它的解称为贝塞尔函数. 方程 (5.19) 的解是

$$\Phi(\phi) = \mathrm{e}^{\mathrm{i}m\phi} \tag{5.21}$$

式中, m 取整数, 因为 $\Phi(\phi + 2\pi) = \Phi(\phi)$.

　　贝塞尔方程分别在纤芯和包层区求解. 在纤芯, 它是

$$r^2 \frac{\mathrm{d}^2 R}{\mathrm{d}r^2} + r \frac{\mathrm{d}R}{\mathrm{d}r} + \left(r^2 \kappa^2 - m^2\right) R = 0 \tag{5.22}$$

式中

$$\kappa^2 = \overline{n}_1^2 k_0^2 - \beta^2 > 0 \tag{5.23}$$

该方程的解就是熟知的 m 阶普通贝塞尔函数 J_m 及 Y_m, 其解如图 5.5 所示.

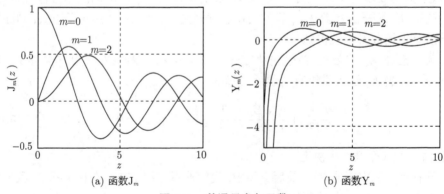

(a) 函数 J_m　　　　　　　　　　(b) 函数 Y_m

图 5.5　普通贝塞尔函数

　　包层中的贝塞尔方程为

$$r^2 \frac{\mathrm{d}^2 R}{\mathrm{d}r^2} + r \frac{\mathrm{d}R}{\mathrm{d}r} - \left(r^2 \gamma^2 + m^2\right) R = 0 \tag{5.24}$$

式中

$$\gamma^2 = \beta^2 - \overline{n}_2^2 k_0^2 > 0 \tag{5.25}$$

该方程的解称为 m 阶第二类修正的贝塞尔函数 K_m 和 I_m. 这些函数的变化如图 5.6 所示.

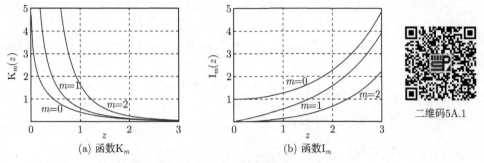

(a) 函数 K_m (b) 函数 I_m

二维码5A.1

图 5.6 第二类修正的贝塞尔函数

二维码 5A.1 给出的 MATLAB 代码可以得到前面的贝塞尔函数变化图形. 利用贝塞尔方程的上述解, 我们能得到光纤纤芯和包层的解

$$R(r) = \begin{cases} AJ_m(\kappa r) + A'Y_m(\kappa r), & r \leqslant a \\ CK_m(\gamma r) + C'I_m(\gamma r), & r > a \end{cases} \tag{5.26}$$

式中, A, A', C, C' 均是常数.

在纤芯的导波模式的下列特性是我们所期待的:

(1) 纤芯的解是振荡的, 并且当 $r = 0$ 时它是有限的.

(2) 纤芯之外包层的解是随半径增加而单调减小的, 也就是说, 当 $r \to \infty$ 时, 它趋于 0.

上述特性暗示我们在纤芯应该采用函数 J_m, 而且既然在 $r = 0$ 函数 Y_m 有奇点 (图 5.5), 因而, 我们令 $A' = 0$. 类似地, 对于包层函数 I_m 是增加的 (图 5.6), 于是我们令 $C' = 0$. 在包层我们仅使用函数 K_m.

于是, 我们得到的解为

$$E_z = \begin{cases} AJ_m(\kappa r)\, e^{im\phi}, & r \leqslant a \\ CK_m(\gamma r)\, e^{im\phi}, & r > a \end{cases} \tag{5.27}$$

以完全相同的方法处理, 因而有

$$H_z = \begin{cases} BJ_m(\kappa r)\, e^{im\phi}, & r \leqslant a \\ DK_m(\gamma r)\, e^{im\phi}, & r > a \end{cases} \tag{5.28}$$

借助于方程 (5.11), 方程 (5.13)∼ 方程 (5.15), 我们用 E_z 和 H_z 得到了其他场的分量. 经过几步代数运算, 我们获得了方程的全部解.

当 $r < a$ 时 (纤芯)

$$E_\phi = -\frac{\mathrm{i}}{\kappa^2} \left(\mathrm{i}\frac{\beta}{r} m A \mathrm{J}_m\left(\kappa r\right) - \omega\mu\kappa B \mathrm{J}'_m\left(\kappa r\right) \right) \mathrm{e}^{\mathrm{i}m\phi} \tag{5.29}$$

$$E_r = -\frac{\mathrm{i}}{\kappa^2} \left(\beta\kappa A \mathrm{J}'_m\left(\kappa r\right) + \mathrm{i}\frac{\omega\mu}{r} m B \mathrm{J}_m\left(\kappa r\right) \right) \mathrm{e}^{\mathrm{i}m\phi} \tag{5.30}$$

$$H_\phi = -\frac{\mathrm{i}}{\kappa^2} \left(\omega\varepsilon_1\kappa A \mathrm{J}'_m\left(\kappa r\right) + \mathrm{i}\frac{\beta}{r} m B \mathrm{J}_m\left(\kappa r\right) \right) \mathrm{e}^{\mathrm{i}m\phi} \tag{5.31}$$

$$H_r = -\frac{\mathrm{i}}{\kappa^2} \left(\beta\kappa B \mathrm{J}'_m\left(\kappa r\right) - \mathrm{i}\frac{\omega\varepsilon_1}{r} m A \mathrm{J}_m\left(\kappa r\right) \right) \mathrm{e}^{\mathrm{i}m\phi} \tag{5.32}$$

当 $r > a$ 时 (包层)

$$E_\phi = \frac{\mathrm{i}}{\gamma^2} \left(\mathrm{i}\frac{\beta}{r} m C \mathrm{K}_m\left(\gamma r\right) - \omega\mu\gamma D \mathrm{K}'_m\left(\gamma r\right) \right) \mathrm{e}^{\mathrm{i}m\phi} \tag{5.33}$$

$$E_r = \frac{\mathrm{i}}{\gamma^2} \left(\beta\gamma C \mathrm{K}'_m\left(\gamma r\right) + \mathrm{i}\frac{\omega\mu}{r} m D \mathrm{K}_m\left(\gamma r\right) \right) \mathrm{e}^{\mathrm{i}m\phi} \tag{5.34}$$

$$H_\phi = \frac{\mathrm{i}}{\gamma^2} \left(\omega\varepsilon_2\gamma C \mathrm{K}'_m\left(\gamma r\right) + \mathrm{i}\frac{\beta}{r} m D \mathrm{K}_m\left(\gamma r\right) \right) \mathrm{e}^{\mathrm{i}m\phi} \tag{5.35}$$

$$H_r = \frac{\mathrm{i}}{\gamma^2} \left(\beta\gamma D \mathrm{K}'_m\left(\gamma r\right) - \mathrm{i}\frac{\omega\varepsilon_2}{r} m C \mathrm{K}_m\left(\gamma r\right) \right) \mathrm{e}^{\mathrm{i}m\phi} \tag{5.36}$$

这里我们引入了以下的定义:

$$\mathrm{J}'_m\left(\kappa r\right) = \frac{\mathrm{d}\mathrm{J}_m\left(\kappa r\right)}{\mathrm{d}(\kappa r)}$$

$$\mathrm{K}'_m\left(\gamma r\right) = \frac{\mathrm{d}\mathrm{K}_m\left(\gamma r\right)}{\mathrm{d}(\gamma r)}$$

5.2.4　边界条件和模式方程

我们使用前面得到的边界条件, 即在 $r = a$ 的纤芯–包层边界处所有的切向分量必须连续. 因而有

$$\text{在 } r = a \text{ 处, } E_z, H_z, E_\phi, H_\phi \text{ 是连续的} \tag{5.37}$$

施予上述条件, 我们得到了以下方程:

(1) 基于 E_z 的连续性

$$A \mathrm{J}_m\left(\kappa a\right) = C \mathrm{K}_m\left(\gamma a\right) \tag{5.38}$$

(2) 基于 H_z 的连续性

$$B \mathrm{J}_m\left(\kappa a\right) = D \mathrm{K}_m\left(\gamma a\right) \tag{5.39}$$

(3) 基于 E_ϕ 的连续性

$$\frac{\beta m}{\kappa^2 a}\mathrm{J}_m(\kappa a)\,A + \mathrm{i}\frac{\omega\mu}{\kappa}\mathrm{J}_m'(\kappa a)\,B + \frac{\beta m}{\gamma^2 a}\mathrm{K}_m(\gamma a)\,C + \mathrm{i}\frac{\omega\mu}{\gamma}\mathrm{K}_m'(\gamma a)\,D = 0 \qquad (5.40)$$

(4) 基于 H_ϕ 的连续性

$$-\mathrm{i}\frac{\omega\varepsilon_1}{\kappa}\mathrm{J}_m'(\kappa a)\,A + \frac{\beta m}{a\kappa^2}\mathrm{J}_m(\kappa a)\,B - \mathrm{i}\frac{\omega\varepsilon_2}{\gamma}\mathrm{K}_m'(\gamma a)\,C + \frac{\beta m}{a\gamma^2}\mathrm{K}_m(\gamma a)\,D = 0 \qquad (5.41)$$

它们组成了未知系数 A, B, C, D 的一组联立方程. 若要方程有解, 它的行列式必须为零, 即

$$\begin{vmatrix} \mathrm{J}_m(\kappa a) & 0 & -\mathrm{K}_m(\gamma a) & 0 \\ 0 & \mathrm{J}_m(\kappa a) & 0 & -\mathrm{K}_m(\gamma a) \\ \dfrac{\beta m}{\kappa^2 a}\mathrm{J}_m(\kappa a) & \mathrm{i}\dfrac{\omega\mu}{\kappa}\mathrm{J}_m'(\kappa a) & \dfrac{\beta m}{\gamma^2 a}\mathrm{K}_m(\gamma a) & \mathrm{i}\dfrac{\omega\mu}{\gamma}\mathrm{K}_m'(\gamma a) \\ -\mathrm{i}\dfrac{\omega\varepsilon_1}{\kappa}\mathrm{J}_m'(\kappa a) & \dfrac{\beta m}{a\kappa^2}\mathrm{J}_m(\kappa a) & -\mathrm{i}\dfrac{\omega\varepsilon_2}{\gamma}\mathrm{K}_m'(\gamma a) & \dfrac{\beta m}{a\gamma^2}\mathrm{K}_m(\gamma a) \end{vmatrix} = 0 \qquad (5.42)$$

该行列式的展开和重新组合的过程见附录 5B. 最终, 我们得到的特征方程为

$$\left[\frac{\mathrm{J}_m'(\kappa a)}{\kappa a\mathrm{J}_m(\kappa a)} + \frac{\mathrm{K}_m'(\gamma a)}{\gamma a\mathrm{K}_m(\gamma a)}\right]\left[\frac{\overline{n}_1^2\mathrm{J}_m'(\kappa a)}{\kappa a\mathrm{J}_m(\kappa a)} + \frac{\overline{n}_2^2\mathrm{K}_m'(\gamma a)}{\gamma a\mathrm{K}_m(\gamma a)}\right]$$

$$= \frac{m^2\beta^2}{k_0^2}\left[\frac{1}{(ka)^2} + \frac{1}{(\gamma a)^2}\right]^2 \qquad (5.43)$$

式中, $\beta^2 = \overline{n}_1^2 k_0^2 - \kappa^2 = \gamma^2 + \overline{n}_2^2 k_0^2$.

该方程构成了在圆柱形光纤中求得导波模式的传播常数的基础. 在我们作更深入的讨论之前, 先看一看模式的分类.

5.2.5 模式分类

变量 m 是用于模式分类的主要参数, 它被称为方位模式数. 由于 $\mathrm{J}_m(\kappa a)$ 对于给定的 m 的振荡特性, 如图 5.5 所示, 所以对于每个整数 m 存在着多重解. 我们把它们记作 β_{mn}, 其中 $n = 1, 2, \cdots$ 被称为径向模式数, 它表示在场分布中径向模式的数目.

一般来说, 折射率呈阶跃式变化的圆柱形光纤中的电磁波可以分为三大类:

(1) 横向电场 (TE), 有时称为磁场 (H) 波. 它们以 $E_z = 0$ 和 $H_z \neq 0$ 为特征.

(2) 横向磁场 (TM), 有时称为电场 (E) 波. 它们以 $E_z \neq 0$ 和 $H_z = 0$ 为特征.

(3) 特征为 $E_z \neq 0$ 和 $H_z \neq 0$ 的混合场.

更具体地说, 下列情况应分别处理.

(1) $m = 0$. 它的解又进一步分为两类:

(a) TE_{0n} (横向电场), 因为 $H_\phi = E_r = E_z = 0$. 此时, 系数 $A = C = 0$.

(b) TM_{0n} (横向磁场), 因为 $E_\phi = H_r = H_z = 0$. 这时, 系数 $B = D = 0$.

(2) $m \neq 0$, 混合模式.

混合模式被称为 EH 或 HE 模式 (这些术语应追溯于微波理论).

β 的数值对应于它们的模式, 此时它们的 E_z 和 H_z 都有一定的分量. 因而, 对于混合模式不存在 TE 或 TM 模式. 总的分类[10~12] 如下:

如果 $A = 0$, 该模式称为 TE 模式;

如果 $B = 0$, 该模式称为 TM 模式;

如果 $A > B = 0$, 该模式称为 EH 模式 (E_z 强过 H_z);

如果 $A < B = 0$, 该模式称为 HE 模式 (H_z 强过 E_z).

现在, 让我们更详细地讨论它们中的一些情况.

5.2.6　几种导波模式和它们的特征方程

特征方程 (5.43) 的最简单的解是在 $m = 0$ 时获得的. 在这种情况下, 解与角度 ϕ 无关, 场分量在光纤中呈轴对称分布, 因此场分量 E_z 和 H_z 在旋转时是不变的. 即只有场结构呈轴对称分布的电磁波才有可能在光纤中以 TE 波或 TM 波的形式存在. 于是, 特征方程简化成两个描述 TE 和 TM 模式的方程:

TE 模式

$$\frac{J_0'(\kappa a)}{\kappa J_0(\kappa a)} + \frac{K_0'(\gamma a)}{\gamma K_0(\gamma a)} = 0 \tag{5.44}$$

TM 模式

$$\frac{J_0'(\kappa a)}{\kappa J_0(\kappa a)} + \frac{\bar{n}_2^2}{\bar{n}_1^2} \frac{K_0'(\gamma a)}{\gamma K_0(\gamma a)} = 0 \tag{5.45}$$

利用下列贝塞尔函数的关系 (见附录 5A):

$$\frac{J_0'(u)}{J_0(u)} = \frac{J_{-1}(u)}{J_0(u)}, \quad \frac{K_0'(w)}{w K_0(w)} = -\frac{K_{-1}(w)}{w K_0(w)}$$

以及 $J_{-1} = (-1)^1 J_1$, $K_{-1} = K_1$, 我们得到

$$\frac{J_1(u)}{J_0(u)} + \frac{u}{w} \frac{K_1(w)}{K_0(w)} = 0 \tag{5.46}$$

$$\frac{J_1(u)}{J_0(u)} + \frac{\bar{n}_2^2}{\bar{n}_1^2} \frac{u}{w} \frac{K_1(w)}{K_0(w)} = 0 \tag{5.47}$$

式中, 我们使用了 $u = \kappa a$ 和 $w = \gamma a$ 的定义.

之所以把关系 (5.46) 和 (5.47) 解释为 TE 及 TM 模式, 请看下面的解释.

由 E_z 和 H_z 的连续性方程, 我们可以用 A 和 B 表示常数 C 和 D. 把这些结果代入 E_ϕ 的连续性方程, 得到

$$A\frac{\beta m}{a}\left(\frac{1}{\kappa^2}+\frac{1}{\gamma^2}\right)+\mathrm{i}\omega\mu\left[\frac{\mathrm{J}'_m(\kappa a)}{\kappa \mathrm{J}_m(\kappa a)}+\frac{\mathrm{K}'_m(\gamma a)}{\gamma \mathrm{K}_m(\gamma a)}\right]B=0$$

当方括号内的项为零时, 于是 $A=0$, 而且由于方程 (5.27), 我们有 $E_z=0$, 这意味着电场是横向的, 也就是说, 它是 TE 模式. 同样, 把常数 C 和 D 的表示式代入 H_ϕ 的连续性方程, 我们得到

$$-\mathrm{i}\left[n_1^2\frac{\mathrm{J}'_m(\kappa a)}{\kappa \mathrm{J}_m(\kappa a)}+n_2^2\frac{\mathrm{K}'_m(\gamma a)}{\gamma \mathrm{K}_m(\gamma a)}\right]A+\frac{\beta m}{a}\omega\mu\left(\frac{1}{\kappa^2}+\frac{1}{\gamma^2}\right)B=0$$

当方括号内的项为零时, 于是 $B=0$, 而且由于方程 (5.28), 我们有 $H_z=0$, 这意味着磁场是横向的, 也就是说, 它是 TM 模式.

这里, 我们提出一个对描述 TE 和 TM 模式关系 (5.44) 和 (5.45) 的解释.

1. TE 模式

从方程 (5.27) 和方程 (5.28) 我们得到

$$E_z=0, \quad H_z=B\mathrm{J}_0(\kappa r)$$

在纤芯区域对方程 (5.29)$\sim$ 方程 (5.32) 取 $A=C=0$(而且 $m=0$), 于是我们得到

$$E_\phi=\frac{\mathrm{j}}{\kappa}\omega\mu B\mathrm{J}'_0(\kappa r), \quad E_r=0$$

$$H_\phi=0, \quad H_r=-\frac{\mathrm{j}}{\kappa}\beta B\mathrm{J}'_0(\kappa r)$$

对于这些模式, 纵向的电场分量 E_z 为零, 因此它被称为 TE 模式 (横向电场). 这种模式指的 TE_{0n}.

2. TM 模式

由方程 (5.27) 和方程 (5.28) 获得

$$E_z=A\mathrm{J}_0(\kappa r), \quad H_z=0$$

同理, 取 $B=D=0$(而且 $m=2$), 由纤芯区域的方程 (5.34)$\sim$ 方程 (5.37) 得到

$$E_\phi=0, \quad E_r=-\frac{\mathrm{j}}{\kappa}\beta A\mathrm{J}'_0(\kappa r)$$

$$H_\phi=-\frac{\mathrm{j}}{\kappa}\omega\varepsilon_1 A\mathrm{J}'_0(\kappa r), \quad H_r=0$$

对于这些模式, 纵向磁场分量 H_z 为零, 因此它也被称为 TM 模式 (横向磁场). 这种模式指的是 TM_{0n}.

电磁场分布以及 β, κ 与 $k_0 \overline{n}_1$ 的关系见图 5.7 所示. 电场 E, 磁场 H 及其传播方向 (与界面成 Φ 箭头方向) 三者互相垂直.

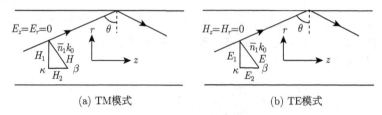

(a) TM模式   (b) TE模式

图 5.7   光纤中电磁场分布及其参数关系

对于 $m = 0$ 的模式特性, 表 5.1 给出了有关电磁场的一个小结.

表 5.1 $m = 0$ 时的模式分类

模式描述	特征方程	系数值	非零场分量	零场分量
TE_{0n}	$\dfrac{J_0'(u)}{uJ_0(u)} + \dfrac{K_0'(w)}{wK_0(w)} = 0$	$A = C = 0$	H_z, H_r, E_ϕ	$E_z = E_r = H_\phi = 0$
TM_{0n}	$\dfrac{J_0'(u)}{uJ_0(u)} + \dfrac{\overline{n}_2^2}{\overline{n}_1^2}\dfrac{K_0'(w)}{wK_0(w)} = 0$	$B = D = 0$	E_z, E_r, H_ϕ	$H_z = H_r = E_\phi = 0$

利用贝塞尔函数的递推公式

$$J_0'(\kappa a) = -J_1(\kappa a)$$

$$K_0'(\gamma a) = -K_1(\gamma a)$$

可以把表 5.1 中的特征方程改写为以下形式:

$$\frac{J_1(\kappa a)}{\kappa a J_0(\kappa a)} + \frac{K_1(\gamma a)}{\gamma a K_0(\gamma a)} = 0 \quad (TE_{0n}模式) \tag{5.48}$$

$$\frac{J_1(\kappa a)}{\kappa a J_0(\kappa a)} + \frac{\overline{n}_2^2}{\overline{n}_1^2}\frac{K_1(\gamma a)}{\gamma a K_0(\gamma a)} = 0 \quad (TM_{0n}模式) \tag{5.49}$$

当 $\overline{n}_1/\overline{n}_2 \to 1$ 时, 上述两个模式皆具有以下相同的特征方程:

$$\frac{J_1(\kappa a)}{\kappa a J_0(\kappa a)} + \frac{K_1(\gamma a)}{\gamma a K_0(\gamma a)} = 0 \tag{5.50}$$

3. EH 模式和 HE 模式

当 $m \neq 0$ 时, 不可能出现 TE 模式或 TM 模式, 而只能是 E_z 和 H_z 同时存在的模式, 即光纤中的非轴对称场不可能是单独的 TE 场或单独的 TM 场. 其中, 如果 E_z 强过 H_z 分量时光纤中出现的模式为 EH 模式, 反之为 HE 模式.

因此, 由一般性的特征方程 (5.43) 推导而来的 EH 模式的特征方程为

$$\frac{J'_m(\kappa a)}{\kappa a J_m(\kappa a)} + \frac{K'_m(\gamma a)}{\gamma a K_m(\gamma a)} = m\left(\frac{1}{(\kappa a)^2} + \frac{1}{(\gamma a)^2}\right) \tag{5.51}$$

同样, HE 模式的特征方程为

$$\frac{J'_m(\kappa a)}{\kappa a J_m(\kappa a)} + \frac{K'_m(\gamma a)}{\gamma a K_m(\gamma a)} = -m\left(\frac{1}{(\kappa a)^2} + \frac{1}{(\gamma a)^2}\right) \tag{5.52}$$

应用贝塞尔函数的递推公式 (见附录 5A 的式 (5.72)~式 (5.75))

$$J'_m(\kappa a) = \frac{m}{\kappa a}J_m(\kappa a) - J_{m+1}(\kappa a) = -\frac{m}{\kappa a}J_m(\kappa a) + J_{m-1}(\kappa a)$$

$$K'_m(\gamma a) = \frac{m}{\gamma a}K_m(\gamma a) - K_{m+1}(\gamma a) = -\frac{m}{\gamma a}K_m(\gamma a) - K_{m-1}(\gamma a)$$

简化后的特征方程为

$$\text{EH 模式:} \quad \frac{J_{m+1}(\kappa a)}{\kappa a J_m(\kappa a)} + \frac{K_{m+1}(\gamma a)}{\gamma a K_m(\gamma a)} = 0 \tag{5.53}$$

$$\text{HE 模式:} \quad \frac{J_{m-1}(\kappa a)}{\kappa a J_m(\kappa a)} = \frac{K_{m-1}(\gamma a)}{\gamma a K_m(\gamma a)} \tag{5.54}$$

5.2.7 弱导波近似 (weak guide approximate)

光纤中的模式是由 6 个分量构成的混合模 (EH 模和 HE 模), 对其描述非常复杂, 数学处理很困难 (求解特征方程 (5.43) 的通解). 然而, 对于大多数实际中的光通信光纤, $\bar{n}_1 \approx \bar{n}_2$ 或者 $\Delta \ll 1$. 这类光纤对电磁波的约束和传输作用, 比相对折射率差较大的光纤要弱得多, 因而被称为弱导光纤.

可以证明, 在不同地点, 波导内电磁场的纵向分量与横向分量的最大值之比具有如下关系:

$$\left|\frac{E_{横max}}{E_{纵max}}\right| \approx \left|\frac{H_{横max}}{H_{纵max}}\right| \approx \frac{k_0 n_1 a}{u} = \frac{\bar{n}_1 k_0}{\sqrt{\bar{n}_1^2 k_0^2 - \beta^2}} > \frac{1}{\sqrt{2\Delta}} \tag{5.55}$$

于是, 在弱导条件 ($\Delta \ll 1$) 下, 光纤中混合模的 6 个分量简化为 4 个分量, 数学描述大为简化. 由模式截止条件及色散曲线可知, $\text{HE}_{m+1,n}$ 模和 $\text{EH}_{m-1,n}$ 模的模群 ($m \geqslant 2$) 具有相近的色散曲线. 在截止时二者完全重合. 因此, 这两类模式以

某种组合方式进行重构 (如线性叠加), 使其场分布的某一横向分量抵消, 构成一种
具有线偏振特性的简化模式, 称为线性偏振模式 (linear polarized mode, LP 模式).

在 $\bar{n}_1 \approx \bar{n}_2$ 条件下, 严格解中的 $HE_{m+1,n}$ 模和 $EH_{m-1,n}$ 模可以合并为一种模,
即 "简并模".

表 5.2 列出了 LP_{mn} 模式的原有命名、简并度和特征方程.

表 5.2　**LP_{mn} 模式的原有命名、简并度和特征方程**

LP 模式	原有命名	简并度	特征方程
LP_{01}	HE_{11}	2	$\dfrac{J_0(\kappa a)}{\kappa a J_1(\kappa a)} = \dfrac{K_0(\gamma a)}{\gamma a K_1(\gamma a)}$
LP_{11}	TE_{0n}, TM_{0n}, HE_{2n}	4	$\dfrac{J_1(\kappa a)}{\kappa a J_0(\kappa a)} = -\dfrac{K_1(\gamma a)}{\gamma a K_0(\gamma a)}$
$LP_{mn}(m \geqslant 2)$	$EH_{m-1,n}$, $HE_{m+1,n}$	4	$\dfrac{J_m(\kappa a)}{\kappa a J_{m-1}(\kappa a)} = -\dfrac{K_m(\gamma a)}{\gamma a K_{m-1}(\gamma a)}$

如表 5.2 所示, 当 LP_{mn} 模式在 $m > 1$ 时有两种正交偏振状态的选择方式, 每
一种偏振状态又有两种三角函数的组合. 因此, LP_{mn} 模式在 $m > 0$ 时是四度简并
的, 这四种方式具有同一个传播常数 β.

LP 模式:

对于通信中常用的弱导波光纤, 即 $\bar{n}_1/\bar{n}_2 \to 1$, 纤芯与包层的折射率相差甚微
时, 特征方程 (5.43) 可以改写为

$$\left[\frac{J'_m(\kappa a)}{\kappa a J_m(\kappa a)} + \frac{K'_m(\gamma a)}{\gamma a K_m(\gamma a)} \right] = \pm m \left(\frac{1}{(ka)^2} + \frac{1}{(\gamma a)^2} \right) \tag{5.56}$$

这就是弱波导的近似特征方程. 我们观察到两种可能存在的情况: 当方程右端取负
号时, 我们得到如方程 (5.52) 表征的 HE 模式. 例如, LP_{0n}, LP_{1n} 及 LP_{2n} 中都有
HE 模式, 它们分别对应于 HE_{11}, HE_{2n} 及 HE_{3n}. 反之, 当方程右端取负号时, 我
们得到如方程 (5.51) 表征的 EH 模式. 例如, LP_{2n} 中有 EH_{1n} 模式. 表 5.3 列出了
几个较低阶的 LP_{mn} 模式以及构成 LP_{mn} 模式的原有命名的对照表. 表 5.2 中最右
列是在 $m = 0,1$ 和 $m \geqslant 2$ 特殊情况下特征方程 (5.56) 的三个简化表示式.

表 5.3　**较低阶 LP 模式及其原有命名的对照表**

LP 模式	TM, TE, HE 及 EH 模式及其数目	简并度
LP_{01}	$HE_{11} \times 2$	2
LP_{11}	TE_{01}, TM_{01}, $HE_{21} \times 2$	4
LP_{21}	$EH_{11} \times 2$, $HE_{31} \times 2$	4
LP_{02}	$HE_{12} \times 2$	2
LP_{31}	$EH_{21} \times 2$, $HE_{41} \times 2$	4
LP_{12}	TE_{02}, TM_{02}, $HE_{22} \times 2$	4
LP_{41}	$EH_{31} \times 2$, $HE_{51} \times 2$	4

通过数值方法对方程 (5.53) 及方程 (5.54) 求解, 从而找出传播常数 $\beta = \sqrt{\overline{n}_1^2 k_0^2 - \kappa^2}$ 或 $\beta = \sqrt{\overline{n}_2^2 k_0^2 + \gamma^2}$. 一般说来, 对于每一个 m 它有好几个解, 分别记作 $n(=1, 2, \cdots)$. 因此 $\beta = \beta_{mn}$ 对应着每一个可能的模式. 这时, 光纤模式被称为混合模式并写成

$$\text{HE}_{mn} \ (\ H_z \text{比} \ E_z \text{大})$$
$$\text{EH}_{mn} \ (\ E_z \text{比} H_z \text{大})$$

上述的混合模式在 $m = 0$ 的特殊情况下, 光纤中的光场分别具有下列的对应关系:

$$\left.\begin{array}{l} \text{HE}_{0n} \equiv \text{TE}_{0n} \\ \text{EH}_{0n} \equiv \text{TM}_{0n} \end{array}\right\} \text{对应于横向电场或横向磁场}$$

由表 5.3, 我们看到线性偏振模式 LP_{mn} 是依照下列方法组合在一起的:

$$\text{LP}_{0n} = \text{HE}_{1n}$$
$$\text{LP}_{1n} = \text{HE}_{2n} + \text{TE}_{0n} + \text{TM}_{0n}$$
$$\text{LP}_{mn} = \text{HE}_{m+1,n} + \text{EH}_{m-1,n}$$

显然, 当 $m = 0$ 时, 如 LP_{01} 和 LP_{02}, 它们的简并度为 2. 除此以外, 当 $m > 0$ 时, 它们的简并度总是为 4.

5.2.8 基模 HE_{11} 的通用关系

基模 HE_{11} 是所有模式中最低阶的模式, 上面提到它的特征方程 $\dfrac{\text{J}_0(\kappa a)}{\kappa a \text{J}_1(\kappa a)} = \dfrac{\text{K}_0(\gamma a)}{\gamma a \text{K}_1(\gamma a)}$ 所代表的是基模 HE_{11} 的色散关系. 利用

$$\text{归一化相位常数:} \quad b = \frac{\left(\dfrac{\beta}{k_0}\right)^2 - \overline{n}_2^2}{\overline{n}_1^2 - \overline{n}_2^2} = \frac{\beta^2 - \overline{n}_2^2 k_0^2}{\overline{n}_1^2 k_0^2 - \overline{n}_2^2 k_0^2} \tag{5.57}$$

$$\text{归一化频率:} \quad V = k_0 a \sqrt{\overline{n}_1^2 - \overline{n}_2^2} \approx k_0 a \overline{n}_1 \sqrt{2\Delta} \tag{5.58}$$

$$\text{归一化横向相位常数:} \quad u = a\sqrt{\overline{n}_1^2 k_0^2 - \beta^2} \tag{5.59}$$

$$\text{归一化横向衰减常数:} \quad w = a\sqrt{\beta^2 - \overline{n}_2^2 k_0^2} \tag{5.60}$$

于是可以得到

$$u^2 = a^2(\overline{n}_1^2 k_0^2 - \beta^2) = V^2 - w^2 = V^2 - V^2 b$$

即

$$u = V\sqrt{1 - b}$$

$$w = V\sqrt{b}$$

因此, 上述 HE_{11} 的色散关系可以改写为

$$\frac{\mathrm{J}_1(V\sqrt{1-b})}{\mathrm{J}_0(V\sqrt{1-b})} - \frac{\sqrt{b}\mathrm{K}_1(V\sqrt{b})}{\sqrt{1-b}\mathrm{K}_0(V\sqrt{b})} = 0 \tag{5.61}$$

仅适合 HE_{11} 基模的上述方程中只包含两个变量: 归一化相位常数 b 和归一化频率 V. 如图 5.8 所示为各种 LP 模式的 b-V 关系图, MATLAB 程序见**二维码 5A.2**.

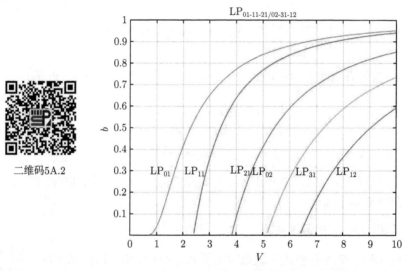

二维码5A.2

图 5.8　各种 LP 模式的 b-V 关系图

与第 4 章的平板波导一样, 由图 5.8 的 b-V 关系图, 我们可以得到以下结论:

(1) b 的极大值为 $b=1$, 而它的极小值为 $b=0$. 从式 (5.57) 可知这分别对应于传播常数 $\beta = \bar{n}_1 k_0$ 和 $\beta = \bar{n}_2 k_0$, 即它们与柱面法向所成的角度分别为 $90°$ 及临界角 ϕ_c.

(2) V 的数值越大, 在光纤中可能传播的模式越多. 而且, 模数越低的模式 (如 LP_{01} 及 LP_{11}) 角度越大, 和 z 轴线的方向越接近平行, 反之, 模数越高的模式的角度越小, 在纤芯和包层界面来回反射的机会越频繁.

(3) 当 $V \leqslant 2.405$ 时, 即小于它的截止值时, 光纤中只有单模 LP_{01} 存在, 高次模均不复存在. 显然, 既可以用减小光纤的半径 a, 也可以用增大光波波长 λ 的途径达到使 V 参数小于截止值的目的.

5.2.9　单模光纤的截止波长

单模光纤只支持单一的传播模式. 光束沿着光纤的中心线传播. 光纤中的电场 E 和磁场 H 都与 z 方向垂直, 因此该传播模式又称为 TEM 模式. 单模光纤中的

光束传播如图 5.9(a) 所示. 反之, 在多模光纤中, 不同高阶模式的光束在纤核中呈反射式向前传播.

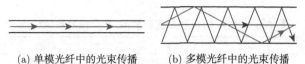

(a) 单模光纤中的光束传播　　(b) 多模光纤中的光束传播

图 5.9　单模光纤和多模光纤中光束传播的示意图

既然没有高次模式的存在, 它就不受模间色散的影响, 因而传播信号的品质最好. 为了得到单模光纤, 既可以减小光纤半径 a(如 8μm 或者更细), 也可以增大工作波长 (如 1.3~1.5μm 以上) 或使纤芯与包层的折射率尽量接近 (如差值小于 4%).

由图 5.8 的 b-V 关系图, 我们看到当归一化频率 V 参数增大到 $V = 2.405$ 时, 光纤中开始出现除 HE_{11}(或 LP_{01}) 基模外的高次模式. V 越大, 高次模式的数量越多. 令方程 (5.57) 中的 $b = 0$ 导致 $\beta^2 = \bar{n}_2^2 k_0^2$(即 $N = \bar{n}_2$) 的结果. 一个模式的截止意味着它在包层的场迅速衰减消失, 不再传播. 模式在截止时由于 $\beta = \bar{n}_2 k_0$, 因而 $b = 0$ 及 $V = V_c$, $m = 0$ 和 $m = 1$ 的情况如图 5.10 所示. $m = 0$ 对应于模式 TE_{0n} 和 TM_{0n} 下列方程的根:

$$J_0(\kappa_c a) = 0 \tag{5.62}$$

代表上述两个模式以及更高阶的模式不可能在纤核半径为 a 的光纤内存在, 换句话说, HE_{11} 是唯一可以在光纤中传播的模式. 单模的截止波长 λ_c 需满足由于 $V < 2.405$ 产生的截止条件. 因而当光纤的纤芯 a 给定时, 截止波长需满足以下方程:

$$\frac{a}{\lambda_c} = \frac{2.405}{2\pi\sqrt{\bar{n}_1^2 - \bar{n}_2^2}} = \frac{2.405}{2\pi \cdot NA} \tag{5.63}$$

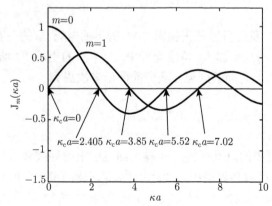

图 5.10　在 $m = 0$ 和 $m = 1$ 时存在截止条件的贝塞尔函数

表 5.4 列出的是用 MATLAB 计算得到的前 4 阶贝塞尔函数的前 4 个根的数值结果. 表 5.5 则为部分低阶 LP_{mn} 模式的归一化频率的数值解.

表 5.4　前 4 阶贝塞尔函数的前 4 个根的数值结果

根序号	零阶	一阶	二阶	三阶
1	2.4048	3.8317	5.1356	6.3802
2	5.5201	7.0156	8.4172	9.7610
3	8.6537	10.1735	11.6198	13.0152
4	11.7915	13.3237	14.7960	16.2235

表 5.5　部分低阶 LP_{mn} 模式的归一化截止频率的数值解

V	$n=1$	$n=2$	$n=3$	$n=4$
$m=0$	0.0000	3.8317	7.0156	10.1735
$m=1$	2.4048	5.5201	8.6537	11.7915
$m=2$	3.8317	7.0156	10.1735	13.3237
$m=3$	5.1356	8.4172	11.6198	14.7960

5.2.10　单模光纤中的电场分布

光纤中最低模式 LP_{01} (HE_{11} 模式) 可视为 TEM 模, 是单模光纤中唯一存在的导波模式. 它的电场 E 和磁场 H 彼此垂直, 并且都与传播方向 z, 即光纤的轴线相垂直. 纤芯区和包层区的归一化电场分布为

$$E(r) = \text{J}_0(\kappa r), \quad r \leqslant a$$

$$E(r) = \frac{\text{J}_0(u)}{\text{K}_0(w)} \text{K}_0(\gamma r), \quad r \geqslant a$$

利用上述公式, 我们可以得出如图 5.11 所示的电场 E 的分布曲线. 从图 5.11 可以看到, 随着 V 的逐步加大, 单模光纤中 LP_{01} 模的电场更加集中在纤芯 (图中两虚线 $R_a = -1$ 和 1 之间的区域). 我们前面已多次提到

$$V^2 = (k_0 a \cdot NA)^2 = (\kappa a)^2 + (\gamma a)^2 = u^2 + w^2$$

w 表征导波在包层中的衰减快慢, w 越大则包层中的导波衰减得越快. 为了限制高阶模的出现, V 参数必须很小. 由于上面公式中显示的 V 和 w 的数学关系, 于是我们面临 V 及 w 不能太大, 又不能太小的选择, 一般把 V 选为在单模的截止条件下的值 (2.4048).

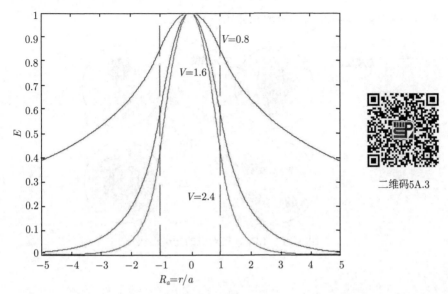

图 5.11 电场 E 相对于纤芯半径归一化值 $R_a = r/a$ 的变化关系

二维码5A.3

单模光纤 LP_{01} 当 $V = 2.4$ 时的二维电场分布如图 5.12 所示, 图 5.12(a) 是电场的灰度表示 (越黑代表越弱), 图 5.12(b) 是电场的等高线和梯度矢量结合的表示 (箭头方向指向电场最大处). 我们发现在纤芯的中心 ($x = 0$ 及 $y = 0$), 电场的数值最大, 和高斯分布十分相似. 这可以由图 5.5 所示的零阶贝塞尔函数的结果得到解释. 其 MATLAB 代码见**二维码 5A.3**.

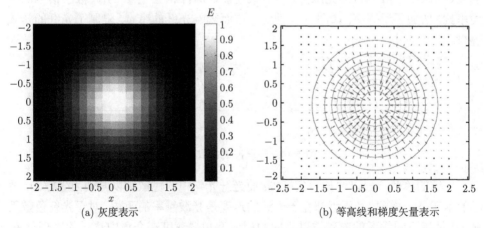

(a) 灰度表示

(b) 等高线和梯度矢量表示

图 5.12 单模光纤 LP_{01} 当 $V = 2.4$ 时的二维电场分布

光纤中 LP_{mn} 模对应的光斑形状如图 5.13 所示.

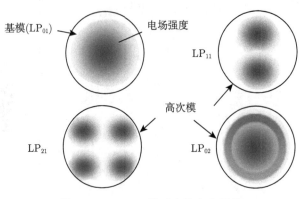

图 5.13　LP_{mn} 模对应的光斑形状

5.3　色　　散

5.3.1　色散的概念

在传统光学中, 色散是指不同波长的光在介质中按波长分散开的现象. 在光纤光学中, 光纤的色散主要是指集中的光能经过光纤传输后, 在输出端能量分散开的现象. 如果输入信号是以脉冲的形式呈现, 经过光纤传输后脉冲宽度将变宽. 在数字光通信中, 色散导致的光脉冲展宽, 致使前后脉冲相互重叠, 引起数字信号的码间串扰, 增加了误码率, 如图 5.14 所示, 进而影响光纤的带宽, 限制了光纤的传输容量.

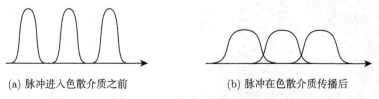

(a) 脉冲进入色散介质之前　　　　　　　(b) 脉冲在色散介质传播后

图 5.14　短脉冲的色散效应

传统的色散一般以波长为坐标轴, 而光纤光学中的色散则以时间为坐标轴. 两者的本质是一样的, 其原因都在于光波的速度是光波频率的函数. 对于光纤色散而言, 它是指不同频率的电磁波以不同的相速度和群速度在介质中传播的物理现象. 在多模光纤中, 不同的传播模式具有不同的传播常数, 因而有不同的相速度和群速度. 在光纤的输入端, 一个光脉冲的能量分配到不同的模式上, 以不同的速度传播到输出端, 同样会导致光脉冲展宽. 这种效应与波的频率成分以不同的速度传播所

产生的作用相同, 因此广义的也可以称为色散. 在光纤传输理论中, 将这两种不同
物理机理引起的色散分别称为波长色散和模式色散.

5.3.2　波长色散

光纤中传输的光信号是用传输信号调制光源发出的连续光波产生的, 因而这种
光信号包含多种频率成分. 光信号的频谱宽度决定于光源的线宽和调制信号的频
谱. 在大多数情况下, 光信号的谱宽主要取决于光源的线宽. 与光信号谱宽成比例
的色散效应称为波长色散.

在光纤中, 不同光谱成分的脉冲以略微不同的群速度传播, 在不同的时刻到达
终端, 引起信号的波形畸变.

具体的讨论基于下面的假设:

(1) 在光纤输入端, 光学信号的所有模式都被等量地激发出来;

(2) 每个模式都含有所有的频谱分量;

(3) 各种频谱分量独立地传送 (在光纤内);

(4) 各种频谱分量都遭受时间延时或群延时.

脉冲通过长度为 L 的传送时间是

$$\frac{\tau_{\mathrm{g}}}{L} = \frac{1}{v_{\mathrm{g}}} \tag{5.64}$$

式中, τ_{g} 为群时延或群延时; L 为距离; v_{g} 为群速度.

群延时决定了脉冲通过长度为 L 的光纤所需的传送时间. 群速度定义为

$$\frac{1}{v_{\mathrm{g}}} \equiv \frac{\mathrm{d}\beta}{\mathrm{d}\omega} \tag{5.65}$$

式中, β 为传播常数. 一般说来, 可以把 τ_{g} 表示为对 k 或对 λ 的导数. 于是, 可以
归结为

$$k = \frac{2\pi}{\lambda}, \quad \omega = kc$$

从上式可以得到如下公式:

$$\frac{\mathrm{d}}{\mathrm{d}\omega} = \frac{\mathrm{d}}{c\,\mathrm{d}k}, \quad \frac{\mathrm{d}k}{\mathrm{d}\lambda} = -\frac{2\pi}{\lambda^2} \tag{5.66}$$

使用以上关系, 我们可以把 τ_{g} 用几个不同的形式表示出来, 例如

$$\tau_{\mathrm{g}} = L\frac{\mathrm{d}\beta}{\mathrm{d}\omega} = \frac{L}{c}\frac{\mathrm{d}\beta}{\mathrm{d}k} = -\frac{L\lambda^2}{2\pi c}\frac{\mathrm{d}\beta}{\mathrm{d}\lambda} \tag{5.67}$$

由于 τ_g 和 λ 有关, 所以波段内任何特定模式的频率分量在相同的距离内却传播了不同的时间. 根据波长色散的产生机理, 又可以将其分为材料色散和波导色散. 因此, 可以把群延时 τ_g 考虑为两方面贡献——材料色散和波导色散的和, 即

$$\tau_g = \frac{L}{c}\frac{d\beta}{dk}\bigg|_{\overline{n}\neq\mathrm{const}} + \frac{L}{c}\frac{d\beta}{dk}\bigg|_{\overline{n}=\mathrm{const}} \equiv \tau_{\mathrm{mat}} + \tau_{\mathrm{wg}} \tag{5.68}$$

式中, τ_{mat} 是材料色散; τ_{wg} 是波导色散.

材料色散计入的是折射率对波长的依赖关系, 即 $\overline{n} = \overline{n}(\lambda)$. 如果忽略折射率对波长的依赖关系, 即令 $\overline{n}$ 为常数, 群速度与 λ 的依赖关系为波导色散. 下面将两种贡献分别加以考虑.

1. 材料色散

构成介质材料的分子和原子可以看成是一个个谐振子, 它们在外加高频电磁场作用下, 产生受迫振动. 介质的电极化率、相对介电常数都是频率的函数, 而且都是复数. 材料的折射率 $n = \sqrt{\mu_r\varepsilon_r}$, 对于绝大多数材料 $\mu_r = 1$, 与波长无关, 而 $\varepsilon_r = \varepsilon_r(w)$ 是频率的函数. 从而光波的传播速度是频率的函数, 这便是材料色散产生的原因.

材料的色散源于折射率 $\overline{n}(\lambda)$ 与波长有关的事实. 传播常数 β 是

$$\beta = \frac{2\pi}{\lambda}\overline{n}(\lambda)$$

使用上面的表达式以及方程 (5.68) 可以得到

$$\tau_{\mathrm{mat}} = \frac{L}{c}\left(\overline{n} - \lambda\frac{d\overline{n}}{d\lambda}\right) \tag{5.69}$$

让我们专注于硅的材料色散. 事实上, 用波长 λ 表示折射率的经验公式——谢米尔方程常被人们使用, 我们已在第 3 章中引入. 它的表达式为

$$\overline{n}^2 = 1 + G_1\frac{\lambda^2}{\lambda^2 - \lambda_1^2} + G_2\frac{\lambda^2}{\lambda^2 - \lambda_2^2} + G_3\frac{\lambda^2}{\lambda^2 - \lambda_3^2} \tag{5.70}$$

式中, G_1, G_2, G_3 和 $\lambda_1, \lambda_2, \lambda_3$ 均为常数 (称为谢米尔系数), 将实验数据代入上述表达式即可确定这些常数. 人们往往可以在文献中找到更为复杂的公式来使用. 使用表 2.2, 我们在图 5.15 中算出 SiO_2 的折射率与波长的关系. **二维码 5A.4** 中提供了相关的 MATLAB 代码.

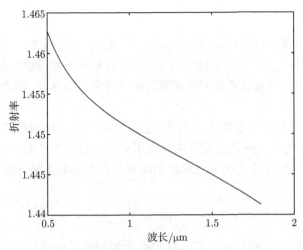

二维码5A.4

图 5.15　基于谢米尔方程的 SiO_2 的折射率与波长的关系

2. 波导色散

对于一个确定的传播模式, 其传播常数 β 是频率的复杂函数, 因而每一个传播模式的相速度和群速度都是频率的函数. 即光纤中的传播模式都是色散模, 这种色散效应称为波导色散. 在工作模式确定以后, 通常决定于光纤的工作参数, 即归一化频率 V.

波导色散的表示式 τ_{wg} 可以用早先引入的量 b 来表示, 下面我们就从参数 b 的定义开始

$$b = \frac{\beta^2/k^2 - \overline{n}_2^2}{\overline{n}_1^2 - \overline{n}_2^2} \approx \frac{\beta/k - \overline{n}_2}{\overline{n}_1 - \overline{n}_2}$$

式中的近似表示源于以下事实: $\beta/k \approx \overline{n}_1 \approx \overline{n}_2$. 我们使用上述方程求出 β

$$\beta = k\overline{n}_2(1 + b\Delta) \tag{5.71}$$

式中, $\Delta = \dfrac{\overline{n}_1 - \overline{n}_2}{\overline{n}_2}$. 上式对 k 求微分, 并假设 $\overline{n}_2$ 与 k 无关, 可以得到

$$\frac{\mathrm{d}\beta}{\mathrm{d}k} = \overline{n}_2 + \overline{n}_2\Delta\frac{\mathrm{d}(bV)}{\mathrm{d}V}$$

把上述结果代入色散的一般性定义 (5.68), 于是有

$$\tau_{wg} = \frac{L}{c}\left(\overline{n}_2 + \overline{n}_2\Delta\frac{\mathrm{d}(Vb)}{\mathrm{d}V}\right) \tag{5.72}$$

5.3.3 模式色散

在多模光纤中, 光信号耦合进光纤以后会激励起多个模式. 这些模式有不同的相位常数和不同的传播速度, 从而导致光脉冲展宽. 与波长色散不同, 这种脉冲展宽与光信号的谱宽无关, 仅由传播模式间相位常数的差异导致色散效应, 因而称为模式色散.

在多模光纤中, 模式色散是主要的色散因素, 它最终限制了光纤的传输带宽距离积. 因此, 高速传输系统和长途通信线路中只采用单模光纤作为传输介质, 而在多模光纤中, 可以通过在光纤纤芯区采用抛物型渐变折射率分布大幅降低模式色散.

5.3.4 多路径色散

对于光纤而言, 以不同角度射入光纤的光线会沿不同的路径传播. 当入射角 $\theta_1 = 0$ 时, 光线的行程为最短, 与光纤的长度 L 相等; 反之, 对于最长的路径, 其入射角为 $\theta_1 = \theta_{\max}$ (对应于 ϕ_c), 行进的距离为 $\dfrac{L}{\sin \phi_c}$. 在光纤中光沿两种不同路径 (最长与最短) 造成最大的传输延时差 $\Delta \tau$ 可以由下式估计:

$$
\begin{aligned}
\Delta \tau &= \frac{\Delta \text{distance}}{v} \\
&= \frac{\dfrac{L}{\sin \phi_c} - L}{\dfrac{c}{\overline{n}_1}} = \frac{\overline{n}_1}{c} \left(\frac{L}{\sin \phi_c} - L \right) \\
&= \frac{\overline{n}_1}{c} \left(\frac{L}{\dfrac{n_2}{\overline{n}_1}} - L \right) = \frac{L\overline{n}_1}{c} \left(\frac{\overline{n}_1}{\overline{n}_2} - 1 \right) = \frac{L\overline{n}_1^2}{c\overline{n}_2} \frac{\overline{n}_1 - \overline{n}_2}{\overline{n}_1} \\
&= \frac{L\overline{n}_1^2}{c\overline{n}_2} \Delta
\end{aligned}
\tag{5.73}
$$

这里我们使用 $v = \dfrac{c}{\overline{n}_1}$ 作为光纤中的光速. 时间 $\Delta \tau$ 用来度量脉冲的展宽.

如果将不同传播模式理解为不同的传播路径, 则可认为不同导波模式从始端到终端经历了不同的路程, 而产生光脉冲展宽, 所以模式色散也可以看做多路径色散.

5.4　传播中的脉冲色散

由于 τ_g 和 λ 有关, 因此任何特定模式的每一个频谱分量以不同的时间通过相同的距离, 其结果是光脉冲在时间上拉长了. 令 $\Delta \lambda$ 是光源的频谱宽度, 在 $\Delta \lambda$ 内的每个波长分量都会以不同的群速度传播, 因而造成了脉冲在时间上的展宽. 脉冲

展宽 $\Delta\tau$ 表示为

$$\Delta\tau = \frac{\mathrm{d}\tau}{\mathrm{d}\lambda}\Delta\lambda \tag{5.74}$$

假设仅有材料色散这一项, 即 $\tau = \tau_{\mathrm{mat}}$, 另外, 又利用前面的结果 (5.69), 我们有

$$\frac{\mathrm{d}\tau_{\mathrm{mat}}}{\mathrm{d}\lambda} = \frac{L}{c}\left(\frac{\mathrm{d}\overline{n}}{\mathrm{d}\lambda} - \frac{\mathrm{d}\overline{n}}{\mathrm{d}\lambda} - \lambda\frac{\mathrm{d}^2\overline{n}}{\mathrm{d}\lambda^2}\right) = -\frac{L}{c}\lambda\frac{\mathrm{d}^2\overline{n}}{\mathrm{d}\lambda^2}$$

因此 $\Delta\tau_{\mathrm{mat}}$ 可以写成

$$\Delta\tau_{\mathrm{mat}} = -\frac{L}{c}\left(\lambda^2\frac{\mathrm{d}^2\overline{n}}{\mathrm{d}\lambda^2}\right)\left(\frac{\Delta\lambda}{\lambda}\right) \tag{5.75}$$

上述方程中, 我们能看到材料色散是用 ps/km(光纤长度) × nm(光源的频谱宽度) 的单位来表示. 人们通常使用

$$\begin{aligned} D_{\mathrm{mat}} &= \frac{\Delta\tau_{\mathrm{mat}}}{L\Delta\lambda} = \frac{1}{L}\frac{\mathrm{d}\tau_{\mathrm{mat}}}{\mathrm{d}\lambda} \\ &= -\frac{1}{c}\lambda\frac{\mathrm{d}^2\overline{n}}{\mathrm{d}\lambda^2} \end{aligned} \tag{5.76}$$

计算它的大小, 这就是我们熟知的材料色散系数. 对于实用单位

$$D_{\mathrm{mat}} = -\frac{1}{\lambda \cdot c}\left(\lambda^2\frac{\mathrm{d}^2\overline{n}}{\mathrm{d}\lambda^2}\right) \times 10^9 [\mathrm{ps}/(\mathrm{km \cdot nm})] \tag{5.77}$$

式中, λ 单位为 nm, 而光速 $c = 3 \times 10^5 \mathrm{km/s}$. 对于 $\mathrm{SiO_2}$-13.5% $\mathrm{GeO_2}$, 常见的结果 如图 5.16 所示. MATLAB 代码见**二维码 5A.5**.

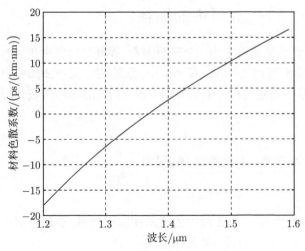

二维码5A.5

图 5.16　材料色散系数与光波长的关系

对于波导色散, 可以用波导色散的系数 D_{wg} 计算它的大小, 它被定义为

$$D_{wg} = \frac{1}{L} \frac{\Delta \tau_{wg}}{\Delta \lambda}$$

式中, $\Delta \tau_{wg}$ 是由波导造成的脉冲展宽, 它可以表示为

$$\Delta \tau_{wg} = \frac{d \tau_{wg}}{d \lambda} \Delta \lambda$$

利用方程 (5.72) 我们能评估 $\frac{d \tau_{wg}}{d \lambda}$. 然而, 采用参数 V 来评估是通用的做法, 于是 $V = \frac{2\pi}{\lambda} a \bar{n}_2 \sqrt{2\Delta} \equiv \frac{A}{\lambda}$. 取微分

$$\frac{dV}{d\lambda} = -\frac{A}{\lambda^2}$$

得到

$$\frac{d}{d\lambda} = -\frac{A}{\lambda^2} \frac{d}{dV}$$

利用上述结果, 我们有

$$\frac{d \tau_{wg}}{d \lambda} = -\frac{A}{\lambda^2} \frac{d \tau_{wg}}{dV} = -\frac{V}{\lambda} \frac{L}{c} \bar{n}_2 \Delta \frac{d^2(Vb)}{dV^2}$$

最终

$$D_{wg} = -\frac{\bar{n}_2 \Delta}{c \cdot \lambda} V \frac{d^2(Vb)}{dV^2} \tag{5.78}$$

把上述材料色散和波导色散的结果结合在一起并利用硅的参数的谢米尔方程, 我们可以确定光纤玻璃中总色散的大小.

5.5 光纤中的损耗

光信号的衰减是设计光通信系统中的一个重要因素. 损耗可以发生在输入耦合器、接头和连接器处, 也会出现在光纤中. 在本节中, 我们将主要关注光纤中的损耗. 光纤的损耗导致光信号在传输过程中的信号功率的下降, 光功率 P 在光纤中的变化可以用方程式

$$\frac{dP}{dz} = -\alpha P \tag{5.79}$$

表示, 式中, α 是光纤的衰减系数. 积分式 (5.79) 可得

$$P_{out} = P_{in} e^{-\alpha L} \tag{5.80}$$

式中, P_{in} 和 P_{out} 分别是长度为 L 的光纤中的注入和输出功率. 损耗通常以每单位距离的分贝数 (见第 2 章的有关讨论) 来表示

$$\alpha = \frac{10}{L} \log_{10} \frac{P_{out}}{P_{in}} \tag{5.81}$$

现代光纤损耗的典型频谱如图 5.17 所示.

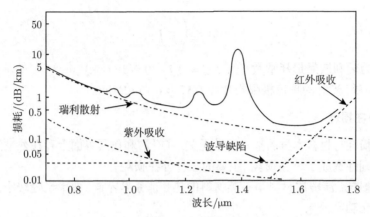

图 5.17　现代光纤损耗的典型频谱

损耗根据来源可以分为固有损耗和外在损耗.

5.5.1　固有损耗

光纤的固有损耗来源于玻璃材料本身的特性, 包括吸收损耗和散射损耗. 吸收损耗是指由于光纤材料的量子跃迁, 光功率转换成热量而引起的光功率损耗, 它包括基质材料的本征吸收、杂质吸收和原子缺陷吸收.

本征吸收是指紫外和红外电子跃迁与振动跃迁带引起的吸收, 这种吸收带的尾端延伸到光纤通信波段.

杂质吸收主要是指各种过渡金属离子的电子跃迁, 以及氢氧根离子的分子振动跃迁所引起的吸收.

原子缺陷吸收主要是指光纤材料受到热辐射或光辐射作用引起的吸收. 其中电子跃迁带造成的紫外共振吸收集中在 $\lambda = 0.1\mu m$. 红外吸收起源于二氧化硅和掺杂剂的晶格振动模式. 该振动模式产生的吸收共振位于 $7 \sim 11\mu m$. 氧化硅和锗共振吸收发生在 $9\mu m$ 和 $11\mu m$. 带间吸收造成的功率损失可以近似地表示为

$$\alpha_{ir} = A \exp\left(-\frac{a_{ir}}{\lambda}\right) \quad [dB/km] \tag{5.82}$$

式中, λ 的单位是 μm. 对于 GeO_2-SiO_2 玻璃, 它的 A 和 a_{ir} 的数值分别是 $A = 7.81 \times 10^{11} dB/km$ 和 $a_{ir} = 48.48\mu m$.

散射损耗是指光纤材料中由某种远小于波长的不均匀性 (如折射率、掺杂粒子浓度不均匀等) 引起的对光的散射所造成的光功率损耗. 当折射率不均匀的尺度小于光波长时, 总有瑞利散射存在. 它和本征吸收一起构成了光纤材料的本征损耗, 是在完善条件下材料损耗的下限. 它是图 5.17 中短波长区域光纤损耗的主要来源,

其特征是散射损耗反比于光波长的 4 次方, 即

$$\alpha_{\mathrm{R}} = \left(\frac{C}{\lambda}\right)^4 \tag{5.83}$$

式中, C 为瑞利散射损耗常数, 一般 $C = 0.7 \sim 0.9(\mathrm{dB/km}) \cdot \mathrm{\mu m}^4$; λ 的单位是 $\mathrm{\mu m}$. 在 $1.55\mathrm{\mu m}$ 处, 光纤的理论极限损耗为 $0.12 \sim 0.15\ \mathrm{dB/km}$.

5.5.2 外在损耗

外在损耗与材料本身的基本特性无关. 在纤芯和包层界面上存在外来杂质和表面的不规则性造成了外在损耗. 主要的三种外在损耗有:

弯曲损耗: 涂覆层材料与石英材料的热膨胀系数不同, 曲率半径较小的微小弯曲引起的光功率损耗.

插入损耗: 光纤系统中不同光纤器件的连接或插入引起的损耗.

非线性散射损耗: 当入射到光纤中的功率较高时, 光纤中会产生受激拉曼散射和受激布里渊散射等损耗.

5.6 习   题

1. 证明多模光纤中的模数总数为 $M \approx \dfrac{V^2}{2}$.

2. 一根光纤的参数为 $a = 3\mathrm{\mu m}$, $\overline{n_1} = 1.60$ 和 $\overline{n_2} = 1.55$, 光束的波长 $\lambda = 1.5\mathrm{\mu m}$, 利用图 5.8 的 b-V 图形回答以下问题:

(1) 哪些模式已被激发在该光纤中传播?

(2) 它们的法向及切向的传播角度分别是多少?

(3) 在该光纤中能够传播的光束的最大角度和最小角度是多少?

(4) 如果只容许单模传播, 试求此时的截止波长.

3. 利用第 2 题的参数 V , $\overline{n_2}$ 和 Δ, 并通过图 5.8 找出 $\dfrac{\mathrm{d}(Vd)}{\mathrm{d}V}$ 的大小, 从而确定波导色散 τ_{wg} 的数值.

4. 一根长 10km 的光纤衰减系数在 $1.3\mathrm{\mu m}$ 时为 $0.6\ \mathrm{dB/km}$, 在 $1.55\mathrm{\mu m}$ 时为 $0.3\ \mathrm{dB/km}$. 假设在所有波长以光功率 $10\ \mathrm{mW}$ 射入光纤, 计算在所有波长的输出光功率.

5. 由边界条件方程 (5.38) $\sim$ 方程 (5.41) 出发, 求证特征方程 (5.43).

附录 5A 贝塞尔函数的特性

这里我们提供本章中所需要的贝塞尔函数的一些特性. 有关贝塞尔函数更多

的信息可以参考 Arfken 和 Okoshi 的书. 一些常用的公式如下:

$$J_{m+1}(u) + J_{m-1}(u) = 2\frac{m}{u}J_m(u) \tag{5.84}$$

$$K_{m+1}(w) + K_{m-1}(w) = 2\frac{m}{u}K_m(w) \tag{5.85}$$

$$2J'_m = J_{m-1} - J_{m+1} \tag{5.86}$$

$$-2K'_m = K_{m-1} + K_{m+1} \tag{5.87}$$

另外

$$J_{-m} = (-1)^m J_m, \qquad K_{-m} = K_m \tag{5.88}$$

我们从方程 (5.88) 开始, 利用方程 (5.86) 置换 J_{m+1}, 发现

$$\frac{J'_m(u)}{uJ_m(u)} = \frac{J_{m-1}(u)}{uJ_m(u)} - \frac{m}{u^2} \tag{5.89}$$

相似地, 在方程 (5.86) 中置换 J_{m-1}, 我们得到

$$\frac{J'_m(u)}{uJ_m(u)} = \frac{m}{u^2} - \frac{J_{m+1}(u)}{uJ_m(u)} \tag{5.90}$$

对于函数 K_m, 我们可以推导出类似的表示式. 利用方程 (5.89) 并消去 K_{m+1}, 有

$$\frac{K'_m(u)}{wK_m(u)} = -\frac{K_{m-1}(u)}{wK_m(u)} - \frac{m}{w^2} \tag{5.91}$$

最终, 把方程 (5.89) 中的 K_{m-1} 消去, 于是有

$$\frac{K'_m(u)}{wK_m(u)} = -\frac{K_{m+1}(u)}{wK_m(u)} + \frac{m}{w^2} \tag{5.92}$$

附录 5B 特征行列式

在本附录中, 我们提供了评估特征行列式的细节. 描述导波模式的行列式之前已获得, 见方程 (5.42)

$$\begin{vmatrix} \mathrm{J}_m\left(\kappa a\right) & 0 & -\mathrm{K}_m\left(\gamma a\right) & 0 \\[2mm] \dfrac{\beta m}{\kappa^2 a}\mathrm{J}_m\left(\kappa a\right) & \mathrm{i}\dfrac{\omega\mu}{\kappa}\mathrm{J}'_m\left(\kappa a\right) & \dfrac{\beta m}{\gamma^2 a}\mathrm{K}_m\left(\gamma a\right) & \mathrm{i}\dfrac{\omega\mu}{\gamma}\mathrm{K}'_m\left(\gamma a\right) \\[2mm] 0 & \mathrm{J}_m\left(\kappa a\right) & 0 & -\mathrm{K}_m\left(\gamma a\right) \\[2mm] -\mathrm{i}\dfrac{\omega\varepsilon_1}{\kappa}\mathrm{J}'_m\left(\kappa a\right) & \dfrac{\beta m}{a\kappa^2}\mathrm{J}_m\left(\kappa a\right) & -\mathrm{i}\dfrac{\omega\varepsilon_2}{\gamma}\mathrm{K}'_m\left(\gamma a\right) & \dfrac{\beta m}{a\gamma^2}\mathrm{K}_m\left(\gamma a\right) \end{vmatrix} = 0$$

现在, 我们依照 Cherin 的方法来作出估计. 引入记号

$$A = \mathrm{J}_m\left(\kappa a\right), \qquad B = \frac{\beta m}{\kappa^2 a}, \qquad C = \mathrm{i}\frac{\omega}{\kappa}\mathrm{J}'_m\left(\kappa a\right)$$

$$D = \mathrm{K}_m\left(\gamma a\right), \qquad E = \frac{\beta m}{a\gamma^2}, \qquad F = \mathrm{i}\frac{\omega}{\gamma}\mathrm{K}'_m\left(\gamma a\right)$$

行列式能写成

$$\begin{vmatrix} A & 0 & -D & 0 \\ 0 & A & 0 & -D \\ AB & \mu C & DE & \mu F \\ -\varepsilon_1 C & AB & -\varepsilon_2 F & DE \end{vmatrix} = 0$$

展开行列式. 第一步, 我们有

$$A\begin{vmatrix} A & 0 & -D \\ \mu C & DE & \mu F \\ AB & -\varepsilon_2 F & DE \end{vmatrix} - D\begin{vmatrix} 0 & A & -D \\ AB & \mu C & \mu F \\ -\varepsilon_1 C & AB & DE \end{vmatrix} = 0$$

第二步, 我们有

$$A^2\begin{vmatrix} DE & \mu F \\ -\varepsilon_2 F & DE \end{vmatrix} - AD\begin{vmatrix} \mu C & DE \\ AB & -\varepsilon_2 F \end{vmatrix} + AD\begin{vmatrix} AB & \mu F \\ -\varepsilon_1 C & DE \end{vmatrix} + D^2\begin{vmatrix} AB & \mu C \\ -\varepsilon_1 C & AB \end{vmatrix} = 0$$

对上述各项进一步展开, 我们有

$$A^2\left(D^2 E^2 + \mu\varepsilon_2 F^2\right) - AD\left(-\mu\varepsilon_2 CF - ABED\right) + AD\left(ABDE + \mu\varepsilon_1 CF\right)$$
$$+ D^2\left(A^2 B^2 + \mu\varepsilon_1 C^2\right) = 0$$

重新整理这些项

$$\mu\varepsilon_2\left(A^2 F^2 + ADCF\right) + \mu\varepsilon_1 CD\left(AF + CD\right) + 2A^2 D^2 BE + A^2 D^2\left(E^2 + B^2\right) = 0$$

因此

$$\left(\frac{F}{D} + \frac{C}{A}\right)\left(\mu\varepsilon_2\frac{F}{D} + \mu\varepsilon_1\frac{C}{A}\right) + (E+B)^2 = 0$$

代回原先的 A, B, C, D, E 和 F, 并提取公因子, 最终得到

$$\left[\frac{\mathrm{J}'_m(\kappa a)}{\kappa \mathrm{J}_m(\kappa a)} + \frac{\mathrm{K}'_m(\gamma a)}{\gamma \mathrm{K}_m(\gamma a)}\right]\left[\frac{k_0^2\bar{n}_1^2\mathrm{J}'_m(\kappa a)}{\kappa \mathrm{J}_m(\kappa a)} + \frac{k_0^2\bar{n}_2^2\mathrm{K}'_m(\gamma a)}{\gamma a\mathrm{K}_m(\gamma a)}\right] = \frac{\beta^2 m^2}{a^2}\left(\frac{1}{\kappa^2} + \frac{1}{\gamma^2}\right)^2 \quad (5.93)$$

上式也可改写为

$$\left[\frac{\mathrm{J}'_m(\kappa a)}{\kappa a\mathrm{J}_m(\kappa a)} + \frac{\mathrm{K}'_m(\gamma a)}{\gamma a\mathrm{K}_m(\gamma a)}\right]\left[\frac{\bar{n}_1^2\mathrm{J}'_m(\kappa a)}{\kappa a\mathrm{J}_m(\kappa a)} + \frac{\bar{n}_2^2\mathrm{K}'_m(\gamma a)}{\gamma a\mathrm{K}_m(\gamma a)}\right]$$

$$= \frac{m^2\beta^2}{k_0^2}\left(\frac{1}{(ka)^2} + \frac{1}{(\gamma a)^2}\right)^2$$

式中, $\beta^2 = \bar{n}_1^2 k_0^2 - k^2 = \gamma^2 + \bar{n}_2^2 k_0^2$.

C第6章
hapter 6 光束传播法

　　电磁场数值计算是一种基于麦克斯韦方程组, 通过建立逼近实际工程电磁场问题的连续型数学模型, 然后采用相应的数值计算方法, 经离散化处理, 把连续型数学模型转化为等价的离散型数学模型, 计算出待求离散型数学模型的离散解 (数值解), 从而获得相应结果的一种方法. 对于光波导而言, 其常用的数值模拟方法包括有限差分 (finite difference, FD) 法、有限元法、时域有限差分法、光束传播法 (beam propagation method, BPM) 等. 这几种方法都具有通用性, 即不限于波导的结构和类型, 因而应用广泛. 本章我们重点介绍光束传播法的基本原理.

　　光束传播法是目前光波导器件研究与设计最流行的方法之一, 其基本思想是在给定初始场的前提下, 一步一步地计算出各个传播截面上的场. 光束传播法最早是由费特 (Feit) 和费来克 (Fleck) 于 1978 年提出的. 最早的光束传播法是以快速傅里叶变换 (fast-Fourier transform, FFT) 为数学手段实现的, 称为 FFT-BPM. FFT-BPM 源于标量波方程, 只能得到标量场 (即只能处理一个偏振分量), 不能分辨出场的不同偏振 (TE 模或 TM 模) 以及场之间的耦合. 同时它所采用的网格是均匀网格, 在处理楔形波导、弯曲波导时不是很适合. 由于上述缺点, D. Yevick 等于 1989 年提出了一种新方法——有限差分光束传播法 (FD-BPM), 它将波导截面分成很多方格, 在每一个格内的场用差分方程来表示, 然后加入边界条件, 就可得到整个横截面的场分布, 沿纵向重复前面的步骤, 就可得到整个波导的场分布. 这种方法已被成功地应用于分析 Y 形波导及 S 形弯曲波导中的光波传输, 且对损耗的计算也得到了准确的结果; FD-BPM 还被用于分析条形波导、三维弯曲波导、二阶非线性效应以及有源器件. 有限元法与光束传播法的结合形成了另外一种方法——有限元光束传播法 (FE-BPM). 其中, 全矢量光束传播法由 W. P. Huang 小组提出, 在光波导分析中得到了广泛的应用. 在 FE-BPM 中, 波导横截面被分成很多三角形 (每个三角形称为一个基元), 每个基元内的场用多项式来表达, 然后加入不同基元间场的连续条件, 就可得到整个横截面的场分布. 现在, FE-BPM 已被广泛应用于各种集成光学器件, 例如, 不同波导间的连接、激光器与波导之间的耦合、光场在 Y 形波导中的传播、楔形波导的偏振问题、非线性效应的分析. 在随后的研究和应用中, 人们针对不同的问题提出了多种形式的光束传播法. 1994 年, St. Jungling 等提出了虚轴光束传播法 (imaginary-distance beam propagation method, ID-BPM); 1999 年, Y. Hsueh 等提出了基于交错方向 (隐式) 法的全矢量光束传播法 (alternating direction implicit full-vectorial beam propagation method, ADI-FVBPM). 这些方法都是光束传播法在某些特定条件下的改进, 因而在应用上都有很大局限性, 应用时需要仔细地选择, 才能使分析与设计既精确又快捷.

针对原理与不同的研究对象, 光束传播法有许多不同的形式, 但其核心思想是相同的, 其基本思想是在给定初始场的前提下, 一步一步地计算出各个传播截面上的场, 其分析过程与光在波导中传输的过程相似. 由于不需要每次都计算整个波导结构的场分布, 光束传播法可以极大地减小计算量, 因而在分析光波导器件方面具有很大的优势.

给出一种光波导耦合器的结构, 根据输入的光场和光波导的折射率分布信息, 我们就可以由输入场依次计算得到每个截面的场分布, 进而由这些场的信息, 通过积分等方法, 获得器件的插入损耗、附加损耗、分光比等数据. 图 6.1 给出光波导耦合器结构及光束传播法模拟得到的光场分布图. 关于光束传播法及其在集成光学中应用的文献很多, 比较经典的有: Kawano 和 Kitoh 的书, Pollock 和 Lipson 的书, Okamoto 的书, 以及 Lifante 的书等, 详见本书相关文献. 本章我们着重介绍基于傍轴近似原则的光束传播法理论.

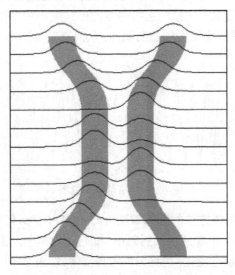

图 6.1　光波导耦合器结构及光束传播法模拟得到的光场分布图

6.1　基于傅里叶变换的光束传播法

6.1.1　引言

我们从 BPM 简单版本开始本节的讨论, 这里取标量电场和傍轴近似, 它们仅适用于光场近似平行于波导传播轴 z 轴 (传播方向) 传输的情况. 波导的几何形状由折射率 $\bar{n}(x, y, z)$ 决定. 其基本过程是根据输入电场, 获得垂直于传播轴的下一个截面的电场, 再由该电场获得再下一个截面的电场信息, 最终获得整个波导的电场分布. 为了说明该方法, 我们从单色波的波动方程开始本节的讨论.

$$\frac{\partial^2 E}{\partial x^2} + \frac{\partial^2 E}{\partial y^2} + \frac{\partial^2 E}{\partial z^2} + k^2(x, y, z) E = 0 \tag{6.1}$$

式中, 与位置有关的波数用 $k(x, y, z) = k_0 \bar{n}(x, y, z)$ 表示, 而 $k_0 = 2\pi/\lambda$ 是自由空间中的波数. BPM 中最主要的假设是缓变包络近似 (slowly varying envelope approximation, SVEA), 即波导折射率沿传播方向仅发生缓慢变化, 由于波沿 z 轴快速传播, 因此在电场 E 中的相位变化其实是电场 E 中变化最快的部分. 通过引入慢变化电场 u, 并把 E 表示为

$$E(x, y, z) = u(x, y, z) e^{-i\beta z} \tag{6.2}$$

即可把电场的快速变化部分提取出来, 剩下的电场变化沿传播轴是比较缓慢的, 如图 6.2 所示. 将电场 (磁场) 转换为包络函数的形式是 BPM 的核心思想之一. 采用这种方法, 我们可以采取比较大的截面间距, 从而有效地减小了计算量.

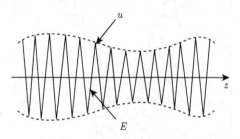

图 6.2　包络函数示意图

下面以它为例说明该方法的基本做法. 式 (6.2) 中, β 代表特征传播矢量的常数, $\beta = \bar{n}_0 \omega/c$, $\bar{n}_0$ 是一个参照性的折射率, 如它可以是基底层或者包层的折射率. β 代表电场 E 的平均相位变化, 也称为参考传播常数. 把方程 (6.2) 代入方程 (6.1), 得到慢变化电场情况下与亥姆霍兹方程完全等同的方程

$$-\frac{\partial^2 u}{\partial z^2} + 2i\beta \frac{\partial u}{\partial z} = \frac{\partial^2 u}{\partial x^2} + \frac{\partial^2 u}{\partial y^2} + \left(k^2 - \beta^2\right) u \tag{6.3}$$

若包络函数随 z 的变化足够缓慢, 即所谓的缓变包络近似, 则有

$$\left| \frac{\partial^2 u}{\partial z^2} \right| \ll \left| 2\beta \frac{\partial u}{\partial z} \right| \tag{6.4}$$

这种近似法使我们在比较方程 (6.3) 的第一项与第二项时把前者忽略掉, 这也就是我们熟知的菲涅耳近似. 因此方程 (6.3) 简化为

$$2\mathrm{i}\beta \frac{\partial u}{\partial z} = \frac{\partial^2 u}{\partial x^2} + \frac{\partial^2 u}{\partial y^2} + \left(k^2 - \beta^2 \right) u \tag{6.5}$$

这就是所谓的菲涅耳方程或傍轴方程, 它可以描述非均匀介质 (如光波导) 中电场或磁场演变的过程, 此方程未考虑偏振效应. 若给定一个输入场 $u(x, y, z = 0)$, 可由此方程获得电磁场在 $z > 0$ 的演变过程.

上述方程可以表示为

$$2\mathrm{i}\beta \frac{\partial u}{\partial z} = \widehat{D} u + \widehat{W} u \tag{6.6}$$

在方程右方的变换因子是

$$\widehat{D} = \frac{1}{2\mathrm{i}\beta} \left(\frac{\partial^2}{\partial x^2} + \frac{\partial^2}{\partial y^2} \right) \tag{6.7}$$

和

$$\widehat{W} = \frac{1}{2\mathrm{i}\beta} \left(k^2 - \beta^2 \right) \tag{6.8}$$

运算子 $\widehat{D}$ 代表自由空间的传播 (衍射), 而运算子 $\widehat{W}$ 描述的是导波效应. 假设运算子与 z 轴无关, 方程的解可以象征性地写成

$$u(x, y, z + \Delta z) = \mathrm{e}^{(\widehat{D} + \widehat{W}) \Delta z} u(x, y, z)$$

利用贝克–豪斯多夫 (Baker-Hausdorf) 引理

$$\mathrm{e}^{\widehat{A}} \mathrm{e}^{\widehat{B}} = \mathrm{e}^{\widehat{A} + \widehat{B}} \mathrm{e}^{\frac{1}{2} [\widehat{A}, \widehat{B}]}$$

给出 $\widehat{A}$ 和 $\widehat{B}$ 各自与 $[\widehat{A}, \widehat{B}]$ 之间的互易. 由此, 我们可以近似地认为

$$u(x, y, z + \Delta z) \approx \mathrm{e}^{\widehat{D} \Delta z} \mathrm{e}^{\widehat{W} \Delta z} u(x, y, z)$$

因此, 这两个运算子的作用是独立无关的. 在频域中, 运算子 $\widehat{D}$ 的作用是容易理解的. 第二个运算子 $\widehat{W}$ 表示非均匀介质的传播作用.

6.1.2 运算子 $\widehat{D}$ 和 $\widehat{W}$

考虑仅包含运算子 $\widehat{D}$ 的方程

$$2\mathrm{i}\beta\frac{\partial u(x,y,z)}{\partial z}=\left(\frac{\partial^2}{\partial x^2}+\frac{\partial^2}{\partial y^2}\right)u(x,y,z) \tag{6.9}$$

把二维连续傅里叶变换定义为

$$\widetilde{u}(k_x,k_y,z)=\int_{-\infty}^{+\infty}u(x,y,z)\mathrm{e}^{-\mathrm{i}(k_x x+k_y y)}\mathrm{d}x\mathrm{d}y\equiv F_{x,y}\left\{u(x,y,z)\right\}$$

其逆变换为

$$u(x,y,z)=\int_{-\infty}^{+\infty}\widetilde{u}(k_x,k_y,z)\mathrm{e}^{\mathrm{i}(k_x x+k_y y)}\mathrm{d}k_x\mathrm{d}k_y F_{x,y}^{-1}\left\{\widetilde{u}(x,y,z)\right\}$$

对方程 (6.9) 作二维的傅里叶变换, 而且傅里叶分量

$$2\mathrm{i}\beta\frac{\partial}{\partial z}\widetilde{u}(x,y,z)=-(k_x^2+k_y^2)\widetilde{u}(x,y,z)$$

从 z 积分到 $z+\Delta z$, 我们有

$$\begin{aligned}\widetilde{u}(x,y,z+\Delta z)&=\mathrm{e}^{-\frac{1}{2\mathrm{i}\beta}(k_x^2+k_y^2)\Delta z}\widetilde{u}(x,y,z)\\&\equiv\widehat{H}(k_x,k_y,\Delta z)\widetilde{u}(x,y,z)\end{aligned} \tag{6.10}$$

为了分析运算子 $\widehat{W}$, 我们引入

$$\beta=k_0 n_{\mathrm{eff}} \tag{6.11}$$

把折射率 $\bar{n}$ 写成

$$\bar{n}=n_{\mathrm{eff}}+\Delta\bar{n} \tag{6.12}$$

把上述方程代入方程 (6.8), 得到运算子 $\widehat{W}$ 在 $\Delta\bar{n}$ 中的一阶近似

$$\widehat{W}=-\mathrm{i}k_0\Delta n \tag{6.13}$$

6.1.3 分步傅里叶变换法的实施

FD-BPM 的一般方式可以用把场向前推进的传播子 U 来描述:

$$\widetilde{\boldsymbol{E}}_{\mathrm{t}}(z+\Delta z)=U(\Delta z)\widetilde{\boldsymbol{E}}_{\mathrm{t}}(z)$$

传播子 U 可以采用许多不同的方式, 取决于所选取的 BPM 技术手段. 按维度, BPM 可分为二维 (2D) FD-BPM 和三维 (3D)FD-BPM, 如横截面即与传播方向垂直的 xy 平面上, 折射率只沿 x 或 y 轴发生变化, 则为 2D FD-BPM, 如沿 x 和 y

轴均会发生变化, 则为 3D FM-BPM. 由此可见, 二维和三维 BPM 分别对应分析二维波导和三维波导. 对于三维波导, 其计算过程可如图 6.3 所示, 由前一个截面场强计算得到下一个截面场强. 下面将说明分步傅里叶变换 BPM 在二维高斯脉冲传播上的应用. 在每个长度为 Δz 的截面中, 光脉冲按照如图 6.4 所示的流程图传播. 它的 MATLAB 程序见**二维码 6A.1**. 其沿 z 方向传播的过程如图 6.5 所示. 脉冲传播前后的三维视图如图 6.6 所示. 可以看出脉冲如预期那样发生了展宽.

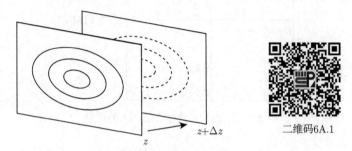

二维码6A.1

图 6.3　z 方向传输示意图及两个截面上的模场分布

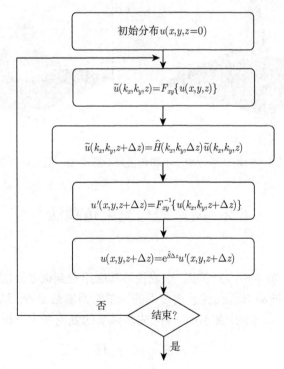

图 6.4　分步傅里叶变换 BPM 法的流程图

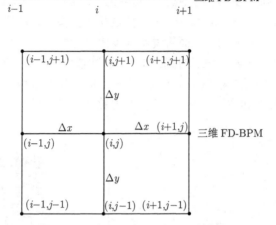

图 6.5　二维和三维 FD-BPM 的图解

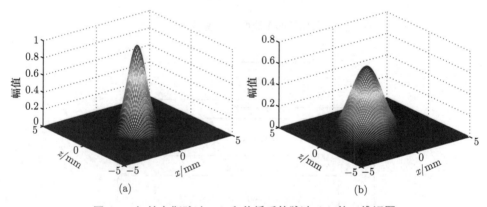

图 6.6　初始高斯脉冲 (a) 和传播后的脉冲 (b) 的三维视图

6.2　有限差分光束传播法

6.2.1　引言

　　早先的 BPM 版本不涉及偏振, 这就使得其应用受到很多限制. 若要讨论偏振效应, 必须用矢量波动方程代替前面使用的标量亥姆霍兹方程. 这种方法是由 W. P. Huang 小组建立起来的. 如前面一样, 先从频域的麦克斯韦方程开始讨论.

$$\nabla \times \boldsymbol{E} = -\mathrm{i}\omega\mu_0 \boldsymbol{H} \tag{6.14}$$

$$\nabla \times \boldsymbol{H} = \mathrm{i}\omega\varepsilon_0 \overline{n}^2 \boldsymbol{E} \tag{6.15}$$

$$\nabla \cdot \overline{n}^2 \boldsymbol{E} = 0 \tag{6.16}$$

这里, 我们引入折射率系数 $\overline{n}$, 它由公式 $\varepsilon = \varepsilon_0 \overline{n}^2$ 得到. 下面, 我们把所有的矢量分解为沿 z 轴的纵向分量和垂直于 z 轴的横向分量

$$\nabla = \nabla_{\mathrm{t}} + \widehat{z}\frac{\partial}{\partial z}, \quad \boldsymbol{E} = \boldsymbol{E}_{\mathrm{t}} + \widehat{z}E_z, \quad \boldsymbol{H} = \boldsymbol{H}_{\mathrm{t}} + \widehat{z}H_z$$

式中

$$\nabla_{\mathrm{t}} = \left[\frac{\partial}{\partial x}, \frac{\partial}{\partial y}, 0\right], \quad \boldsymbol{E}_{\mathrm{t}} = [E_x, E_y, 0], \quad \boldsymbol{H}_{\mathrm{t}} = [H_x, H_y, 0]$$

是横向分量, 而 $\widehat{z} = [0,0,1]$ 是沿 z 轴的单位矢量. 方程 (6.16) 重新整理成

$$\nabla \cdot \overline{n}^2 \boldsymbol{E} = 0$$

或者

$$\nabla_{\mathrm{t}} \cdot \overline{n}^2 \boldsymbol{E}_{\mathrm{t}} + \frac{\partial}{\partial z}\overline{n}^2 E_z = 0$$

或者

$$\nabla_{\mathrm{t}} \cdot \overline{n}^2 \boldsymbol{E}_{\mathrm{t}} + E_z \frac{\partial \overline{n}^2}{\partial z} + \overline{n}^2 \frac{\partial E_z}{\partial z} = 0$$

$$\frac{\partial}{\partial x}\overline{n}^2 E_x + \frac{\partial}{\partial y}\overline{n}^2 E_y + \frac{\partial}{\partial z}\overline{n}^2 E_z = 0$$

电场的 z 分量对 z 的导数是

$$\frac{\partial E_z}{\partial z} = -\frac{1}{\overline{n}^2}E_z \frac{\partial \overline{n}^2}{\partial z} - \frac{1}{\overline{n}^2}\nabla_{\mathrm{t}} \cdot \overline{n}^2 \boldsymbol{E}_{\mathrm{t}} \tag{6.17}$$

如果折射率沿 z 轴变化很慢, 我们可以令 $\dfrac{\partial \overline{n}^2}{\partial z} \approx 0$, 于是得到

$$\frac{\partial E_z}{\partial z} \approx -\frac{1}{\overline{n}^2}\nabla_{\mathrm{t}} \cdot \overline{n}^2 \boldsymbol{E}_{\mathrm{t}}$$

$$= -\frac{1}{\overline{n}^2}\frac{\partial}{\partial x}\overline{n}^2 E_x - \frac{1}{\overline{n}^2}\frac{\partial}{\partial y}\overline{n}^2 E_y \tag{6.18}$$

上述关系对于 z 不变系统, 也就是当折射率系数 $\overline{n}^2$ 沿 z 轴不变时是精确的.

对方程 (6.14) 施以运算子 $\nabla \times \cdots$ 后, 我们得到波动方程

$$\nabla \times \nabla \times \boldsymbol{E} = -\mathrm{i}\omega\mu_0 \nabla \times \boldsymbol{H} = \omega^2\mu_0\varepsilon_0\overline{n}^2 \boldsymbol{E} \tag{6.19}$$

在上面的结果中我们利用了方程 (6.15). 接着, 我们使用对任何矢量都适用的下列一般关系式:

$$\nabla \times \nabla \times \boldsymbol{E} = \nabla\left(\nabla \cdot \boldsymbol{E}\right) - \nabla^2\boldsymbol{E}$$

把它代入方程 (6.19), 我们得到

$$-\nabla^2\boldsymbol{E} + \nabla\left(\nabla \cdot \boldsymbol{E}\right) = \overline{n}^2 k_0^2 \boldsymbol{E} \tag{6.20}$$

式中, $k_0^2 = \omega^2 \mu_0 \varepsilon_0$.

波动方程 (6.20) 的横向分量是

$$-\nabla^2 E_x + \frac{\partial}{\partial x} (\nabla \cdot \boldsymbol{E}) = \overline{n}^2 k_0^2 E_x \tag{6.21}$$

$$-\nabla^2 E_y + \frac{\partial}{\partial y} (\nabla \cdot \boldsymbol{E}) = \overline{n}^2 k_0^2 E_y \tag{6.22}$$

式中, $\nabla^2 E_x = \dfrac{\partial^2 E_x}{\partial x^2} + \dfrac{\partial^2 E_x}{\partial y^2} + \dfrac{\partial^2 E_x}{\partial z^2}$. 我们将分析 E_z 分量的行为. 上述方程中, 将 $\nabla \cdot \boldsymbol{E}$ 展开为

$$\nabla \cdot \boldsymbol{E} = \frac{\partial E_x}{\partial x} + \frac{\partial E_y}{\partial y} + \frac{\partial E_z}{\partial z}$$

利用关系式 (6.18), 最后一项被替换掉. 于是, 我们发现

$$\nabla \cdot \boldsymbol{E} = \frac{\partial E_x}{\partial x} + \frac{\partial E_y}{\partial y} - \frac{1}{\overline{n}^2} \frac{\partial}{\partial x} \overline{n}^2 E_x - \frac{1}{\overline{n}^2} \frac{\partial}{\partial y} \overline{n}^2 E_y \tag{6.23}$$

把方程 (6.23) 代入方程 (6.21), 我们得到

$$\frac{\partial}{\partial x} \frac{1}{\overline{n}^2} \frac{\partial}{\partial x} \overline{n}^2 E_x + \frac{\partial^2 E_x}{\partial y^2} + \frac{\partial^2 E_x}{\partial z^2} + \frac{\partial}{\partial x} \frac{1}{\overline{n}^2} \frac{\partial}{\partial y} \overline{n}^2 E_y - \frac{\partial^2 E_y}{\partial x \partial y} + \overline{n}^2 k_0^2 E_x = 0 \tag{6.24}$$

类似地, 由方程 (6.22), 我们得到

$$\frac{\partial}{\partial y} \frac{1}{\overline{n}^2} \frac{\partial}{\partial x} \overline{n}^2 E_x - \frac{\partial^2 E_x}{\partial y \partial x} + \frac{\partial^2 E_y}{\partial x^2} + \frac{\partial^2 E_y}{\partial z^2} + \frac{\partial}{\partial y} \frac{1}{\overline{n}^2} \frac{\partial}{\partial y} \overline{n}^2 E_y + \overline{n}^2 k_0^2 E_y = 0 \tag{6.25}$$

上述方程的矩阵形式为

$$\begin{bmatrix} \dfrac{\partial}{\partial x} \dfrac{1}{\overline{n}^2} \dfrac{\partial}{\partial x} \overline{n}^2 + \dfrac{\partial^2}{\partial y^2} + \dfrac{\partial^2}{\partial z^2} + \overline{n}^2 k_0^2 & \dfrac{\partial}{\partial x} \dfrac{1}{\overline{n}^2} \dfrac{\partial}{\partial y} \overline{n}^2 - \dfrac{\partial^2}{\partial x \partial y} \\[3mm] \dfrac{\partial}{\partial y} \dfrac{1}{\overline{n}^2} \dfrac{\partial}{\partial x} \overline{n}^2 - \dfrac{\partial^2}{\partial y \partial x} & \dfrac{\partial}{\partial y} \dfrac{1}{\overline{n}^2} \dfrac{\partial}{\partial y} \overline{n}^2 + \dfrac{\partial^2}{\partial x^2} + \dfrac{\partial^2}{\partial z^2} + \overline{n}^2 k_0^2 \end{bmatrix} \begin{bmatrix} E_x \\[3mm] E_y \end{bmatrix} = 0 \tag{6.26}$$

上述这些方程成为 6.2.2 节我们即将详细讨论的缓变包络近似的出发点.

6.2.2　缓变包络近似

假设横向电场 E_x 和 E_y 的形式是

$$E_x(x, y, z) = u_x(x, y, z) \mathrm{e}^{-\mathrm{i}\beta z} \tag{6.27}$$

$$E_y(x, y, z) = u_y(x, y, z) \mathrm{e}^{-\mathrm{i}\beta z} \tag{6.28}$$

SVEA 要求

$$\left|\frac{\partial^2 u_i}{\partial z^2}\right| \ll 2\beta \left|\frac{\partial u_i}{\partial z}\right| \tag{6.29}$$

把上述 SVEA 条件运用到 $\dfrac{\partial^2}{\partial z^2}$ 上, 这里 $i = x, y$, 我们得到

$$\frac{\partial^2}{\partial z^2} E_i = \frac{\partial^2}{\partial z^2} u_i \mathrm{e}^{-\mathrm{i}\beta z} = \mathrm{e}^{-\mathrm{i}\beta z}\left(\frac{\partial^2 u_i}{\partial z^2} - 2\mathrm{i}\beta\frac{\partial u_i}{\partial z} - \beta^2 u_i\right)$$

$$\approx \mathrm{e}^{-\mathrm{i}\beta z}\left(-2\mathrm{i}\beta\frac{\partial u_i}{\partial z} - \beta^2 u_i\right)$$

运用 SVEA 条件于方程 (6.24) 及方程 (6.25), 于是, 我们得到傍轴波动方程

$$\mathrm{i}\frac{\partial u_x}{\partial z} = A_{xx}u_x + A_{xy}u_y \tag{6.30}$$

$$\mathrm{i}\frac{\partial u_y}{\partial z} = A_{yx}u_x + A_{yy}u_y \tag{6.31}$$

这里, 微分运算子定义为

$$A_{xx}u_x = \frac{1}{2\beta}\left[\frac{\partial}{\partial x}\frac{1}{\overline{n}^2}\frac{\partial}{\partial x}\overline{n}_x^2 + \frac{\partial_x^2}{\partial y^2} + \frac{\partial_x^2}{\partial z^2} + \left(\overline{n}^2 k_0^2 - \beta^2\right)\right]u_x \tag{6.32}$$

$$A_{xy}u_y = \frac{1}{2\beta}\left(\frac{\partial}{\partial x}\frac{1}{n^2}\frac{\partial}{\partial y}n_y^2 - \frac{\partial_y^2}{\partial x\partial y}\right)u_y \tag{6.33}$$

$$A_{yx}u_x = \frac{1}{2\beta}\left(\frac{\partial}{\partial y}\frac{1}{\overline{n}^2}\frac{\partial}{\partial x}\overline{n}_x^2 - \frac{\partial_x^2}{\partial y\partial x} + \frac{\partial_y^2}{\partial x^2}\right)u_x \tag{6.34}$$

$$A_{yy}u_y = \frac{1}{2\beta}\left[\frac{\partial_y^2}{\partial x^2} + \frac{\partial_y^2}{\partial z^2} + \frac{\partial}{\partial y}\frac{1}{\overline{n}^2}\frac{\partial}{\partial y}\overline{n}_y^2 + \left(n^2 k_0^2 - \beta^2\right)\right]u_y \tag{6.35}$$

上述方程可以用矩阵形式来表示

$$\mathrm{i}\frac{\partial}{\partial z}\begin{bmatrix} u_x \\ u_y \end{bmatrix} = \begin{bmatrix} A_{xx} & A_{xy} \\ A_{yx} & A_{yy} \end{bmatrix}\begin{bmatrix} u_x \\ u_y \end{bmatrix} \tag{6.36}$$

由方程 (6.36) 表述的电场表达式被称为全矢量 BPM. 它考虑到了偏振 $(A_{xx} \neq A_{yy})$ 而且计入了 E_x 和 E_y $(A_{xy} \neq A_{yx})$ 之间的耦合.

6.2.3　半矢量光束传播法

全矢量法的近似程度最低, 但其计算量也最大, 对于各向同性介质, 两个偏振之间的耦合是微弱的, 因而时常被忽略不计. 描述此类情况的半矢量的公式是

$$i\frac{\partial u_x}{\partial z} = A_{xx}u_x$$

$$i\frac{\partial u_y}{\partial z} = A_{yy}u_y$$

在半矢量的近似下, EM 波的偏振属性仍然是被考虑进去的, 半矢量法的计算量比全矢量法要小, 因而在多数分析中使用.

6.2.4　标量公式

如果模拟的波导是弱导型波导, 而且/或者偏振特性是不重要的, 我们可以忽略偏振影响, 而以标量形式表示

$$i\frac{\partial u}{\partial z} = Au \tag{6.37}$$

式中, 运算子 A 是

$$A = \frac{1}{2\beta}\left[\frac{\partial_x^2}{\partial x^2} + \frac{\partial_x^2}{\partial y^2} + \left(\bar{n}^2 k_0^2 - \beta^2\right)\right]$$

于是我们再次得到在引言中得出的结论. 标量法的计算量与半矢量法相当, 因而我们通常采用半矢量法进行模拟. 标量法的优点是稳定性优于半矢量法. 因而, 在实际应用中, 我们需要考虑具体波导的属性和分析要求, 选择合适的矢量类型进行分析.

需要指出的是, 磁场方程称为 H-公式, 也能用与电场方程同样的方法推导出来.

6.2.5　有限差分近似

6.2.2 节 ~6.2.4 节给出的波方程的各种形式, 还无法使用计算机来求解. 下面将这些波方程离散化, 给出适合于计算机求解的数值计算方法. 数值离散化包括两个方面, 一个是垂直于传播方向的横截面 (横向) 上的数值处理, 另一个是在传播方向 (纵向) 上的数值处理. 主要涉及对横向和纵向偏导的离散化问题. 其中, 纵向处理主要是解决传播方向上相邻两个截面上场的关系问题, 也就是如何处理对 z 的偏微分问题.

我们首先考虑横向处理, 在本节中, 我们讨论如何用有限差分法对上述方程进行处理. 有限差分法是利用划分网格的方法将定解区域离散化为网格离散节点的集合, 然后基于差分原理, 以各离散点上函数的差商来近似替代该点上的偏导数, 这样待求的偏微分方程定解问题可转化为一组相应的差分方程的问题. 计算电磁场的

取样点就是在这个点阵内的点. 点阵内的点为 $x_i = i \cdot \Delta x$ 和 $y_j = j \cdot \Delta y$, 如图 6.5 所示. 相应的, 对电场的偏导可用差分表示, 例如,

$$\left.\frac{\partial \phi}{\partial x}\right|_i = \frac{\phi_{i+1} - \phi_i}{\Delta x}$$

利用有限差分近似法, 前面推导的电场方程的最终离散形式变成 (这里我们作了变换 $\varepsilon = \bar{n}^2$)

$$A_{xx} u_x$$
$$= \frac{1}{2\beta} \left\{ \frac{T_{i,j+1} u_x(i, j+1) - [2 - R_{i,j+1} - R_{i-1,j}] u_x(i, j) + T_{i-1,j} u_x(i-1, j)}{\Delta x^2} \right.$$
$$\left. + \frac{u_x(i, j+1) - 2u_x(i, j) + u_x(i, j-1)}{\Delta y^2} + [\varepsilon_{i,j,k} - \beta^2] u_x(i, j) \right\} \tag{6.38}$$

$$A_{yy} u_y$$
$$= \frac{1}{2\beta} \left\{ \frac{T_{i+1,j} u_x(i+1, j) - [2 - R_{i+1,j} - R_{i-1,j}] u_y(i, j) + T_{i,j-1} u_y(i, j-1)}{\Delta y^2} \right.$$
$$\left. + \frac{u_y(i+1, j) - 2u_y(i, j) + u_y(i-1, j)}{\Delta x^2} + [\varepsilon_{i,j,k} - \beta^2] k^2 u_y(i, j) \right\} \tag{6.39}$$

$$A_{xy} u_y$$
$$= \frac{1}{8\beta \Delta x \Delta y} \left\{ \left(\frac{\varepsilon_{i+1,j+1,k}}{\varepsilon_{i+1,j,k}} - 1 \right) u_x(i+1, j+1) - \left(\frac{\varepsilon_{i+1,j-1,k}}{\varepsilon_{i+1,j,k}} - 1 \right) u_x(i+1, j-1) \right.$$
$$\left. - \left(\frac{\varepsilon_{i-1,j+1,k}}{\varepsilon_{i-1,j,k}} - 1 \right) u_x(i-1, j+1) + \left(\frac{\varepsilon_{i-1,j-1,k}}{\varepsilon_{i-1,j,k}} - 1 \right) u_x(i-1, j-1) \right\} \tag{6.40}$$

$$A_{yx} u_x$$
$$= \frac{1}{8\beta \Delta x \Delta y} \left\{ \left(\frac{\varepsilon_{i+1,j+1,k}}{\varepsilon_{i,j+1,k}} - 1 \right) u_x(i+1, j+1) - \left(\frac{\varepsilon_{i-1,j+1,k}}{\varepsilon_{i,j-1,k}} - 1 \right) u_x(i-1, j+1) \right.$$
$$\left. - \left(\frac{\varepsilon_{i+1,j-1,k}}{\varepsilon_{i,j+1,k}} - 1 \right) u_x(i+1, j-1) + \left(\frac{\varepsilon_{i-1,j-1,k}}{\varepsilon_{i,j-1,k}} - 1 \right) u_x(i-1, j-1) \right\} \tag{6.41}$$

式中

$$T_{i\pm1,j} = \frac{2\varepsilon_{i\pm1,j,k}}{\varepsilon_{i\pm1,j,k} + \varepsilon_{i,j,k}} \tag{6.42}$$

$$R_{i\pm1,j} = T_{i\pm1,j} - 1 \tag{6.43}$$

分别是 $i-1$ 和 $i+1$ 两点之间介质分界面的传输和反射系数. 同样

$$T_{i,j\pm1} = \frac{2\varepsilon_{i,j\pm1,k}}{\varepsilon_{i,j\pm1,k} + \varepsilon_{i,j,k}} \tag{6.44}$$

$$R_{i,j\pm1} = T_{i,j\pm1} - 1 \tag{6.45}$$

分别是 $j-1$ 和 $j+1$ 两点之间介质分界面的传输和反射系数.

6.3　二维有限差分光束传播法

如果我们能够忽略折射率 (宽波导) 在 y 方向的变化, 方程 (6.37) 描述的标量公式可以进一步简化为二维 FD-BPM 的形式. 这时, 折射率沿横截面方向的变化为 $\overline{n} = \overline{n}(x, z)$. 有关的亥姆霍兹方程变成

$$2\mathrm{i}\beta\frac{\partial u}{\partial z} = \frac{\partial_x^2 u}{\partial x^2} + \left(\overline{n}^2 k_0^2 - \beta^2\right) u \tag{6.46}$$

式中, u 是波导 TE 模式仅有的电场分量.

6.3.1　基本公式

这里我们讨论由 Chung 和 Dagli 所描述的 FD-BPM 公式. 首先, 把连续场 $u(z, x)$ 用其离散值取代, 它变成

$$u_i \equiv u(i \cdot \Delta x, z), \quad i = 0, 1, 2, \cdots, N - 1$$

二次求导近似为

$$\frac{\partial^2 u}{\partial x^2} = \frac{u_{i-1} - 2u_i + u_{i+1}}{\Delta x^2}$$

最终有限差分方程是

$$2\mathrm{i}\beta\frac{\partial u_i}{\partial z} = \frac{u_{i-1} - 2u_i + u_{i+1}}{\Delta x^2} + \left(\overline{n}_i^2 k_0^2 - \beta^2\right) u_i \equiv f_i(z)$$

利用梯形法则对上述方程进行积分

$$2\mathrm{i}\beta \int_{u_i(z)}^{u_i(z+\Delta z)} \mathrm{d}u_i = \int_z^{z+\Delta z} f_i(z)\mathrm{d}z$$

于是

$$2\mathrm{i}\beta \left[u_i(z + \Delta z) - u_i(z)\right] = \frac{1}{2}\Delta z \left[f_i(z + \Delta z) + f_i(z)\right]$$

在上面的公式中利用 $f_i(z)$ 的定义, 我们发现

$$-au_{i+1}(z + \Delta z) + bu_i(z + \Delta z) - au_{i-1}(z + \Delta z)$$
$$= au_{i+1}(z) + cu_i(z) + au_{i-1}(z) \tag{6.47}$$

式中

$$a = \frac{\Delta z}{2\Delta x^2}$$

$$b = \frac{\Delta z}{\Delta x^2} - \frac{1}{2}\Delta z \left[k_0^2 \overline{n}_i^2(z + \Delta z) - \beta^2\right] + 2\mathrm{i}\beta$$

$$c = -\frac{\Delta z}{\Delta x^2} + \frac{1}{2}\Delta z \left[k_0^2 \overline{n}_i^2(z) - \beta^2\right] + 2\mathrm{i}\beta$$

上述处理得到了线性方程的三对角系统.

6.3.2 步进求解算子

1. 方法 1

沿 z 方向传播的变量 (z, x), 在波导中的传播用一维近似处理时, 场沿 y 方向无变化, 于是令 $\partial/\partial y = 0$. 因而我们得到的方程是

$$2\mathrm{i}\beta \frac{\partial u}{\partial z} = \frac{\partial^2 u}{\partial x^2} + \left(k^2 - \beta^2\right) u \tag{6.48}$$

式中, $k = \bar{n} k_0$.

方程 (6.48) 在一维情况下的有限差分离散化变为

$$\mathrm{i} \frac{u_i^{n+1} - u_i^n}{h} = \frac{1}{2\beta} \frac{u_{i+1}^n - 2u_i^n + u_{i-1}^n}{\Delta x^2} + \frac{1}{2\beta} \left(k_i^2 - \beta^2\right) \tag{6.49}$$

式中, $k_i^2 = k_0^2 \, \bar{n}_i^2(x) \equiv k_0^2 \, \bar{n}^2(x_i)$. 引入传播运算子 P 后, 以上步骤变成

$$\mathrm{i} \frac{u_i^{n+1} - u_i^n}{h} = \sum_{k=1}^{N} P_{ik} \, u_k^{n+1} \tag{6.50}$$

传播运算子 P 的矩阵元素是

$$P_{ik} = \frac{1}{2\beta} \frac{1}{\Delta x^2} \left(\delta_{i+1,k} - 2 \, \delta_{i,k} + \delta_{i-1,k}\right) + \frac{1}{2\beta} \left(k_i^2 \, \delta_{i,k} - \beta^2\right) \tag{6.51}$$

方程 (6.50) 的解可以写成

$$\vec{u}^{n+1} = \left(\overleftrightarrow{I} - \mathrm{i}h \overleftrightarrow{P}\right) \vec{u}^n \tag{6.52}$$

式中, $\vec{u}^n$ 是由元素 u_i^n 组成的列矢量; $\overleftrightarrow{I}$ 是单位矩阵; $\overleftrightarrow{P}$ 是传播矩阵, 其矩阵元素由方程 (6.51) 给出. 该步骤被称为简明步骤, 如果步长 h 太大, 它在数值上是不稳定的.

将传播运算子 P 运用到 u 的前方数值, 情况将得以改善. 方程

$$\mathrm{i} \frac{u_i^{n+1} - u_i^n}{h} = \sum_{k=1}^{N} P_{ik} \, u_k^{n+1} \tag{6.53}$$

或者

$$\vec{u}^{n+1} = \vec{u}^n - \mathrm{i}h \overleftrightarrow{P} \vec{u}^{n+1}$$

或者

$$\left(\overleftrightarrow{I} + \mathrm{i}h \overleftrightarrow{P}\right) \vec{u}^{n+1} = \vec{u}^n$$

的解是

$$\vec{u}^{n+1} = \left(\overleftrightarrow{I} + \mathrm{i}h \overleftrightarrow{P} \right)^{-1} \vec{u}^n \tag{6.54}$$

这被称为隐性方法, 它是稳定的, 见本章习题.

两个方法结合起来就是对显性和隐性的方式取平均. 新的方法被称为克兰克–尼科尔森 (Crank-Nicolson) 法. 这时, 它既精确又稳定. 把方程 (6.50) 和方程 (6.53) 加起来, 我们得到

$$2\mathrm{i}\frac{u_i^{n+1} - u_i^n}{h} = \sum_{k=1}^{N} P_{ik} \left(u_k^n + u_k^{n+1} \right) \tag{6.55}$$

其矩阵形式为

$$\vec{u}^{n+1} = \vec{u}^n - \frac{1}{2}\mathrm{i}h \overleftrightarrow{P} \left(u_k^n + u_k^{n+1} \right) \tag{6.56}$$

它可以表示为

$$\left(\overleftrightarrow{I} + \frac{1}{2}\mathrm{i}h \overleftrightarrow{P} \right) \vec{u}^{n+1} = \left(\overleftrightarrow{I} - \frac{1}{2}\mathrm{i}h \overleftrightarrow{P} \right) \vec{u}^n \tag{6.57}$$

或者

$$L_+ \ \vec{u}^{n+1} = \ L_- \ \vec{u}^n \tag{6.58}$$

式中

$$L_+ = \overleftrightarrow{I} + \frac{1}{2}\mathrm{i}h \overleftrightarrow{P} \tag{6.59}$$

$$L_- = \overleftrightarrow{I} - \frac{1}{2}\mathrm{i}h \overleftrightarrow{P} \tag{6.60}$$

由上述方程我们得到最终结果为

$$\vec{u}^{n+1} = L_+^{-1} \ L_- \ \vec{u}^n \tag{6.61}$$

2. 方法 2

上述推导可以做得更正规化. 为此, 我们把方程 (6.48) 写成

$$\mathrm{i}\frac{\partial u}{\partial z} = P \cdot u \tag{6.62}$$

式中, 传播运算子 P 定义为

$$P = \frac{1}{2\beta} \left[\partial_x^2 + \left(k^2 - \beta^2 \right) \right] \tag{6.63}$$

方程 (6.62) 的解是

$$u(z) = \mathrm{e}^{-\mathrm{i}zP}u(0)$$

当我们引入"小"步长 h 时, 上式的解是

$$u(z+h) = \mathrm{e}^{-\mathrm{i}hP}u(z) \tag{6.64}$$

对于小步长, 方程的解 (6.64) 可以近似为

$$u(z+h) \approx (1 - \mathrm{i}hP)\,u(z) \tag{6.65}$$

我们注意到, 方程的解 (6.64) 也能写成

$$\mathrm{e}^{\mathrm{i}hP}u(z+h) = u(z) \tag{6.66}$$

或者

$$(1 + \mathrm{i}hP)\,u(z+h) \approx\ u(z) \tag{6.67}$$

或者

$$u(z+h) \approx (1 + \mathrm{i}hP)^{-1}\,u(z) \tag{6.68}$$

为了求解该问题, 在实用上一个重要的方法是克兰克-尼科尔森法, 它可以由方程 (6.65) 和方程 (6.68) 的解得到. 方程 (6.65) 在 $h \to h/2$ 后变换成

$$\begin{aligned}
u(z+h) &= \left(1 + \frac{\mathrm{i}h}{2}P\right)^{-1} u\left(z + \frac{h}{2}\right) \\
&= \left(1 + \frac{\mathrm{i}h}{2}P\right)^{-1} \left(1 + \frac{\mathrm{i}h}{2}P\right) u(z) \tag{6.69}
\end{aligned}$$

高斯脉冲在自由空间中传播时沿传播方向在不同位置上的剖面图如图 6.7 所示. MATLAB 代码见**二维码 6A.2**. 可以发现其他峰值逐渐减少, 同时, 看到从计算窗口边界上反射带来的效果. 在接下来的章节中讨论如何消除这些反射. 在图 6.8 中我们展示了图 6.7 所示高斯脉冲分布的三维视图.

二维码6A.2

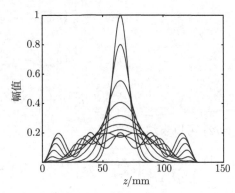

图 6.7　高斯脉冲沿 z 轴在不同位置上的剖面图

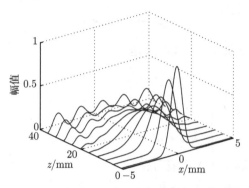

图 6.8　高斯脉冲在自由空间传播的三维视图

3. 方法 3

在我们开始讨论边界条件之前, 打算把方程 (6.48) 的另一种可能的数值解法总结一下. 它将被用来推导横向边界条件的细节. 假设沿 x 轴取相等距离的步长, 并使用标准公式 ($h \equiv \Delta z$)

$$\frac{\partial u}{\partial z} = \frac{u_i^{n+1} - u_i^n}{h} \tag{6.70}$$

$$\frac{\partial^2 u}{\partial x^2} = \frac{u_{i+1} - 2u_i + u_{i-1}}{\Delta x^2} \tag{6.71}$$

方程 (6.48) 的离散表示式为

$$2\mathrm{i}\beta \frac{u_i^{n+1} - u_i^n}{h} = \frac{u_{i+1} + u_{i-1}}{\Delta x^2} + \left[-\frac{2}{\Delta x^2} + \left(k_i^2 - \beta^2 \right) \right] u_i \tag{6.72}$$

对方程 (6.72) 的右方引入下列变化:

$$u_{i+1} = \frac{1}{2} \left(u_{i+1}^{n+1} + u_{i+1}^n \right) \tag{6.73}$$

$$u_{i-1} = \frac{1}{2} \left(u_{i-1}^{n+1} + u_{i-1}^n \right) \tag{6.74}$$

$$k_i^2 = \frac{1}{2} \left[k_i^2(n+1) + k_i^2(n) \right] \tag{6.75}$$

方程 (6.72) 可以表达为

$$u_i^{n+1} + \frac{\mathrm{i}h}{2} \left\{ \frac{1}{2\beta} \frac{1}{\Delta x^2} \left(u_{i+1}^{n+1} - 2u_i^{n+1} + u_{i-1}^{n+1} \right) + \frac{1}{2\beta} \left[k_i^2(n+1) - \beta^2 \right] u_i^{n+1} \right\}$$

$$= u_i^n - \frac{\mathrm{i}h}{2} \left\{ \frac{1}{2\beta} \frac{1}{\Delta x^2} \left(u_{i+1}^n - 2u_i^n + u_{i-1}^n \right) + \frac{1}{2\beta} \left[k_i^2(n) - \beta^2 \right] u_i^n \right\} \tag{6.76}$$

注意 k_i^2 中不同的 n. 上述方程最终的紧凑形式是

$$L_+(n+1)\overrightarrow{u}^{n+1} = L_-(n)\overrightarrow{u}^n \tag{6.77}$$

式中

$$L_+(n+1)\overrightarrow{u}^{n+1} = u_i^{n+1} + \frac{\mathrm{i}h}{2}\left\{\frac{1}{2\beta}\frac{1}{\Delta x^2}\left(u_{i+1}^{n+1} - 2u_i^{n+1} + u_{i-1}^{n+1}\right)\right.$$
$$\left. + \frac{1}{2\beta}\left[k_i^2(n+1) - \beta^2\right]u_i^{n+1}\right\} \tag{6.78}$$

而且

$$L_-(n)\overrightarrow{u}^n = u_i^n - \frac{\mathrm{i}h}{2}\left\{\frac{1}{2\beta}\frac{1}{\Delta x^2}\left(u_{i+1}^n - 2u_i^n + u_{i-1}^n\right) + \frac{1}{2\beta}\left[k_i^2(n) - \beta^2\right]u_i^n\right\} \tag{6.79}$$

6.3.3 边界条件设置

在光波导中, 场分布在无穷远处趋于零, 即场分布函数值及一阶导数值均为零. 所以若将计算窗口取得足够大, 可以用最为简单的狄利克雷 (Dirichlet) 边界条件或冯·诺伊曼 (von Neumann) 边界条件. 然而在实际光束传播法的应用过程中, 由于计算机所用资源有限, 计算时所选取的窗口大小是有限的, 而在传播光场中, 由于辐射模的存在, 使用这两种边界条件在边界处均会引起反射问题, 从而降低了模拟的精度. 为了使向边界面行进的波在边界处保持"外向行进"的特性、无明显的反射现象, 并且不会使计算区域内的场产生畸变, 提高模拟的精度, 需要采用较好的边界条件. 光束传播法中, 常用的边界条件主要有两类: 一类是透明边界条件 (transparent boundary condition, TBC), 另一类是吸收边界条件 (absorbing boundary condition, ABC). 其中, 透明边界条件假设光场能量在边界区域按指数衰减, 因此该边界条件与具体问题无关, 具有普适性, 编程方便, 所占用的 CPU 计算时间和内存也相对较少, 在某些问题中是一种较为简单实用的方法. 然而, 人们在应用中也发现, 它不能处理某些问题; 此外, TBC 在宽角光束传播法的运用中会产生较大的误差. 为此, 人们提出了吸收边界条件来消除窗口边界的反射现象. 一般的吸收边界条件是在临近边界区域人为插入一个吸收区域, 只要吸收区域选取恰当, 模拟过程将比较精确. 但是必须合理地选取吸收系数梯度、吸收区域厚度和吸收区域形状, 这样的选择比较费时, 而且对于不同的问题需要进行不同的选择. 如果吸收梯度选取不当, 会在边界产生反射. 即使有了合理的选择, 较大的求解范围也会大大增加 CPU 的计算时间和对内存的要求. 为了克服这些缺点, 人们提出了几种改进的吸收边界条件. 完美匹配层 (perfectly matched layer, PML) 边界条件是其中较为常用的一种.

本节重点介绍由 Hadley 首创的的透明边界条件. 它有左侧和右侧的边界面. 显然, x_0 和 x_{N+1} 是系统外的节点, 它们都需要通过边界条件求解得到.

1. 左侧边界

首先分析左侧边界. 假设在边界附近, 场可以近似地表示为

$$u(x, z) \approx A(z) \, \mathrm{e}^{\mathrm{i}k_x x} \tag{6.80}$$

对于图 6.9 中左侧最初的三个点, 我们有

$$u_0 = u(x_0) = A(z) \, \mathrm{e}^{\mathrm{i}k_x x_0} \tag{6.81}$$

$$u_1 = u(x_1) = A(z) \, \mathrm{e}^{\mathrm{i}k_x x_1} \tag{6.82}$$

$$u_2 = u(x_2) = A(z) \, \mathrm{e}^{\mathrm{i}k_x x_2} \tag{6.83}$$

从上述方程, 我们发现

$$\frac{u_2}{u_1} = \frac{\mathrm{e}^{\mathrm{i}k_x x_2}}{\mathrm{e}^{\mathrm{i}k_x x_1}} = \mathrm{e}^{\mathrm{i}k_x (x_2 - x_1)} \equiv \mathrm{e}^{\mathrm{i}k_x \Delta x} \tag{6.84}$$

而且

$$\frac{u_1}{u_0} = \frac{\mathrm{e}^{\mathrm{i}k_x x_1}}{\mathrm{e}^{\mathrm{i}k_x x_0}} = \mathrm{e}^{\mathrm{i}k_x (x_1 - x_0)} \equiv \mathrm{e}^{\mathrm{i}k_x \Delta x} \tag{6.85}$$

假定网格是均匀的, 也即 $\Delta x = x_2 - x_1 = x_1 - x_0$. 从上述方程, 我们可以确定在点 x_0 外的场

$$u_0 = u_1 \, \mathrm{e}^{\mathrm{i}k_x \Delta x} \tag{6.86}$$

利用方程 (6.84), 从已知场的大小, 我们可以确定它的波数 k_x

$$k_x = \frac{1}{\mathrm{i}\Delta x} \ln \frac{u_2}{u_1} \tag{6.87}$$

对于向左行进, 即离去的场, k_x 的实数部分 $\mathrm{Re}(k_x)$ 是正数. 现在用运算子 L_+^{n+1} 对左侧一点实施透明边界条件. 考虑 $i = 1$ 的第一个元素, 由方程 (6.78) 我们得到

$$L_+^{n+1}(1) = u_1^{n+1} + \frac{1}{2}\mathrm{i}h \frac{1}{2\beta} \frac{1}{\Delta x^2}(-2)u_1^{n+1} + \frac{1}{2}\mathrm{i}h \frac{1}{2\beta} \frac{1}{\Delta x^2} u_0^{n+1} \tag{6.88}$$

用方程 (6.86) 取代 u_0^{n+1}, 于是

$$L_+^{n+1}(1) = u_1^{n+1} + \frac{1}{2}\mathrm{i}h \frac{1}{2\beta} \frac{1}{\Delta x^2}(-2)u_1^{n+1} + \frac{1}{2}\mathrm{i}h \frac{1}{2\beta} \frac{1}{\Delta x^2} u_1^{n+1} \mathrm{e}^{\mathrm{i}k_x \Delta x}$$

$$= \left(1 + \frac{1}{2}\mathrm{i}h \frac{1}{2\beta} \frac{1}{\Delta x^2}(-2) + \frac{1}{2}\mathrm{i}h \frac{1}{2\beta} \frac{1}{\Delta x^2} \mathrm{e}^{\mathrm{i}k_x \Delta x} \right) u_1^{n+1}$$

$$= (奇数项 + 左侧校正)u_1^{n+1} \tag{6.89}$$

因此, 我们立刻得到了最终的表示式. 对于运算子 L_-^{n+1}, 我们只是改变其符号而已.

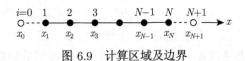

图 6.9　计算区域及边界

2. 右侧边界

对于右侧边界, 可以采取相似的步骤完成 TBC. 现在把它留作习题由读者去完成.

图 6.10 表示的是高斯脉冲在透明边界条件时的横截面. 我们发现反射已被消除. 初始高斯脉冲在不同位置的三维视图如图 6.11 所示. MATLAB 代码见**二维码 6A.3.1 与 6A.3.2**.

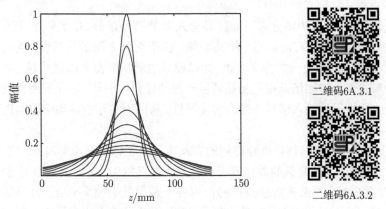

二维码6A.3.1

二维码6A.3.2

图 6.10　设置了透明边界条件后, 计算得到的自由空间中
高斯脉冲沿 z 轴不同位置的场分布

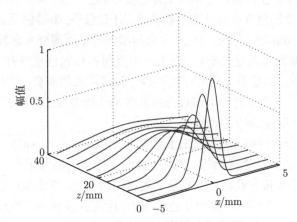

图 6.11　图 6.10 结果的三维视图

本节介绍了基于二维波导的标量方程形式的光束传播法的方程离散化方法, 对于更为复杂的三维半矢量、全矢量方程, 同样可以采用类似的方法来进行离散化处理. 读者可参考相关参考文献了解具体推导过程. 相比于早期基于傅里叶变换的光束传播法, 有限差分光束传播法具有适用性更广、计算效率更高等优点, 已经成为当前光束传播法的主流.

6.4　数值计算步骤及参数选择要点

光束传播法的主要计算步骤如下:

(1) 设置折射率分布. 首先需要确定波导结构与参数, 进而获得整个计算区域的折射率分布.

(2) 设置波源 (初始场分布), 即波导输入端的初始场分布. 类似于实际传输时的光源, 常见的初始场有高斯型、模式场等. 由于数值方法的灵活性, 我们计算设置实验时都不能获得的一些特殊波源, 如以波导的解析解得到的模式场、以几种光源的组合形式作为初始场及设置初始场以一定的倾角入射等, 因而采用光束传播法可以灵活地分析不同输入情况下的光传输特性, 从而为实际制备和应用提供理论依据和指导.

(3) 步进求解. 我们最后推导得到的方程实际上在计算机求解时是一系列的方程组成的方程组, 通过常见的数值方程求解方法如三角化、递推法等即可进行求解.

(4) 如前所述, 光束传播法获得的仅为各个截面处的模场分布, 为获得更为有用的信息, 我们需要对模场进行后处理, 进而获得波导模式的有效折射率、传输损耗、色散、双折射、模式耦合效率等信息.

由于光束传播法在计算参数选择上存在较多的自由度, 而且对不同的取值也直接影响到计算结果的精度以及计算的收敛性、计算量等, 错误的设置参数甚至会获得与实际完全不同的错误结果. 因而, 光束传播法的使用需要考虑其计算参数的合适选择, 通常其参数与波导的结构、参数、拟获得的传输信息等有关, 需要根据具体情况而定. 因此, 即使现在已经存在不少光束传播法的软件, 在实际应用中仍然需要根据其原理、波导理论等来综合选择其有关计算参数, 并与现有理论、实验结果相对比, 以确保其结果的正确性.

光束传播法分析时需要选择的计算参数包括横向 (x, y 方向) 计算步长、纵向 (z 方向) 计算步长及计算区域等. 其中, 横向计算步长通常至少应小于光波长的 $1/10$, 而纵向计算步长一般在光波长量级选择, 即纵向计算步长可以大一些. 其主要原因是在纵向 (传输方向) 的模场是缓变的, 因而其步长可以取较大值. 理论上, 横向计算步长越小, 其计算精度也越高, 但因此也带来计算量的增加, 在实际应用中, 通常需要在计算量和精度之间折中考虑. 一个简单的判断方法是, 分别选择相差几倍甚至数量级差异的步长进行计算, 比较计算结果, 如果两者差异较小, 则可认为取大的步长也可以获得准确结果, 因而, 可以大的步长进行分析, 减小其计算量. 计算区域的选择同样会影响计算结果, 通常对于弯曲波导、斜波导等特殊形状波导, 其模场会发生较多的泄露和损耗, 因而会导致光向计算区域边界扩展, 此时, 若波导距离边界较近, 则对边界条件的要求较高, 容易发生在边界上的反射, 从而影响其计算结果. 因而, 对于这些特殊结构波导, 需要增大相应位置的计算边界, 以减少边界条件对计算结果的影响.

光束传播法由于在公式推导中采用了缓变包络近似等处理方法, 还具有以下特点:

(1) 每次只能获得一个波长的结果. 由于其光波长是事先确定的, 因此, 其每次计算只能获得单个波长的结果, 如需要考虑不同波长下的传输特性, 则需要进行多次计算. 同时, 其无法分析光脉冲展宽等涉及频谱变化的非线性问题.

(2) 计算得到的场分布是场的强度分布. 由于不考虑时间因子, 因此, 计算得到的为场的强度分布信息.

(3) 不考虑光的反射问题. 光束传播法不考虑光的反射问题, 因而无法分析布拉格 (Bragg) 光栅等问题, 当然, 人们也研究了双向光束传播法, 但其应用仍受限制.

(4) 要求光近似为直线传播 (即有 $E_z = 0$, $H_z = 0$). 即其对高折射率差波导会存在较大的计算误差.

(5) 矢量类型影响计算结果. 通常弱导型波导情况下才适用标量法, 对于非弱导型波导, 通常应采用半矢量法或全矢量法. 由于弱导概念也是比较含糊的, 实际应用时, 通常用半矢量法进行分析, 在一些特殊问题中, 如半矢量法无法稳定计算, 可考虑用标量法获得近似结果.

6.5 模式求解算法

如前所述, 光束传播法是分析光在波导中的传输特性, 其实际是一种时域分析方法, 而对于规则波导的频域特性如模式场和传播常数, 则其无法直接获得. 为此, 人们又在光束传播法的基础上, 对其功能进行拓展, 实现了模式求解功能. 常见的两种方法为虚轴光束传播法 (ID-BPM) 和相关函数法 (correlation method). 下面分别对这两种方法进行介绍.

6.5.1 虚轴光束传播法

虚轴光束传播法又被称为迭代法, 最早被用于标量场分析, Xu 和 Huang 等将之扩展到矢量场分析, 其核心思想是将传播方向的 z 用虚数 iz 替代, 通过对比相邻传播场之间的差异, 调整参考传播常数, 最终使传播场稳定下来, 同时获得传播场对应的传播常数, 所获得的传播场即为相应的传播常数的模式场. 下面, 对虚轴光束传播法进行公式推导. 由模式场的正交性, 可以将入射场分解为各个模式场的组合. 即可把入射场表示为

$$u_{\text{in}}(x, y) = \sum_m c_m \phi_m(x, y) \tag{6.90}$$

式中, ϕ_m 为模式 m 的模式场, c_m 为系数. 而相应的传播场为

$$u(x, y, z) = \sum_m c_m \phi_m(x, y) e^{-i\beta_m z} \tag{6.91}$$

式中, β_m 为模式 m 的传播常数.

采用缓变包络近似, 实际计算时的场可表示为 $\psi(x, y, z)$, 有

$$u(x, y, z) = \psi(x, y, z) e^{-i\beta_r z} \tag{6.92}$$

即

$$\psi(x, y, z) = u(x, y, z) e^{i\beta_r z} \tag{6.93}$$

这里 β_r 为第 r 个模式的参考传播常数. 且有

$$\psi(x, y, z) = \left(\sum_m c_m \phi_m(x, y) e^{-i\beta z} \right) e^{i\beta_r z} \tag{6.94}$$

将式 (6.97) 代入式 (6.99) 得

$$\psi(x, y, z) = \sum_m c_m \phi_m(x, y) e^{-i\Delta\beta_m z} \tag{6.95}$$

式中, $\Delta\beta_m = \beta_m - \beta_r$.

引入虚轴的概念, 即令 $z = iz'$, 则有

$$\psi(x, y, z') = \sum_m c_m \phi_m(x, y) e^{\Delta\beta_m z'} \tag{6.96}$$

由于 $e^{\Delta\beta_0 z} > e^{\Delta\beta_1 z} > e^{\Delta\beta_2 z} > \cdots$, 实际计算时, 根据场的变化调整 β_r 值, 最终可使场趋向一定值, 从而使 $\beta_r = \beta_0$.

由于基模的传播常数最大, 因而所求得即为基模的模式场和传播常数. 计算出基模后, 将基模对应的场从入射场中剔除, 再次进行计算, 从而获得其他模式场和传播常数. 此方法对于不存在泄露损耗的导波模, 收敛性较高. 事实上, 对于光子晶体光纤等存在泄露损耗的模式, 如果模式损耗较低, 可以采用虚轴光束传播法进行模式求解, 如损耗较大, 则可能无法收敛. 虚轴光束传播法的优点是计算速度快.

6.5.2　相关函数法

相关函数法实际上是基于傅里叶变换法, 将时域信息转换为频域信息, 进而获得模式的特征参数和模场分布. 其基本计算过程仍与光束传播法相同, 仍然是先计算获得各个截面的模场信息, 然后再按照如下方法获得传播常数和模场分布. 首先, 计算如下能量场信息

$$P(z) = \iint u_{in}^*(x,y)\psi(x,y,z)\mathrm{d}x\mathrm{d}y \qquad (6.97)$$

如 6.5.1 节所述, 可以将入射场分解为各个模式场的组合. 同理, 各个截面的模场分布也可以分解为各个模式场的组合形式, 因而有

$$P(z) = \iint \left(\sum_m c_m\phi_m(x,y)\right)^* \sum_m c_m\phi_m(x,y)\mathrm{e}^{-\mathrm{i}\Delta\beta_m z}\mathrm{d}x\mathrm{d}y \qquad (6.98)$$

推导可得

$$P(z) = \iint \sum_m |c_m\phi_m(x,y)|^2 \mathrm{e}^{-\mathrm{i}\Delta\beta_m z}\mathrm{d}x\mathrm{d}y \qquad (6.99)$$

将积分和求和公式交换位置, 得到

$$P(z) = \sum_m \iint |c_m\phi_m(x,y)|^2 \mathrm{e}^{-\mathrm{i}\Delta\beta_m z}\mathrm{d}x\mathrm{d}y \qquad (6.100)$$

将 $\mathrm{e}^{-\mathrm{i}\Delta\beta_m z}$ 从积分中提出, 得到

$$P(z) = \sum_m \mathrm{e}^{-\mathrm{i}\Delta\beta_m z} \iint |c_m\phi_m(x,y)|^2 \mathrm{d}x\mathrm{d}y \qquad (6.101)$$

对于特定的入射场, 其积分结果为一固定数值, 因而有

$$P(z) = \sum_m a_m \mathrm{e}^{-\mathrm{i}\Delta\beta_m z} \qquad (6.102)$$

由以上结果可知, $P(z)$ 可以简单地表示为各个模式的组合形式. 采用傅里叶变换的方法, 可以容易地得到式中的各个 $\Delta\beta_m$ 值. 进而由 $\Delta\beta_m$ 值, 得到相应模式的 β_m.

场分布的获得: 设得到的第 p 个传播常数为 β_p, 且有 $\Delta\beta_p = \beta_p - \beta_r$, 则

$$\Phi(x,y,z) = \frac{1}{L}\int_0^L \psi(x,y,z)\mathrm{e}^{\Delta\beta_p z}\mathrm{d}z \qquad (6.103)$$

代入入射场, 可得

$$\Phi(x,y,z) = \frac{1}{L}\int_0^L \mathrm{e}^{\Delta\beta_p z} \sum_m c_m\phi_m(x,y)\mathrm{e}^{-\mathrm{i}\Delta\beta_m z}\mathrm{d}z \qquad (6.104)$$

将第 p 个场单独积分, 有

$$\Phi(x,y,z) = \frac{1}{L}\int_0^L c_p\phi_p(x,y)\mathrm{d}z + \frac{1}{L}\int_0^L \mathrm{e}^{\Delta\beta_p z}\sum_{m\neq p}c_m\phi_m(x,y)\mathrm{e}^{-\mathrm{i}\Delta\beta_m z}\mathrm{e}^{\mathrm{i}\Delta\beta_p z}\mathrm{d}z$$

$$(6.105)$$

公式的第二部分在 L 值足够大时, 为一接近于零的数值, 因而可忽略. 最终结果可表示为

$$\Phi(x,y,z) = c_p\phi_p(x,y) \tag{6.106}$$

即采用积分法可获得对应模式的模场分布. 由以上推导可知, 为了保证傅里叶变换结果的精度, 光束传播法计算的波导长度应足够长, 且截面数量应足够多. 相关函数法的优点是能够一次性求解多个模式, 缺点是计算量较虚轴光束传播法大. 由以上推导公式可知, 若要求解某个模式, 则输入场也应包含这个模式. 对于常见的基模, 通过设置高斯场等类似模式即可实现激发. 对于高阶模和特殊模式, 需要考虑设置与之相似的模式场或者通过特殊设置如矩形场来实现. 相比于基于有限元法、有限差分法等的模式求解法, 基于光束传播法的模式求解法存在一些缺点, 比如精度稍低、损耗误差较大等. 其典型的应用与光束传播法配合进行一些分析, 比如首先通过模式求解获得波导的模式场, 再以求得的模式场作为初始场, 分析其在波导中的传输特性等. 此外, 对于在有限元求解波导模式时, 需要预先设置波导模式有效折射率的近似值, 为此, 也可以先通过光束传播法计算得到其模式有效折射率, 再由有限元法进一步获得其准确的结果. 对于模式求解, 由于迭代法的计算精度不受限于纵向计算步长, 其纵向计算步长取大一些反而有利于达到快速收敛的目的, 因而其纵向计算步长可取到波长的 10 倍以上, 由于其收敛后计算即结束, 因而, 用迭代法时波导的长度可以取长一些, 而不影响计算量. 而相关函数法由于是通过傅里叶变换获得模式的有效折射率值, 而傅里叶变换的精度与其所取的纵向截面数量有关, 通常要求其纵向计算步长取为波长量级或更小, 而其计算波导长度应在 10000 倍波长左右. 模式求解的一个特点是初始场中应包含待求解的模式场, 否则, 无法获得相应的模式场. 这个看似矛盾的问题通常还是容易解决的.

常用的初始场设置方法有以下几种:

(1) 设置高斯场. 对于常规波导的基模来说, 其模式场与高斯场相近, 因而, 设置高斯场即可激发出其基模.

(2) 设置相近模式的模场. 对于一些特殊模式, 如高阶模, 我们可以通过先生成一个类似的模场, 再以此模场作为输入, 来激发出这个模式.

(3) 设置矩形场等包含多个模式的模场. 由于矩形场等场强包含的模式分量多, 因而设置矩形场通常也可以实现对特殊模式的激发.

(4) 偏移激发. 将输入场的中心偏离波导的中心, 这种方法可以激发出波导的

高阶模.

(5) 倾斜入射法. 将输入场以与波导输入面成一定夹角的方法入射, 这种方法在实际应用中也非常常见, 它也可以激发出波导的高阶模.

在边界条件方面, 之前在时域有限差分法中获得广泛应用的完美匹配层吸收边界条件同样可以应用于光束传播法, 且在反射率等性能上更具优势. 21 世纪以来, 光束传播法在光子晶体光纤的模拟中也发挥了重要的作用, 即使光子晶体光纤具有高的折射率差, 但光束传播法仍然能够较好地模拟其传输特性, 即它对非弱导型波导仍具有较好的精度和准确性, 这也反映出这种方法的广泛适应性. 国内外也已经开发了专门用于光波导分析的光束传播法软件, 常见的包括 Optiwave 公司的 OptiBPM, 以及 Rsoft 公司的 BeamProp 等.

6.6 习 题

1. 推导出关于磁场的 BPM H-公式.
2. 推导出显式冯·诺伊曼稳定性分析.
3. 根据本章中左边界的 TBC, 导出右边界的 TBC 表示式.
4. 在现有光束传播法程序基础上, 编制基于迭代法 BPM 的相关程序.
5. 在现有光束传播法程序基础上, 编制基于相关函数法 BPM 的相关程序.

第 7 章
Chapter 7 半导体激光理论

激光是 20 世纪以来, 继原子能、计算机和半导体以后, 人类的又一伟大发明. 它的原理早在 1916 年就被爱因斯坦发现, 但直到 1960 年科学家才首次在实验室里获得激光. 我们将要讨论激光器, 特别是半导体激光器的基本性能. 1962 年, 世界上第一台半导体激光器诞生; 1970 年, 半导体激光实现室温下连续输出. 室温下连续输出的半导体激光器出现, 以及同年低损耗光纤研制成功, 这两项重大科学突破为光纤通信的发展奠定了基础. 因而, 1970 年被称为光纤通信元年.

半导体激光器是以半导体材料为工作物质的一类激光器件. 除了具有激光器的共同特点外, 还具有以下优点:

(1) 体积小, 重量轻;

(2) 驱动功率和电流较低;

(3) 效率高, 工作寿命长;

(4) 可直接电调制;

(5) 易于与各种光电子器件实现光电子集成;

(6) 与半导体制造技术兼容;

(7) 可大批量生产.

由于这些特点, 半导体激光器自问世以来得到了世界各国的广泛关注与研究, 成为世界上发展最快、应用最广泛、最早走出实验室实现商用化且产值最大的一类激光器.

经过五十多年的发展, 半导体激光器已经从最初的低温 77 K、脉冲运转发展到室温连续工作、工作波长从最开始的红外和红光扩展到蓝紫光; 输出功率从几毫瓦到阵列器件输出功率达数千瓦; 结构从同质结发展到单异质结、双异质结、量子阱 (QW)、量子阱阵列、分布反馈 (DFB) 型、分布布拉格反射 (DBR) 型等近 300 种形式; 制作方法从扩散法发展到液相外延 (LPE)、气相外延 (VPE)、金属有机化合物淀积 (MOCVD)、分子束外延 (MBE)、化学束外延 (CBE) 等多种制备工艺.

早期的半导体激光器以材料的 pn 结特性为基础, 因外观与晶体二极管类似,

也常被称为二极管激光器或激光二极管. 但那时的激光二极管受到很多实际限制,
如只能在 77 K 低温下以微秒脉冲工作. 20 世纪 60 年代初期研制的只能以脉冲形
式工作的一种半导体激光器仍然在可预见相关领域有很重要的应用. 而后生产的异
质结构半导体激光器, 是由两种不同带隙的半导体材料薄层 (如 GaAs, GaAlAs) 组
成的, 最先出现的是单异质结构激光器 (1969 年), 它是利用异质结提供的势垒把注
入电子限制在 GaAs pn 结的 p 区之内, 以此来降低阈值的电流密度, 其数值比同
质结激光器降低了一个数量级, 但仍不能在室温下连续工作. 直至 1970 年, 人们才
实现了可在室温连续工作的双异质结 GaAs-GaAlAs(砷化镓–镓铝砷) 激光器.

　　1978 年出现的世界上第一只半导体量子阱激光器 (QWL), 大幅度提高了半导
体激光器的各种性能. 后来, 又由于 MOCVD、MBE 生长技术的成熟, 便成功地研
制出了性能更加良好的量子阱激光器, 它的阈值电流低、输出功率高、频率响应好、
光谱线窄、温度稳定性好、电光转换效率较高.

　　从 20 世纪 70 年代末开始, 半导体激光器主要向两个方向发展: 一是以传递信
息为目的的信息型激光器; 二是以提高光功率为目的的功率型激光器. 21 世纪以
来, 在泵浦固体激光器等应用的推动下, 连续输出功率已达 1000 W 以上, 脉冲输出
功率在 300 W 以上的半导体激光器已经研制成功. 激光器面阵的光功率可以达到
几十千瓦乃至几百千瓦.

　　20 世纪 90 年代出现的面发射激光器 (SEL) 是一种在室温下阈值电流可达
亚毫安的半导体激光器. 20 世纪 90 年代末, 面发射激光器和垂直腔面发射激
光器 (VCSEL) 得到了迅速的发展, 且已考虑了在超并行光电子学中的多种应用.
980nm、850nm 和 780nm 的器件在光学系统中已实现了实用化.

　　半导体激光器是目前生产量最大的激光器. 它的波长范围宽、制作简单、成本
低、易于大量生产, 并且体积小、重量轻、寿命长, 因此, 品种发展快、应用范围广,
目前已超过 300 种. 在信息领域, 它的主要应用包括:

　　(1) 光纤通信. 半导体激光器是光纤通信系统的唯一实用化光源, 光纤通信已
成为当代通信技术的主流.

　　(2) 光盘存取. 半导体激光器已经用于光盘存储器, 其最大优点是存储的声音、
文字和图像信息量很大.

　　(3) 光谱分析. 远红外可调谐半导体激光器已经用于环境气体分析, 大气污染、
汽车尾气监测等.

　　(4) 光信息处理. 半导体激光器已经用于光信息处理系统. 表面发射半导体激
光器二维阵列是光并行处理系统的理想光源, 将用于计算机和光神经网络.

　　(5) 激光微细加工. 借助于 Q 开关半导体激光器产生的高能量超短光脉冲, 可
对集成电路进行切割、打孔等.

　　(6) 激光报警. 半导体激光报警器用途甚广, 包括防盗报警、水位报警、车距

报警等.

(7) 激光打印机. 高功率半导体激光器已经用于激光打印机.

(8) 激光条码扫描器. 半导体激光条码扫描器已经广泛用于商品的销售, 以及图书和档案的管理.

(9) 泵浦固体激光器. 这是高功率半导体激光器的一个重要应用, 采用它来取代原来的氪灯, 可以构成全固态激光系统.

(10) 高清晰度激光电视. 半导体激光电视机利用红、蓝、绿三色激光, 其耗电量比现有的电视机低. 相比液晶显示, 激光电视在大尺寸上优势明显, 特别是 80 in (1in = 2.54cm) 以上的应用场景, 激光电视在规模化生产和性价比上更突出. 在产品成像品质方面, 激光显示在色域、寿命、亮度、能耗、成本等核心性能指标上远远优于现有的主流液晶技术.

7.1　激 光 基 础

激光器的大致结构如图 7.1 所示, 它由三部分组成: 增益介质、抽运泵和谐振腔. 要产生激光, 必须具备三个基本条件.

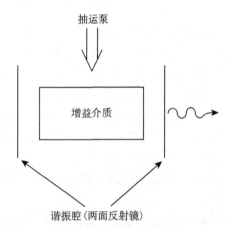

图 7.1　通常的激光器由抽运泵、两面反射镜和它们之间的增益介质形成的腔体所组成

(1) 增益条件: 建立起激射介质 (有源区) 内载流子的反转分布, 在半导体中代表电子能量的是由一系列接近于连续的能级所组成的能带, 因此在半导体中要实现粒子数反转, 必须在两个能带区域之间, 处在高能态导带底的电子数比处在低能态价带顶的空穴数大很多, 这靠给同质结或异质结加正向偏压, 向有源层内注入必要的载流子来实现, 将电子从能量较低的价带激发到能量较高的导带中去. 当处于粒子数反转状态的大量电子与空穴复合时, 便产生受激发射作用.

(2) 要实际获得相干受激辐射, 必须使受激辐射在光学谐振腔内得到多次反馈而形成激光振荡, 激光器的谐振腔是由半导体晶体的自然解理面作为反射镜形成的, 通常在不出光的那一端镀上高反多层介质膜, 而出光面镀上减反膜. 对于 FP腔半导体激光器, 可以很方便地利用晶体的 [110] 面作自然解理面来形成 FP 腔.

(3) 为了形成稳定振荡, 激光介质必须能提供足够大的增益, 以弥补谐振腔引起的光损耗及从腔面的激光输出等引起的损耗, 不断增加腔内的光场. 这就必须要有足够强的电流注入, 即有足够的粒子数反转, 粒子数反转程度越高, 得到的增益就越大, 即要求必须满足一定的电流阈值条件.

当激光器达到阈值时, 具有特定波长的光就能在腔内谐振并被放大, 最后形成激光而连续地输出. 在半导体激光器中, 电子和空穴的偶极子跃迁是基本的光发射和光放大过程. 激光器与电子学中的振荡器十分类似. 为了构建一个电子学中的振荡器, 必须要有创建增益的放大器和反馈电路. 与电子学中振荡器的放大电路相对应的是激光器的核心部分, 也就是两个反射镜和它们之间的增益介质. 在这里产生了放大的电磁 (光) 辐射. 激光器中的两面镜子不仅为光束提供了反馈, 同时, 把光束限制在有限的空间里. 光束在腔体中来回反射多次后从一面镜子逸出, 成为激光束发射出去. 和电子振荡器的反馈回路类似的是, 激光器中给光束提供外部能量, 使增益介质的粒子数得到反转的是抽运泵. 最通用的抽运泵是通过光学或电学手段实现的, 分别称为光抽运和电抽运. 增益介质是激光器产生光的受激辐射的源泉, 在外界抽运源的激励下, 能在介质中形成粒子数反转并发射光子.

一个四能级激光器系统的抽运循环过程如图 7.2 所示. 该系统由一个基态能级 (这里用 "0" 表示), 双能级 E_1 和 E_2, 以及标注为 "3" 的最高能级的四个能级所组成. 抽运泵以频率 ω_{30} 把粒子抽运到最高能级 "3" 上. 接着, 在能级 "3" 和 "2" 之间立刻发生快速跃迁. 于是, 在能级 "2" 和 "1" 之间形成粒子反转 ("2" 上面的粒子数超过 "1" 的粒子数). 紧接着, 粒子从能级 "2" 跳回到能级 "1", 同时发射出频率为 ω_{21} 的光子. 这就是我们感兴趣的产生激光的受激辐射.

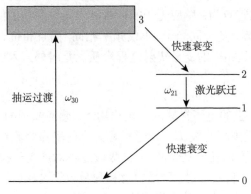

图 7.2 典型激光器中的抽运循环过程

由 "2" 和 "1" 能级组成的系统可以进一步被剥离出来讨论, 这种系统被称为二能级系统 (TLS), 如图 7.3 所示. 这时, 我们只选择两个能级 (大多出现在一个分子的状态), 因为所有的能量交换都仅在这两个能级之间进行. 如图 7.3 所示, 两能级之间存在三个基本过程: 受激吸收、受激辐射和自发辐射. 这种 TLS 在大自然中是经常可以遇见的. 通常, 对于我们考虑的一个原子系统, 总可以把它分成两个能级, 即上层能级和基态, 当成 TLS 来处理.

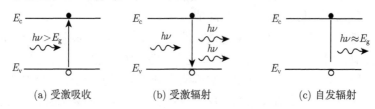

图 7.3   二能级系统中可能跃迁的图示

1. 自发辐射

处在高能级 E_2 上的电子按照一定的概率自发地跃迁到低能级 E_1 上, 并发射一个频率为 ν、能量为 $\varepsilon = h\nu = E_2 - E_1$ 的光子, 该过程称为光的自发辐射过程. 其特点为: 处于高能级电子的自发行为, 与是否存在外界激励作用无关; 由于自发辐射可以发生在一系列的能级之间 (如共价晶体中导带向价带的自发辐射), 因此材料的发射光谱范围很宽; 即使跃迁过程满足相同的能级差 (光子频率一致), 它们也是独立的、随机的辐射, 产生的光子仅仅能量相同而彼此无关, 各列光波可以有不同的相位与偏振方向, 并且向空间各个角度传播, 是一种非相干光.

2. 受激辐射

处于高能级 E_2 上的电子在外来光场的感应下 (感应光子的能量 $\varepsilon = E_2 - E_1$) 发射一个和感应光子一模一样的光子, 而跃迁到低能级 E_1, 该过程称为光的受激辐射过程. 受激辐射的特点为: 感应光子的能量等于向下跃迁的能级之差; 受激辐射产生的光子与感应光子是全同光子, 不仅频率相同, 而且相位、偏振方向、传播方向都相同, 因此它们是相干的受激辐射过程实质上是对外来入射光的放大过程.

3. 受激吸收

处在低能级 E_1 上的电子在感应光场作用下 (感应光子的能量 $\varepsilon = E_2 - E_1$), 吸收一个光子而跃迁到高能级 E_2, 该过程称为光的受激吸收过程. 受激吸收的特点为: 受激吸收时需要消耗外来光能; 受激吸收过程对应光子被吸收, 生成电子–空穴对的光电转换过程; 自发辐射、受激辐射和受激吸收过程这三种作用机理对应的器件分别是发光二极管、半导体激光器和光电二极管.

如上所述, 由于外部相互作用 (对于激光, 该过程被称为泵抽送), 电子可以被激发至上层能级. 电子以辐射 (发射光子) 或无辐射的方式 (与声子碰撞) 跳回低能级而失去它们的能量.

当激光发生时, 抽运泵过程必须造成粒子数反转. 这意味着更多的分子处于激发状态(这里指的是能量为 E_2 的上层) 比处于基态的多. 如果腔体中有粒子数反转, 入射光可以被系统放大, 如图 7.3(b) 所示, 这时输入一个光子在输出端生成两个光子.

7.1.1 TLS 中的跃迁

假设组成 TLS 的两个能级 E_1 和 E_2 的占有概率分别为 N_1 和 N_2. 另外, 我们引入自发辐射系数 A_{21}、受激辐射系数 B_{21}、受激吸收系数 B_{12}. 与这些过程有关的符号如图 7.4 所示.

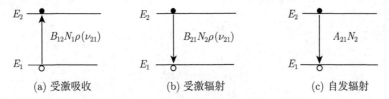

图 7.4 在 TLS 中电子跃迁符号的说明

这里我们引进频率为 ν_{21} 的光子密度 $\rho(\nu_{21})$. 式中, $\nu_{21} = (E_2 - E_1)/h$. A_{21}, B_{21}, B_{12} 是熟知的爱因斯坦系数. 频率为 ν_{21} 的光子密度 $\rho(\nu_{21})$ 可以用黑体辐射中的普朗克能量密度分布求得

$$\rho(\nu_{21}) = \frac{8\pi h\nu_{21}^3}{c^3} \frac{1}{\exp\dfrac{h\nu_{21}}{kT} - 1} \tag{7.1}$$

对于激光器, 显然, 放大需要大于吸收. 因此, 受激跃迁的粒子数目需超过吸收跃迁的粒子数目. 这样, 纯放大才能实现. 下面, 我们分析在这种系统中纯放大的条件.

在单色能量密度 $\rho(\nu_{21})$ 的光照射下, 高能级占有率 N_2 随时间的变化为

$$\frac{\mathrm{d}N_2}{\mathrm{d}t} = -A_{21}N_2 - B_{21}N_2\rho(\nu_{21}) + B_{12}N_1\rho(\nu_{21}) \tag{7.2}$$

方程右边第一项描述的是自发辐射, 第二项是受激辐射, 而最后一项是受激吸收. 热平衡时, $\dfrac{\mathrm{d}N_2}{\mathrm{d}t} = 0$ 应成立, 我们因而得到

$$N_2\left[B_{21}\rho(\nu_{21}) + A_{21}\right] = N_1 B_{12}\rho(\nu_{21}) \tag{7.3}$$

下一步, 我们假设 N_1 和 N_2 服从麦克斯韦–玻尔兹曼统计, 即

$$\frac{N_2}{N_1} = \exp\left(-\frac{h\nu_{21}}{kT}\right) \tag{7.4}$$

把方程 (7.4) 代入方程 (7.3), 于是有

$$\exp\left(-\frac{h\nu_{21}}{kT}\right)\left[B_{21}\rho(\nu_{21}) + A_{21}\right] = B_{12}\rho(\nu_{21})$$

将方程 (7.1) 代入以上方程, 于是光子密度 $\rho(\nu_{21})$ 可以用爱因斯坦系数来表示

$$\frac{8\pi h\nu_{21}^3}{c^3\left(\exp\dfrac{h\nu_{21}}{kT} - 1\right)} = \frac{A_{21}}{B_{12}\exp\dfrac{h\nu_{21}}{kT} - B_{21}} \tag{7.5}$$

比较方程 (7.5) 的两端, 我们发现

$$B_{21} = B_{12} \tag{7.6}$$

以及

$$\frac{A_{21}}{B_{21}} = \frac{8\pi h\nu_{21}^3}{c^3} \tag{7.7}$$

关系 (7.6) 和 (7.7) 是熟知的爱因斯坦关系式. 该关系式表明在自发辐射状态下, A_{21}/B_{21} 是一个极大的量, 也就是说受激辐射微乎其微.

7.1.2　激光振荡和谐振模式

光在传播中具有放大的过程, 如图 7.5 所示. 左端定义为 $z = 0$, 而右端定义为 $z = L$. 在右端面上, 前进的光波振幅的 r_R 部分反射回来, 反射波从右向左传播.

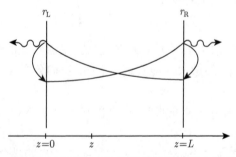

图 7.5　增益均匀分布的 FP 半导体激光器放大过程的图示

为了形成一个稳定的谐振, 波的振幅和相位在完成一个回合的传播后必须与起始的振幅和相位相匹配. 在腔体内的任意一点 (图 7.5), 前进波是

$$E_0 e^{gz} e^{-i\beta z} \tag{7.8}$$

式中, 我们把两边共同的 $e^{i\omega t}$ 项约掉, 并定义 $g = g_m - \alpha_m$, 其中, g_m 代表波的增益 (放大), 而 α_m 是它的衰减. 另外, r_R 和 r_L 分别是右端面和左端面的反射系数, L 是腔体的长度, β 则为传播常数.

波完成一个来回后, 它将是

$$\left\{E_0 e^{gz} e^{-i\beta z}\right\} \left\{e^{g(L-z)} e^{-i\beta(L-z)}\right\} \left\{r_R e^{gL} e^{-i\beta L}\right\} \times \left\{r_L e^{gz} e^{-i\beta z}\right\} \quad (7.9)$$

我们来解释上述各个项. 第一项中是一个从 z 出发的原始前进波, 第二项是从 z 行进到 L 的波, 第三项是从 $z = L$ 传播到 $z = 0$ 的波, 最后一项是从 $z = 0$ 回到出发点 z 的行进波. 在该点这个波必须和方程 (7.8) 给出的原始波相吻合. 于是, 我们可以得到稳定振荡的条件

$$r_R r_L e^{2gL} e^{-2i\beta L} = 1 \quad (7.10)$$

该条件可以拆分成振幅稳定条件

$$r_R r_L e^{2(g_m - \alpha_m)L} = 1 \quad (7.11)$$

以及相位稳定条件

$$e^{-2i\beta L} = 1 \quad (7.12)$$

由振幅条件, 我们得到

$$g_m = \alpha_m + \frac{1}{2L} \ln \frac{1}{r_R r_L} \quad (7.13)$$

由相位条件, 并考虑到存在诸多纵波模式, 下面将用 β_n 取代 β, 我们得到

$$2\beta_n L = 2\pi n \quad (7.14)$$

式中, n 是一个整数. 最后的方程决定了振荡的波长, 这是因为

$$\beta_n = \frac{2\pi}{\lambda_n} = \frac{\omega_n}{c/\overline{n}} = \frac{\omega_n \overline{n}}{c} \quad (7.15)$$

由上式我们看到, 在自由空间中激光所产生的波长比在折射率为 $\overline{n}$ 的介质中长了 n 倍. 当然它们的频率与介质的折射率无关, 不管是何种传播介质, 激光的频率数值总是相同的, 皆为 ω_n. 式中, λ_n 是其波长. 典型的增益频谱以及谐振模式的位置如图 7.6(a) 所示. 该图给出角频率为 ω_{n-1}, ω_n 和 ω_{n+1} 的纵向模式. 如图 7.6(b) 所示, 随着时间的推移, 最大增益模式将保存下来, 而其他模式会随之消失.

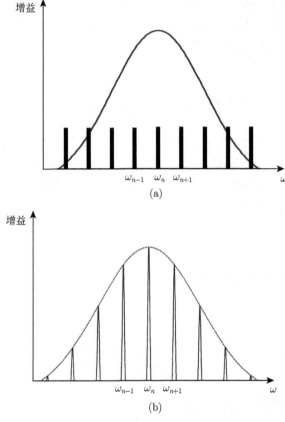

图 7.6　半导体激光器的增益频谱和纵向模式的位置

ω_n 是由相位条件决定的 FP 谐振频率

7.2　半导体激光器原理

半导体激光器又称激光二极管, 是用半导体材料作为工作物质的激光器. 常用工作物质有砷化镓 (GaAs)、硫化镉 (CdS)、磷化铟 (InP)、硫化锌 (ZnS) 等. 激励方式有电注入、电子束激励和光泵浦三种形式. 半导体激光器的复合发光区是有源区. 有源区通常由一个或者多个垂直方向的 pn 结组成. 根据构成 pn 结的半导体材料的不同, 又分为同质结、单异质结、双异质结和量子阱等结构. 同质结激光器和单异质结激光器在室温时多为脉冲器件, 而双异质结激光器室温时可实现连续工作.

作为电磁辐射源的半导体激光器, 它的工作是基于电磁辐射及半导体内电子和空穴的相互作用.

半导体激光器本质上就是一个半导体的 pn 结, 它的侧向横截面如图 7.7 所示. 电流 (在 p 区的空穴和在 n 区的电子) 沿横向方向 (图中的上下方向) 注入, 而光沿纵向 (图中从左向右) 传播, 从半导体一侧或两侧发射出去.

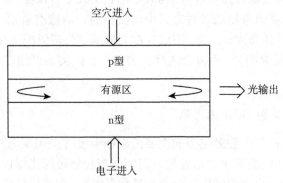

图 7.7   简单的 pn 结激光器侧向横截面

7.2.1   半导体激光器典型分类

1. FP 腔激光器

FP 腔激光器是指采用 FP 谐振腔作为光反馈装置的半导体激光器. 如图 7.8 所示, 它一般沿垂直于 pn 结方向构成双异质结, 有源区薄层夹在 p 型和 n 型限制层中间. 工作电流通过电极注入有源区, 实现粒子数反转分布和电子–空穴对的复合发光. 在平行于 pn 结的方向上, 又可以分为宽面结构和条形结构. 整个 pn 结面积上均有电流通过的结构称为宽面结构, 只有 pn 结中部与解理面垂直的条形面积上有电流通过的结构称为条形结构, 条形可以显著降低阈值电流, 是商用 FP 腔激光器的主要方案. 其中, 折射率导引的隐埋异质结构 FP 腔激光器, 其采用禁带宽度大、

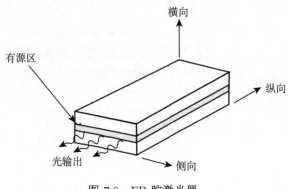

图 7.8   FP 腔激光器

折射率低的材料沿横向和垂直于结的方向将有源区包围起来, 形成良好的增益导引结构, 具有低阈值电流、高输出光功率、高可靠性、稳定的基横模等优点, 是条形结构 FP 腔激光器的常用方案. 这种结构的有源区同时起到光波导的作用, 利用两端晶体的天然解理面作为反射镜, 构成矩形介质波导谐振腔, 并在腔内产生自激振荡. FP 腔激光器通常以边发射方式由谐振腔的一端输出激光. FP 腔激光器是较早商业化的半导体激光器之一, 但这种激光器基本为多纵模工作方式, 进行直接调制时动态谱线展宽明显, 不符合现代大容量、长距离光纤通信传输系统的应用需求.

2. DFB 激光器和 DBR 激光器

DFB 激光器和 FP 腔激光器的主要区别在于没有采用集总式的谐振腔装置, 而是在靠近有源区的波导层上沿长度方向制作布拉格衍射光栅以提供周期性的折射率改变. 激光振荡由周期结构形成的光耦合来实现, 不再依靠解理面构成的谐振腔提供反馈. 该结构一方面充分发挥了布拉格光栅优越的选频功能, 使激射光束具有非常好的单色性; 另一方面由于避免使用晶体解理面作为反射镜, 从而更容易实现器件的集成化. 基于布拉格衍射光栅的 LD 分成 DFB 结构和 DBR 结构两种类型, 分别如图 7.9(a) 和 (b) 所示.

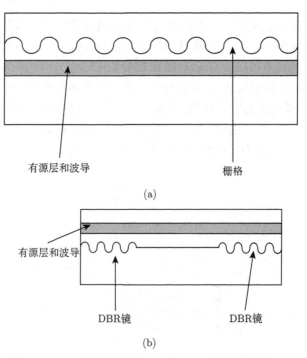

图 7.9　DFB 激光器结构 (a) 和 DBR 激光器结构 (b)

其中 DFB 激光器在有源区介质表面上使用全息光刻术等工艺做出周期性的波纹形成 (布拉格光栅). 注入电流激励介质, 使其满足增益条件. 通常在一侧增加高反射涂层, 另一侧增加抗反射涂层, 以有效地实现单方向的激光输出. DBR 激光器根据波导功能进行分区设计, 光栅的周期性沟槽放在有源波导两外侧的无源波导上, 从而避免了光栅制作过程可能造成的晶格损伤. 有源波导的增益性能和无源周期波导的布拉格反射作用相结合, 只有位于布拉格频率附近的光波才能得到激射. DFB 激光器是大容量、长距离光纤通信系统的优质光源. 其优点包括:

(1) 单纵模工作, 其 m 阶模和 $m+1$ 阶模的间隔通常比激光器的增益谱宽度要大得多, 因而仅有一个激射模能够获得足够的增益, 很容易实现单纵模工作.

(2) 波长选择性, DFB 激光器的发射波长主要由光栅周期决定, 改变光栅周期, 可以改变激光的发射波长.

(3) 线宽窄, 波长稳定性好, 光栅比反射端面有更好的波长选择性, DFB 激光器的发射谱线宽度要窄很多. 例如, 普通 FP 腔激光器的单模线宽为 0.1~0.2nm, 而 DFB 激光器的线宽一般在 0.05~0.08nm.

(4) 高线性度, DFB 激光器具有很好的线性度, 非常适合模拟调制系统, 如有线电视 (CATV) 光纤传输系统.

3. 量子阱激光器

一般半导体激光器有源层厚度为 0.1~0.3μm, 当有源层厚度减薄到玻尔 (Bohr) 半径或德布罗意 (de Broglie) 波长数量级时, 就出现量子尺寸效应, 这时载流子被限制在有源层构成的势阱内, 该势阱称为量子阱, 这导致了自由载流子特性发生重大变化. 由一个势阱构成的量子阱结构为单量子阱 (single quantum well, SQW); 由多个势阱构成的量子阱结构为多量子阱 (multiple quantum well, MQW). 量子阱激光器是有源层非常薄, 而产生量子尺寸效应的异质结半导体激光器. 量子阱激光器在阈值电流、温度特性、调制特性、偏振特性等方面都显示出很大的优越性, 被誉为理想的半导体激光器, 是光电子器件发展的突破口和方向. 量子阱激光器具有阈值电流低、波长可调谐、光谱线宽窄、频率啁啾低、调制速率高、温度稳定性强等优点. 除了常规量子阱激光器以外, 人们还在研究量子线 (在二维上限制载流子的运动) 和量子点 (在三维上限制载流子的运动) 结构, 以获得性能更好的激光器.

4. 垂直腔面发射激光器

垂直腔面发射激光器 (VCSEL) 的结构如图 7.10 所示, 它是一种发射光束方向与芯片表面 (即 pn 结平面) 垂直的激光器. 它的有源区位于两个限制层之间, 组成普通 DH 或 QW 结构. 通过有源区上下方的两个反射面, 在垂直于 pn 结的方向形成激光振荡, 因而称为垂直腔.

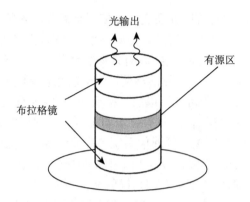

图 7.10   垂直腔面发射激光器的结构

在 VCSEL 中, 腔体由所谓的布拉格反射镜组成, 如图 7.10 所示. 它的有源区通常由几个量子阱夹着几个阻挡层所构成. 布拉格反射镜由几个具有不同折射率的半导体材料组成. 布拉格反射导致了这样的结构有很大的反射率 (约 99.9%), 之所以需要如此高的反射率是因为光在分布式反射镜之间传播时, 其距离非常短. 为了在短距离中能获得足够大的放大, 必须借助于高反射率的布拉格反射镜的帮助.

VCSEL 的优点主要有:

(1) 出射光束为圆形, 发散角小, 很容易与光纤及其他光学元件耦合且效率高.

(2) 可以实现高速调制, 能够应用于长距离、高速率的光纤通信系统.

(3) 有源区体积小, 容易实现单纵模、低阈值的工作.

(4) 电光转换效率可大于 50%, 可期待得到较长的器件寿命.

(5) 容易实现二维阵列, 应用于平行光学逻辑处理系统, 实现高速、大容量数据处理, 并可应用于高功率器件.

(6) 器件在封装前就可以对芯片进行检测, 进行产品筛选, 极大降低了产品的成本.

(7) 可以应用到层叠式光集成电路上, 可采用微机械等技术.

7.2.2   半导体中的电子跃迁

我们现在把前面讨论的二能级系统推广到半导体激光器中的能带间跃迁, 如图 7.11 所示. 为此, 我们引入

f_v: 填充到价带中能态为 E_v 的概率;

f_c: 填充到导带中能态为 E_c 的概率.

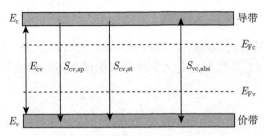

图 7.11 能带和价带之间的电子跃迁

与在二能级系统中使用的方法类似, 我们现在推导半导体激光的跃迁速率. 这里采用对半导体适用的系数符号, 例如, 采用 c, v 而非 1, 2. 速率为

$$S_{\mathrm{spon}} = S_{\mathrm{cv,sp}} = A_{21} f_{\mathrm{c}} \left(1 - f_{\mathrm{v}}\right) \tag{7.16}$$

$$S_{\mathrm{stim}} = S_{\mathrm{cv,st}} = B_{21} f_{\mathrm{c}} \left(1 - f_{\mathrm{v}}\right) \rho(E_{\mathrm{cv}}) \tag{7.17}$$

$$S_{\mathrm{abs}} = S_{\mathrm{cv,abs}} = B_{12} f_{\mathrm{v}} \left(1 - f_{\mathrm{c}}\right) \rho(E_{\mathrm{cv}}) \tag{7.18}$$

假设我们采用费米–狄拉克 (Fermi-Dirac) 统计中的概率

$$f_{\mathrm{v}} = \frac{1}{\exp\left(\dfrac{E_{\mathrm{v}} - E_{\mathrm{Fv}}}{kT}\right) + 1} \tag{7.19}$$

$$f_{\mathrm{c}} = \frac{1}{\exp\left(\dfrac{E_{\mathrm{c}} - E_{\mathrm{Fc}}}{kT}\right) + 1} \tag{7.20}$$

式中, E_{Fc} 和 E_{Fv} 是电子和空穴的准费米能级.

受激辐射超过吸收的条件是

$$S_{\mathrm{stim}} > S_{\mathrm{abs}}$$

于是

$$B_{21} f_{\mathrm{c}} \left(1 - f_{\mathrm{v}}\right) > B_{12} f_{\mathrm{v}} \left(1 - f_{\mathrm{c}}\right)$$

既然系数 B_{21} 和 B_{12} 相等, 将方程 (7.19) 和方程 (7.20) 代入后, 我们得到

$$\exp\left(\frac{E_{\mathrm{v}} - E_{\mathrm{Fv}}}{kT}\right) > \exp\left(\frac{E_{\mathrm{c}} - E_{\mathrm{Fc}}}{kT}\right)$$

该式可以改写为

$$E_{\mathrm{Fc}} - E_{\mathrm{Fv}} > E_{\mathrm{c}} - E_{\mathrm{v}} = h\nu \tag{7.21}$$

上述不等式称为伯纳德–度若佛格 (Bernard-Duraffourg) 条件. 该条件告诉我们, 为了获取激光, 所加的正向偏压必须大于导带与价带之间的能级差.

7.2.3   同质 pn 结

在热平衡和正向偏压条件下, pn 结的能带结构如图 7.12 所示. 在 n 型一侧的电子没有足够的能量跃过势垒到左边去. p 型区域的空穴亦如此. 图 7.12(a) 表明 pn 结在无偏压施加到半导体的情况. 我们在半导体 pn 结上施加一个正向偏压后, 电子和空穴间的势垒差降低了, 如图 7.12(b) 所示.

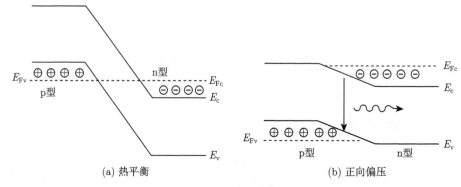

(a) 热平衡   (b) 正向偏压

图 7.12   pn 结的能带结构

正向电压把费米的能级分离了. 因此, 在外部偏置的电压 V_{bias} 下形成两个不同的所谓的准费米能级 E_{Fc} 和 E_{Fv}

$$E_{\mathrm{Fc}} - E_{\mathrm{Fv}} = eV_{\mathrm{bias}} \tag{7.22}$$

由于势垒降低, 电子和空穴可以穿越中央区域, 从而使它们重新结合并产生光子. 然而, 电子和空穴进入中部地区的限制是非常弱的 (没有机制来限制这些载流子). 此外, 也没有对光子进入电子和空穴重组区 (又被称为有源区) 有所限制. 因此, 该载流子和光子之间的相互作用较弱.

7.2.4   异质结构

异质结是将几种不同性质的半导体结合在一起. 最简单的异质结是由两个异质结构成的, 故称为双异质结 (或双异质结构). 形成双异质结的材料具有不同的带隙能量和不同的折射率. 因此, 电子和空穴自然而然地形成了位势阱. 在热平衡和正向偏压条件下双异质 pn 结的能带结构如图 7.13 所示.

下面概括地介绍 InGaAsP 材料的能带隙和折射率.

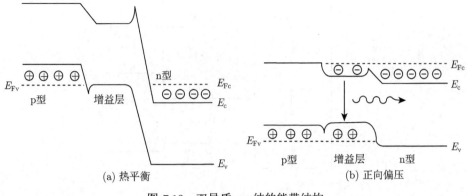

图 7.13 双异质 pn 结的能带结构

1. 能带隙

对于 $In_{1-x}Ga_xAs_yP_{1-y}$ 的系统, 使用组元 x 和 y 构成晶格匹配的 InP 所满足的关系式为

$$x = \frac{0.1894y}{0.4184 - 0.013y} \tag{7.23}$$

在这种情况下, 能带隙是

$$E_{gap}[eV] = 1.35 - 0.72y + 0.12y^2 \tag{7.24}$$

式中, 考虑到额外的关系式 $y \approx 2.20x$ 和 $0 \leqslant x \leqslant 0.47$. 对于这种组分的材料, 能带隙可以覆盖的波长为 $0.92 \sim 1.65\mu m$. 例如, 材料 $In_{0.74}Ga_{0.26}As_{0.57}P_{0.43}$(即 $x = 0.26$, $y = 0.57$) 对应于 $\lambda = 1.27\mu m$ 的能带隙是 $E_g = 0.98eV$.

2. 折射率

如前所述, 折射率和波长的依赖关系可以用谢米尔方程来表述. 对于在通信中重要的波长, 即 $1.3\mu m$ 和 $1.55\mu m$, 和 InP 在晶格上匹配的 $In_{1-x}Ga_xAs_yP_{1-y}$, 其折射率与 y 的依赖关系见表 7.1.

表 7.1 不同成分的折射率

波长	成分 y 的范围	折射率
$\lambda = 1.3\mu m$	$0 \leqslant y \leqslant 0.6$	$\overline{n}(y) = 3.205 + 0.34y + 0.21y^2$
$\lambda = 1.55\mu m$	$0 \leqslant y \leqslant 0.9$	$\overline{n}(y) = 3.166 + 0.26y + 0.09y^2$

在异质结形成的位阱中, 电子和空穴复合激发出光. 由于折射率值的差异, 结的中部有源区具有较大的折射率, 因而既便于构建光传播的平板波导, 又能有效地与载流子相互作用. InGaAsP/InP 异质结的折射率和能带结构如图 7.14 所示.

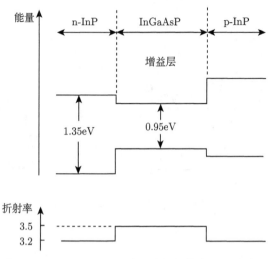

图 7.14　InGaAsP/InP 异质结的折射率和能带结构

7.3　速　率　方　程

激光的动态特性 (如空间均匀分布的激光有源介质, 其反转粒子数和辐射密度) 可以通过一组联立速率方程给以相当精确的描述. 一般说来, 速率方程有助于获取激光输出的总体性能, 如平均功率、峰值功率和阈值条件等. 另外, 激光发射的具体特性, 如光谱、温度和空间分布, 单靠速率方程是不够的. 我们现在就可以对半导体激光器基于速率方程作出最简单的唯象性描述. 器件中有两个子系统: 载流子 (空穴和电子) 和光子起着主要的作用. 它们在所谓的有源区域相互作用, 载流子由于在有源区获得增益实行粒子数反转, 然后复合并受激发射光子. 我们下面分别描述两个子系统, 并先从载流子开始.

在图 7.15 中, 我们用示意图显示低于阈值时激光器的工作模型. 它类似于一个部分注满水的水罐不断地有水流进, 与此同时, 水又不断地流去. 水象征着不断流入的载流子. 与此类似, 并非从电极注入的电流最后都能抵达器件, 它们的一部

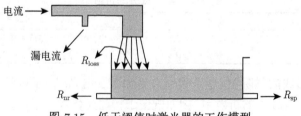

图 7.15　低于阈值时激光器的工作模型

分流失而称为漏电流. 低于阈值时, 载流子未进入器件就已消失殆尽 (R_{loss}), 变成非辐射性的复合和自发辐射 (R_{sp}). 超过阈值 (图 7.16), 就如同水罐不断地被水注满, 对应此时阈值的载流子浓度是 N_{th}. 这时激光器工作于受激辐射的过程, 与此对应的系数是 R_{st}. 下面, 基于上面描绘的景象, 我们将着手建立描述载流子和光子动态的方程.

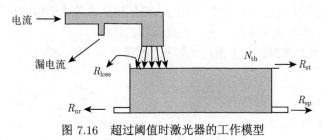

图 7.16 超过阈值时激光器的工作模型

7.3.1 载流子

在激光器中存在着两种载流子为电子和空穴. 它们表达式类似, 但各具不同的参数. 载流子浓度变化的速率受制于下面的方程:

$$\frac{\mathrm{d}N}{\mathrm{d}t} = R_{\text{gener}} - R_{\text{recom}} \tag{7.25}$$

式中, 右方的项代表载流子的激发与复合, 其中载流子的激发决定于

$$R_{\text{gener}} = \eta_{\text{i}} \frac{I}{q \cdot V}$$

其中, V 是有源区的体积; q 是电子的电荷; I 是电流; 内部效率 η_{i} 表示注入总电流中最终能到达有源区并在有源区激发载流子的那部分电流的因子. 方程的另一项即复合项由以下几个部分组成:

$$R_{\text{recom}} = R_{\text{sp}} + R_{\text{nr}} + R_{\text{l}} + R_{\text{st}}$$

式中, R_{sp} 为自发复合速率; R_{nr} 为非辐射复合速率; R_{l} 为载流子泄漏速率; R_{st} 为纯受激复合速率. 复合过程可以唯象地表述为

$$R_{\text{recom}} = \frac{N}{\tau} + v_{\text{g}} g(N) S \tag{7.26}$$

式中, τ 是载流子寿命, v_{g}、$g(N)$ 和 S 分别是光子的群速度、增益和浓度.

7.3.2 光子

令 S 为光子密度, 我们假定光子密度按下式变化:

$$\frac{\mathrm{d}S}{\mathrm{d}t} = \varGamma R_{\mathrm{st}} - \frac{S}{\tau_{\mathrm{p}}} + \varGamma \beta_{\mathrm{sp}} R_{\mathrm{sp}}$$

式中, τ_{p} 为光子寿命; β_{sp} 为自发辐射因子 (光学模式数量的倒数); R_{st} 为受激复合; $\varGamma$ 为受限因子, 即有源层体积与光学模式体积的比值.

考虑到在整个有源区光子密度的增长 (假设 $\varGamma = 1$)

$$S + \Delta S = S e^{g \cdot \Delta z}$$

式中, g 是增益. 如果 $\Delta z \ll 1$, 那么 $e^{g \cdot \Delta z} \approx 1 + g\Delta z$.

利用 $\Delta z = v_{\mathrm{g}} \Delta t$ (v_{g} 为群速度)的关系, 我们发现 $\Delta S = S g \cdot v_{\mathrm{g}} \cdot \Delta t$. 因此, 激发项可以改写为

$$\left(\frac{\mathrm{d}S}{\mathrm{d}t}\right)_{\mathrm{gen}} = R_{\mathrm{st}} = \frac{\Delta S}{\Delta t} = v_{\mathrm{g}} g S$$

最终, 本节的速率方程成为

$$\frac{\mathrm{d}N}{\mathrm{d}t} = \eta_{\mathrm{i}} \frac{I}{qV} - \frac{N}{\tau} - v_{\mathrm{g}} g(N) S \tag{7.27}$$

$$\frac{\mathrm{d}S}{\mathrm{d}t} = \varGamma v_{\mathrm{g}} g(N) S - \frac{S}{\tau_{\mathrm{p}}} + \varGamma \beta_{\mathrm{sp}} R_{\mathrm{sp}} \tag{7.28}$$

由公式可知增益 g 和载流子浓度有关.

7.3.3 速率方程参数

在简单的模型中可以视为常数的一些重要参数其实都是复杂的变量, 例如:

(1) 载流子寿命 τ, 它和载流子浓度关系十分密切. 典型的关系为 $\frac{1}{\tau} = A + BN + CN^2$, 式中, 系数 A 描述非辐射过程; B 与自发复合有关; C 描述的是非辐射的俄歇 (Auger) 复合.

(2) 光子寿命 τ_{p}, 它的关系式是

$$\frac{1}{v_{\mathrm{g}} \tau_{\mathrm{p}}} = \alpha_{\mathrm{i}} + \alpha_{\mathrm{m}} = \varGamma g_{\mathrm{th}}$$

式中, α_{m} 表示反射镜的反射率, 且有 $\alpha_{\mathrm{m}} = \frac{1}{L} \ln \frac{1}{R}$; α_{i} 代表所有的损耗.

速率方程和增益模式中的参数以及它们的典型值见表 7.2.

表 7.2 速率方程和增益模式中的参数以及它们的典型值

标记	描述	数值与单位
N	载流子浓度	cm^{-3}
S	光子密度	cm^{-3}
I	电流	mA
q	基本电荷	$1.602 \times 10^{-19}C$
L	腔体长度	$250\mu m$
w	有源区宽度	$2\mu m$
d	有源区厚度	80Å
η_i	注入有源区电流 I 的部分	0.8
V_{active}	有源区体积	$L \cdot w \cdot d$
τ	载流子寿命	2.71ns
v_g	群速度	c/n_{ref}
n_{ref}	折射率	3.4
τ_p	光子寿命	2.77ps
Γ	限制因子	0.01
β_{sp}	自发辐射因子	10^{-4}
a	差分增益 (线性模式)	$5.34 \times 10^{-16}cm^2$
N_{tr}	透明载流子浓度	$3.77 \times 10^{18}cm^{-3}$
I_{th}	阈值电流	1.11mA
α_m	反射率	$45cm^{-1}$
λ_{ph}	激光波长	$1.3\mu m$

7.3.4 电场速率方程的推导

速率方程是分析半导体激光器动态特性的出发点. 在作具体分析之前, 先来建立电场的速率方程. 我们从波动方程开始推导, 并把重点放在法布里-珀罗激光器上.

$$\nabla^2 \boldsymbol{E}(\boldsymbol{r},t) - \frac{1}{c^2}\frac{\partial^2}{\partial t^2}\boldsymbol{E}(\boldsymbol{r},t) = \mu_0 \frac{\partial^2}{\partial t^2}\boldsymbol{P}(\boldsymbol{r},t) \tag{7.29}$$

假设变量 $\boldsymbol{E}(r,t)$ 被分离成

$$\boldsymbol{E}(\boldsymbol{r},t) = \boldsymbol{a}E_t(x,y)\sin(\beta_z z)E(t)e^{i\omega t} \tag{7.30}$$

式中, $\boldsymbol{a}$ 是表征偏振的单位矢量; β_z 是 z 方向的传播常数. 横向电场 $E_t(x,y)$ 遵循下列方程:

$$\left(\frac{\partial^2}{\partial x^2} + \frac{\partial^2}{\partial y^2}\right)E_t(x,y) = -\kappa_t^2 E_t(x,y) \tag{7.31}$$

我们进一步假设 $E(t)$ 与 $e^{i\omega t}$ 相比变化非常缓慢. 把方程 (7.30) 代入方程 (7.29), 忽略时间上变化非常快的项, 并利用方程 (7.31), 于是, 我们得到

$$\left\{\kappa_t^2 - \beta_z^2 - \frac{1}{c^2}\left[2i\omega\frac{\partial E(t)}{\partial t} - \omega^2 E(t)\right]\right\}\boldsymbol{a}E_t(x,y)\sin(\beta_z z)e^{i\omega t} = \mu_0\frac{\partial^2}{\partial t^2}\boldsymbol{P}(\boldsymbol{r},t)$$

为了评估方程右边的项, 我们需要考虑极化矢量和极化率之间的外部关系

$$\boldsymbol{P}(\boldsymbol{r},t) = \varepsilon_0 \int \chi(\boldsymbol{r},t')E(\boldsymbol{r},t-t')\mathrm{d}t' \qquad (7.32)$$

式中, $E(\boldsymbol{r},t-t')$ 是由方程 (7.30) 给出的. 由于 $E(t)$ 在时间上变化缓慢, 我们可以把它沿 t 展开成泰勒 (Taylor) 级数. 函数 $f(x)$ 在 a 附近通用的泰勒展开是 $f(x) = f(a) + \dfrac{\mathrm{d}f}{\mathrm{d}x}(x-a)$. 对于我们的情况, 把 $x = t-t'$ 和 $a = t$ 代入泰勒展开, 得到

$$E(t-t') \approx E(t) + \frac{\mathrm{d}E(t)}{\mathrm{d}t}(-t')$$

因此, 整个电场为

$$E(\boldsymbol{r},t-t') = E_{\mathrm{t}}(x,y)\sin\left(\beta_z z\right)E(t-t')\mathrm{e}^{\mathrm{i}\omega(t-t')}$$

把 $E(t-t')$ 最后结果和泰勒展开代入极化矢量 (7.32) 的表示式, 最终得到 $E(t)$ 的波动方程

$$\left[-\beta_0^2 + \frac{\omega^2}{c^2}\varepsilon_{\mathrm{r}}(\omega)\right]E(t) - \frac{2\mathrm{i}\omega}{c^2}\left[\varepsilon_{\mathrm{r}}(\omega) + \frac{1}{2}\omega\frac{\mathrm{d}\varepsilon_{\mathrm{r}}(\omega)}{\mathrm{d}\omega}\right]\frac{\mathrm{d}E(t)}{\mathrm{d}t} = 0 \qquad (7.33)$$

式中, $\varepsilon_{\mathrm{r}}(r,\omega) = 1 + \chi(r,\omega)$. 极化率的傅里叶变换为 (我们忽略掉 $\boldsymbol{r}$ 的变化)

$$\chi(\omega) = \int \mathrm{d}t'\chi(t')\mathrm{e}^{-\mathrm{i}\omega t'}$$

为了考虑各种不同的物理效应, 我们将极化率进一步分解为几个子项

$$\chi(\omega) = 1 + \chi_{\mathrm{b}} + \chi_{\mathrm{p}} - \mathrm{i}\chi_{\mathrm{loss}}$$

式中, 第一项 $\chi_{\mathrm{b}} = \chi'_{\mathrm{b}} + \mathrm{i}\chi''_{\mathrm{b}}$ 源于无抽运泵作用前的本底贡献; 第二项 $\chi_{\mathrm{p}} = \chi'_{\mathrm{p}} + \mathrm{i}\chi''_{\mathrm{p}}$ 是由抽运泵引起的; 最后一项 χ_{loss} 计算的是损耗. 相对介电常数写成 (不考虑参量的依赖关系) $\varepsilon_{\mathrm{r}} = \varepsilon'_{\mathrm{r}} + \mathrm{i}\varepsilon''_{\mathrm{r}}$. 其中, ε_{r} 的实数部分可以用折射率来近似, $\varepsilon'_{\mathrm{r}} = (\overline{n}_0 + \Delta\overline{n}_{\mathrm{p}})^2 \approx \overline{n}_0^2 + 2\overline{n}_0\Delta\overline{n}_{\mathrm{p}}$, 式中, $\overline{n}_0$ 是无抽运泵作用前的本底折射率, 而 $\Delta\overline{n}_{\mathrm{p}}$ 是抽运泵造成的变化. 利用上述结果, ε_{r} 变成以下形式:

$$\begin{aligned}\varepsilon_{\mathrm{r}} &= \varepsilon'_{\mathrm{r}} + \mathrm{i}\varepsilon''_{\mathrm{r}} \approx \overline{n}_0^2 + 2\overline{n}_0\Delta\overline{n}_{\mathrm{p}} + \mathrm{i}\varepsilon''_{\mathrm{r}} \\ &= 1 + \chi'_{\mathrm{b}} + \chi'_{\mathrm{p}} + \mathrm{i}\left(\chi''_{\mathrm{b}} + \chi''_{\mathrm{p}} - \chi_{\mathrm{loss}}\right)\end{aligned} \qquad (7.34)$$

为了更简洁, 我们使用了以下的恒等式:

$$1 + \chi'_{\mathrm{b}} = \overline{n}_0^2$$

$$\chi'_{\mathrm{p}} = 2\overline{n}_0\Delta\overline{n}_{\mathrm{p}}$$

$$\chi''_{\mathrm{b}} + \chi''_{\mathrm{p}} - \chi_{\mathrm{loss}} = \varepsilon''_{\mathrm{r}}$$

利用以上关系, 又考虑到振幅 $E(t)$ 变化缓慢, 因而方程 (7.33) 变为

$$\frac{\omega^2}{c^2}\varepsilon_{\mathrm{r}}(\omega) - \beta_0^2 = \frac{\omega^2 - \omega_0^2}{c^2}\overline{n}_0^2 + \frac{\omega^2}{c^2}\chi_{\mathrm{p}}' + \mathrm{i}\frac{\omega^2}{c^2}\left(\chi_{\mathrm{b}}'' + \chi_{\mathrm{p}}'' - \chi_{\mathrm{loss}}\right) \qquad (7.35)$$

这里我们利用了近似关系

$$\beta_0 \approx \frac{\omega_0}{c}\overline{n}_0$$

本底和抽运泵磁化率的虚数部分与增益经由一个经验公式

$$\frac{\omega}{c\overline{n}_0}\left(\chi_{\mathrm{b}}'' + \chi_{\mathrm{p}}''\right) = \varGamma g(N)$$

产生关联, 式中, $g(N)$ 是增益. 另外, 我们假设

$$\chi_{\mathrm{loss}} = \frac{\omega}{c\overline{n}_0}\alpha_{\mathrm{loss}}$$

借助于最后两个关系, 方程 (7.35) 给出的项可以表示为

$$\frac{\omega^2}{c^2}\varepsilon_{\mathrm{r}}(\omega) - \beta_0^2 = \frac{\omega^2 - \omega_0^2}{c^2}\overline{n}_0^2 + \frac{\omega^2}{c^2}2\overline{n}_0\Delta\overline{n}_p + \mathrm{i}\frac{\omega\overline{n}_0}{c}\left[\varGamma g(N) - \alpha_{\mathrm{loss}}\right]$$

利用 $\overline{n}^2(\omega) = \varepsilon_{\mathrm{r}}(\omega)$, 在方程 (7.33) 中的色散项可以评估为

$$\begin{aligned}\varepsilon_{\mathrm{r}}(\omega) + \frac{1}{2}\omega\frac{\mathrm{d}\varepsilon_{\mathrm{r}}(\omega)}{\mathrm{d}\omega} &= \overline{n}^2(\omega) + \frac{1}{2}\omega\overline{n}(\omega)\frac{\mathrm{d}\overline{n}(\omega)}{\mathrm{d}\omega} \\ &= \overline{n}(\omega) + \omega\overline{n}_{\mathrm{g}}(\omega)\end{aligned} \qquad (7.36)$$

式中, 我们把群指数 $\overline{n}_{\mathrm{g}}(\omega)$ 定义为

$$\overline{n}_{\mathrm{g}}(\omega) = \overline{n}(\omega) + \omega\frac{\mathrm{d}\overline{n}(\omega)}{\mathrm{d}\omega} \qquad (7.37)$$

利用关系 (7.35) 和 (7.36), 方程 (7.33) 成为

$$\frac{\mathrm{d}E(t)}{\mathrm{d}t} = \left\{-\mathrm{i}\left(\omega - \omega_0\right)\frac{\overline{n}_0}{\overline{n}_{\mathrm{g}}} - \mathrm{i}\frac{\omega}{\overline{n}_{\mathrm{g}}}\Delta\overline{n}_p + \frac{1}{2}v_{\mathrm{g}}\left[\varGamma g(N) - \alpha_{\mathrm{loss}}\right]\right\}E(t) \qquad (7.38)$$

式中, 我们作了近似处理, 使 $\omega^2 - \omega_0^2 = \left(\omega - \omega_0\right)\left(\omega + \omega_0\right) \approx 2\omega\left(\omega - \omega_0\right)$ 以及 $\dfrac{\overline{n}_0(\omega)}{\overline{n}(\omega)} \approx 1$, 并使用了关系式 $\dfrac{c}{\overline{n}_{\mathrm{g}}} = v_{\mathrm{g}}$.

7.4 调制特性分析

在实际应用中, 光脉冲是受半导体激光器的电流调制的. 半导体激光器典型的光–电 (L-I) 特性如图 7.17 所示. 这里展示了一个在几个不同温度时的光输出功率–直流电流 (L-I) 特性曲线. 我们看到光功率在左边有一个平直区域直到所谓的阈值, 然后突然上升.

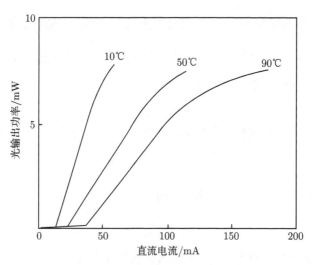

图 7.17   不同温度时激光器的光输出功率–直流电流特性的示意图

阈值电流 I_{th} 是正向的注入电流. 在起始阶段, 在激光腔体中的光增益与损耗相等. 超过阈值后, 在从电向光转换的过程中起决定性作用的是受激辐射. 低于阈值时, 产生光发射的是自发辐射, 其特性 (速度、波谱及效率) 与发光二极管 (LED) 相似.

在图 7.18 中, 我们用图解法说明半导体激光器直接调制的原理. 半导体激光器既简单又廉价, 而且不需要其他的部件. 直接调制的缺点是最终脉冲是相当啁啾的.

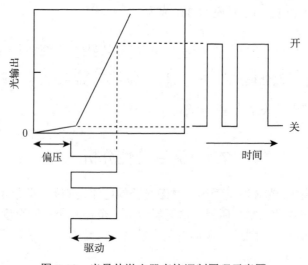

图 7.18   半导体激光器直接调制原理示意图

7.4.1 调制制式

文献中可以看到各种不同的调制制式. 具体的分析请查阅以下作者编写的书籍: Keiser, Liu, Binh, Ramaswami 和 Sivarajan. 这里仅讨论如图 7.19 和图 7.20 所示的两种重要的情况. 光脉冲强度若大于零, 数字制式中代表逻辑 1, 反之为逻辑 0. 在归零 (RZ) 制式中, 信号上冲到一定数值然后很快掉回到零 (图 7.19). 每个比特都有它对应的时间 T. 在 RZ 制式中, 脉冲占据留给每个比特时隙的一半, 如图 7.19 所示. 该图还给出它的功率谱. 既然大部分的信号功率处于低频段, 因此 RZ 的信号发射时, 其带宽为 $\dfrac{2}{T}$ Hz. 在非归零 (NRZ) 制式中, 脉冲占据整个留给每个比特的时隙. NRZ 脉冲是 RZ 脉冲长度的两倍. 在 NRZ 调制的制式中, 发射一连串 1 的信号时, 光强保持在高位, 其带宽是 $1/T$, 仅是 RZ 制式所需值的一半.

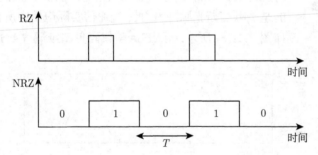

图 7.19 调制模式 RZ 和 NRZ 的比较 (比特数字流是 01010)

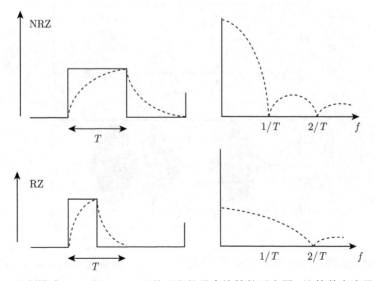

图 7.20 调制模式 (RZ 和 NRZ) 及其对应的带宽比较的示意图 (比特数字流是 01010)

为了编码, 驱动半导体激光器的实际电流脉冲的形式是

$$I(t) = \begin{cases} 0, & t < 0 \\ I_{\mathrm{m}}\left[1 - \exp\left(-t/t_{\mathrm{r}}\right)\right], & 0 \leqslant t \leqslant T' \\ I_{\mathrm{m}}\exp\left[-(t-T)/t_{\mathrm{r}}\right], & t < T' \end{cases} \tag{7.39}$$

式中, I_{m} 是调制峰值; t_{r} 决定脉冲上升时间; 对于 NRZ 编码制式 $T' = T$, 而对于 RZ 编码制式 $T' = T/2$. 偏置电流 I_{bias} 大约是激光器阈值电流的 1.1 倍.

7.4.2　波形的建立

二维码 7A.1

　　在实际光电系统中, 决定采用何种调制制式时需要考虑产生的波形能否合成各种不同的脉冲波形. 图 7.21(a) 表示一特定逻辑组合对应的单个高斯脉冲, 图 7.21(b) 所示为此逻辑组合对应的高斯脉冲序列 (波形). 但是, 考虑到半导体激光器发射的是啁啾高斯光脉冲, 因此, 光通信实际应用中所使用的信号应如图 7.21(c) 所示. MATLAB 代码见**二维码 7A.1**.

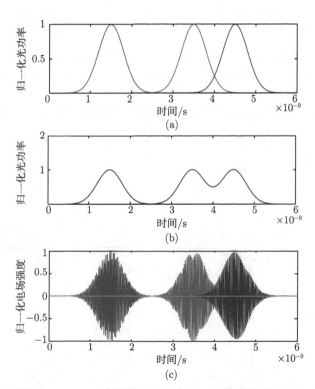

图 7.21　逻辑组合 010110 对应的单个高斯脉冲 (a)、高斯脉冲序列 (b) 及发射的
啁啾高斯光脉冲 (c)

另一种在 NRZ 制式中用作驱动半导体激光器的电流波形可以表示为

$$J_{\text{mod}}(t) = \begin{cases} I_{\text{bias}} + I_{\text{m}}\left(1 - e^{-2.2t/\tau_{\text{r}}}\right) & (\text{当下的比特为 1, 前面为 0}) \\ I_{\text{bias}} + I_{\text{m}}e^{-2.2t/\tau_{\text{r}}} & (\text{当下的比特为 0, 前面为 1}) \\ I_{\text{bias}} & (\text{当下的比特为 0, 前面为 0}) \\ I_{\text{bias}} + I_{\text{m}} & (\text{当下的比特为 1, 前面为 1}) \end{cases} \tag{7.40}$$

其典型的结果如图 7.22 所示.

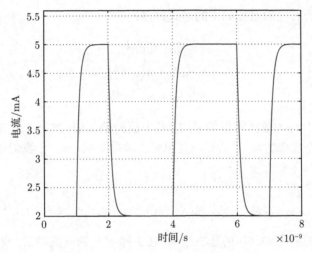

图 7.22 在 NRZ 制式中产生的 8bit 图

我们利用前面讨论的速率方程来讨论半导体激光器的动态特性. 下面先从它的稳态特性开始.

7.4.3 稳态分析

在稳态条件下, 我们有

$$\frac{\mathrm{d}N}{\mathrm{d}t} = \frac{\mathrm{d}S}{\mathrm{d}t} = 0$$

于是, 速率方程变成

$$\eta_{\text{i}}\frac{I_0}{qV} - \frac{N_0}{\tau} - v_{\text{g}}g(N_0)S_0 = 0 \tag{7.41}$$

以及

$$\Gamma v_{\text{g}}g(N_0)S_0 - \frac{S_0}{\tau_{\text{p}}} + \Gamma\beta_{\text{sp}}R_{\text{sp}} = 0 \tag{7.42}$$

如果忽略方程 (7.42) 中小的自发辐射项, 我们得到如下的光子寿命的表示式:

$$\frac{1}{\tau_{\text{p}}} = \Gamma v_{\text{g}}g(N_0) \tag{7.43}$$

7.4.4　线性增益模式的小信号分析

忽略自发辐射, 并利用线性增益模式, 其增益表示式为 $g = a\,(N - N_{\mathrm{tr}})$, 我们得到

$$\frac{\mathrm{d}N}{\mathrm{d}t} = \eta_{\mathrm{i}}\frac{I}{qV} - \frac{N}{\tau} - v_{\mathrm{g}}a\,(N - N_{\mathrm{tr}})\,S \tag{7.44}$$

而且

$$\frac{\mathrm{d}S}{\mathrm{d}t} = \Gamma v_{\mathrm{g}}a\,(N - N_{\mathrm{tr}})\,S - \frac{S}{\tau_{\mathrm{p}}} \tag{7.45}$$

假设所有与时间有关的量按如下的形式振荡:

$$I = I_0 + i(\omega)\mathrm{e}^{\mathrm{i}\omega t}$$
$$N = N_0 + n(\omega)\mathrm{e}^{\mathrm{i}\omega t}$$
$$S = S_0 + s(\omega)\mathrm{e}^{\mathrm{i}\omega t}$$

式中, ω 是外部 (小) 微扰的角频率; I_0 是电流的偏压值; N_0 和 S_0 是稳态时的解. 代入本节第一个速率方程 (7.42), 而且忽略二级项 $(n(\omega)s(\omega))$, 我们得到

$$\mathrm{i}\omega n(\omega)\mathrm{e}^{\mathrm{i}\omega t} = \frac{\eta_i}{qV}\left[I_0 + i(\omega)\mathrm{e}^{\mathrm{i}\omega t}\right] - \frac{N_0}{\tau} - \frac{1}{\tau}n(\omega)\mathrm{e}^{\mathrm{i}\omega t}$$
$$- v_{\mathrm{g}}a\left[(N_0 - N_{\mathrm{tr}})\,S_0 + (N_0 - N_{\mathrm{tr}})\,s(\omega)\mathrm{e}^{\mathrm{i}\omega t} + S_0 n(\omega)\mathrm{e}^{\mathrm{i}\omega t}\right] + O(n^2)$$

利用光子寿命表示式 (7.43) 的稳态结果, 在去除 $\mathrm{e}^{\mathrm{i}\omega t}$ 的有关项后, 我们终于得到

$$\mathrm{i}\omega n(\omega) = \frac{\eta_i}{qV}i(\omega) - \frac{n(\omega)}{\tau} - \frac{s(\omega)}{\Gamma\tau_{\mathrm{p}}} - v_{\mathrm{g}}aS_0 n(\omega) \tag{7.46}$$

光子的第二个方程可以用类似的步骤得到. 代入小信号的表示式, 不计二次项, 采用光子寿命的表示式, 并去除共同因子 $\mathrm{e}^{\mathrm{i}\omega t}$, 我们得到

$$\mathrm{i}\omega s(\omega) = \Gamma v_{\mathrm{g}}aS_0 n(\omega) \tag{7.47}$$

由上式, 我们可以确定定义为

$$M(\omega) = \frac{s(\omega)}{i(\omega)}$$

的调制响应. 由方程 (7.47) 找出 $n(\omega)$ 然后代入方程 (7.46), 于是得到

$$\frac{s(\omega)}{i(\omega)} = \frac{\dfrac{\eta_i}{eV}\Gamma v_{\mathrm{g}}aS_0}{D(\omega)}$$

式中, $D(\omega)$ 是由下式给出的:

$$D(\omega) = -\omega^2 + \mathrm{i}\omega\left(\frac{1}{\tau} + v_{\mathrm{g}}aS_0\right) + \frac{v_{\mathrm{g}}aS_0}{\tau_{\mathrm{p}}}$$

将响应函数 (调制响应的绝对值) 定义为

$$r(\omega) = \left| \frac{s(\omega)}{i(\omega)} \right| = \frac{\frac{\eta_i}{eV} \Gamma v_g a S_0}{|D(\omega)|}$$

如果我们改写 $D(\omega) = a + ib$, 则 $|D(\omega)|^2 = a^2 + b^2$, 因此

$$|D(\omega)|^2 = \left(\omega^2 - \frac{v_g a S_0}{\tau_p} \right)^2 + \omega^2 \left(\frac{1}{\tau} + v_g a S_0 \right)^2$$

我们会发现响应函数在频率 f_R 时会出现极大值. 为了找出该频率, 需要对 $\frac{\partial |D(\omega)|^2}{\partial \omega^2}$ 求导并使之为零. 确切地说

$$\left. \frac{\partial |D(\omega)|^2}{\partial \omega^2} \right|_{\omega = \omega_R} = -2 \left(\frac{v_g a S_0}{\tau_p} - \omega_R^2 \right) + \left(\frac{1}{\tau} + v_g a S_0 \right)^2 = 0$$

于是

$$\omega_R^2 = \frac{v_g a S_0}{\tau_p} - \frac{1}{2} \left(\frac{1}{\tau} + v_g a S_0 \right)^2 \tag{7.48}$$

它被称为弛豫振荡频率, 代表着光子和载流子之间交换能量的速率.

在方程 (7.48) 中的第二项通常非常小, 可以被忽略不计, 因此弛豫振荡频率可以近似为

$$\omega_R = \sqrt{\frac{1}{\tau_p} \frac{S_0 v_g a}{1 + \varepsilon S_0}} \tag{7.49}$$

为了估算弛豫振荡频率的大小, 我们假设 $L = 250\mu m$, 光子寿命 $\tau_p \approx 10^{-12}s$, 以及载流子的寿命 $\tau \approx 4 \times 10^{-9}s$. 我们计算发现, ω_R 的数值大约在 $10^9 s^{-1}$. 因此, 零级表示式是非常好的近似. 图 7.23 为按小信号分析得到的半导体激光器的调制特性. MATLAB 代码见**二维码 7A.2**.

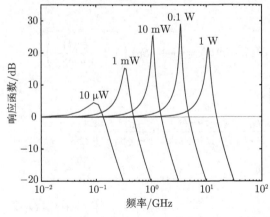

二维码 7A.2

图 7.23 按小信号分析得到的半导体激光器的调制特性

7.4.5   增益饱和时的小信号分析

让我们重温 7.4.4 节讨论过的速率方程

$$\frac{\mathrm{d}N}{\mathrm{d}t} = \eta_\mathrm{i}\frac{I}{qV} - \frac{N}{\tau} - v_\mathrm{g}g(N)S \tag{7.50}$$

$$\frac{\mathrm{d}S}{\mathrm{d}t} = \Gamma v_\mathrm{g}g(N)S - \frac{S}{\tau_\mathrm{p}} + \beta_\mathrm{sp}R_\mathrm{sp} \tag{7.51}$$

采用小信号的假设

$$I(t) = I_0 + i(t)$$
$$N(t) = N_0 + n(t)$$
$$S(t) = S_0 + s(t)$$

另外, 建立一个增益模型, 包括如下的饱和状态:

$$g(n) = \frac{g_0 + g'(N - N_0)}{1 + \epsilon S}$$

式中, $g' = \left.\dfrac{\partial g}{\partial N}\right|_{N=N_0}$ 是在 $N = N_0$ 时计算的差分增益, 而 $g_0 = g(N_0)$. 增益压缩参数 ϵ 的数值较小, 而且项 ϵS 即使在非常强的光功率的情况下也很小. 这一项对直流特性的影响很小, 可以忽略不计, 但是对半导体激光器的动态特性影响十分显著, 原因在于激光器的动态特性取决于增益和腔体损耗之间的差值, 其往往只有百分之几. 因此, 即使 ϵ 带来微小的增益压缩, 也会产生显著的效果. 下面我们来估计增益压缩项

$$1 + \epsilon S = 1 + \epsilon(S_0 + s(t)) = (1 + \epsilon S_0)\left(1 + \frac{\epsilon s(t)}{1 + \epsilon S_0}\right)$$

基于以上结果, 增益可以近似为

$$g(n) = \frac{g_0}{1 + \epsilon S_0} + \frac{g'n(t)}{1 + \epsilon S_0} - \frac{g_0}{1 + \epsilon S_0}\frac{\epsilon s(t)}{1 + \epsilon S_0} \tag{7.52}$$

利用以上结果, 受激辐射项变成

$$g(n)S = \frac{g_0 S_0}{1 + \epsilon S_0} + \frac{g' S_0}{1 + \epsilon S_0}n(t) - \frac{g_0 S_0}{(1 + \epsilon S_0)^2}\epsilon s(t) + \frac{g_0}{1 + \epsilon S_0}s(t) + O(s^2) \tag{7.53}$$

和过去一样, 下面的分析可以分成两个部分: 直流分析和交流分析.

1. 直流分析

假设在速率方程中 $\dfrac{\mathrm{d}}{\mathrm{d}t} = 0$, 我们得到

$$\eta_{\mathrm{i}} \frac{I_0}{qV} - \frac{N_0}{\tau} - v_{\mathrm{g}} \frac{g_0 S_0}{1 + \epsilon S_0} = 0$$

$$\Gamma v_{\mathrm{g}} \frac{g_0 S_0}{1 + \varepsilon S_0} - \frac{S_0}{\tau_{\mathrm{p}}} + \Gamma \beta_{\mathrm{sp}} R_{\mathrm{sp}} = 0$$

忽略自发辐射 $(\beta_{\mathrm{sp}} = 0)$, 由第二项我们得到光子寿命 τ_{p} 的表示式

$$\frac{1}{\tau_{\mathrm{p}}} = \Gamma v_{\mathrm{g}} \frac{g_0}{1 + \epsilon S_0} \tag{7.54}$$

2. 交流分析

将小信号的假设代入速率方程, 利用受激辐射方程 (7.53) 的近似表达式并消除直流项, 结果得到

$$\frac{\mathrm{d}n(t)}{\mathrm{d}t} = \eta_{\mathrm{i}} \frac{i(t)}{qV} - \frac{n(t)}{\tau} - \frac{v_{\mathrm{g}} g' S_0}{1 + \epsilon S_0} n(t) + \frac{1}{\tau_{\mathrm{p}} \Gamma} \frac{S_0}{1 + \epsilon S_0} \epsilon s(t) - \frac{1}{\tau_{\mathrm{p}} \Gamma} s(t)$$

$$\frac{\mathrm{d}s(t)}{\mathrm{d}t} = \frac{\Gamma v_{\mathrm{g}} g' S_0}{1 + \epsilon S_0} n(t) - \frac{1}{\tau_{\mathrm{p}}} \frac{S_0}{1 + \epsilon S_0} \epsilon s(t)$$

在上面的方程中我们利用了表示式 (7.54). 上述方程可以使用矩阵的形式

$$\frac{\mathrm{d}}{\mathrm{d}t} \begin{bmatrix} n(t) \\ s(t) \end{bmatrix} + \begin{bmatrix} A & B \\ -C & D \end{bmatrix} \begin{bmatrix} n(t) \\ s(t) \end{bmatrix} = \begin{bmatrix} \eta_{\mathrm{i}} \dfrac{i(t)}{qV} \\ 0 \end{bmatrix}$$

式中

$$A = \frac{1}{\tau} + \frac{v_{\mathrm{g}} S_0 g'}{1 + \epsilon S_0}, \quad B = \frac{1}{\tau_{\mathrm{p}} \Gamma} - \frac{1}{\tau_{\mathrm{p}} \Gamma} \frac{S_0}{1 + \epsilon S_0} \epsilon, \quad C = \frac{\Gamma v_{\mathrm{g}} S_0 g'}{1 + \epsilon S_0}, \quad D = \frac{1}{\tau_{\mathrm{p}}} \frac{S_0}{1 + \epsilon S_0} \epsilon$$

假设时谐关系为 $\exp(\mathrm{i}\omega t)$, 于是矩阵方程变成

$$\begin{bmatrix} \mathrm{i}\omega + A & B \\ -C & \mathrm{i}\omega + D \end{bmatrix} \begin{bmatrix} n(t) \\ s(t) \end{bmatrix} = \begin{bmatrix} \eta_{\mathrm{i}} \dfrac{i(t)}{qV} \\ 0 \end{bmatrix}$$

求解上述方程, 我们得到调制响应如下所示:

$$\frac{s(t)}{i(t)} = \eta_{\mathrm{i}} \frac{1}{qV} \frac{C}{H(\omega)}$$

式中
$$H(\omega) = (\mathrm{i}\omega + A)(\mathrm{i}\omega + D) + CB$$

函数 $H(\omega)$ 可以写成
$$H(\omega) = -\omega^2 + \mathrm{i}\omega\gamma + \omega_{\mathrm{R}}^2$$

式中, ω_{R} 是弛豫振荡频率; γ 是阻尼因子. 我们把调制响应 $r(\omega)$ 定义为
$$r(\omega) = \frac{H(\omega)}{H(0)}$$

三个不同 ε 数值的响应 $r(\omega)$ 如图 7.24 所示. 图 7.24 表明增益压缩参数 ε 对响应函数的影响是明显的. MATLAB 代码见**二维码 7A.3**.

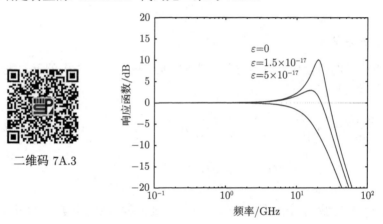

二维码 7A.3

图 7.24　增益压缩参数 ε 对响应函数的影响

7.4.6　量子阱激光器的大信号分析

量子阱激光器是半导体激光二极管的一种. 它的有源区特别狭窄, 以至于量子效应应运而生. 这种由化合物半导体构成的激光器的效率高, 比常规半导体激光二极管发出更短的波长. 无自发辐射的主要方程是

$$\frac{\mathrm{d}N}{\mathrm{d}t} = \eta_{\mathrm{i}} \frac{I}{qV} - \frac{N}{\tau} - v_{\mathrm{g}} g\,(N) \cdot S \tag{7.55}$$

$$\frac{\mathrm{d}S}{\mathrm{d}t} = \varGamma \cdot v_{\mathrm{g}} g\,(N) \cdot S - \frac{S}{\tau_{\mathrm{p}}} \tag{7.56}$$

前面已经解释过所有的数学符号及其数值, 详见表 7.2.

矩形电流的典型结果如图 7.25 所示. MATLAB 代码见**二维码 7A.4**.

人们观察到, 当忽略光子速率方程中的自发辐射项时, 如果 $t \to \infty$, 光子密度的变化趋近于零 (稳态值), 这也从稳态分析中得到验证.

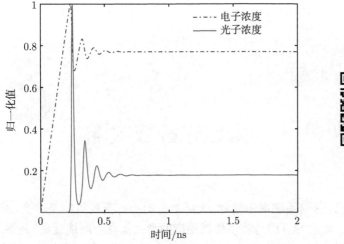

二维码 7A.4

图 7.25 在 $t = 0$ 时施加矩形电流脉冲时大信号速率方程的数值解

图中计算的是归一化的电子浓度 $N(t)$ 和光子浓度 $S(t)$ 对大脉冲的响应

7.5 习 题

1. 什么是粒子数反转分布?

2. 构成激光器必须具备哪些功能部件?

3. 异质结激光器是怎样降低阈值电流的?

4. 利用方程 (7.23) 和方程 (7.24)以及波长 λ 与能带隙 E_{gap} 之间的关系式 $\lambda = \dfrac{1.24}{E_g}\mu m$, 设计一个波长 λ 为 $1.50\mu m$ 的 InGaAsP 的异质结半导体激光器, 即确定 Ga 和 As 的组分 x 和 y, 以及 In 和 P 的组分 $1 - x$ 和 $1 - y$.

C hapter 8 第 8 章

掺铒光纤放大器

当光信号在光纤通信系统中传输时, 光纤本身的固有损耗机制及转换、耦合和连接等引起的损耗, 都会导致信号随着传播距离的增大而在不断地衰减, 最终, 经过一段长距离后, 由于信号太弱而无法接收. 在光放大器出现之前, 无法在光域直接对光信号进行放大, 只能在中继距离处把光信号转变为电信号, 经放大整形、判决再生后再经电光转换变成波形好、功率大的光信号进一步传输. 光放大器出现以后, 人们可以在光纤通信系统中每隔一段距离插入一个光放大器, 这样就能把光信号的幅度直接放大, 达到抵消在光纤中的传播损耗的目的. 光放大器技术极大地推动了光纤通信的发展, 在光通信领域中具有里程碑的意义. 光放大器一般可以分为光纤光放大器和半导体光放大器 (semiconductor optical amplifier, SOA) 两种. 半导体光放大器本质上是无反射镜的激光器, 所以它不产生激光, 只放大激光. 光纤光放大器还可以分为掺铒 (Er) 光纤放大器 (EDFA)、掺镨 (Pr) 光纤放大器以及拉曼光纤放大器 (RFA) 等几种. 其中掺铒光纤放大器工作于 1550nm 波长, 已经广泛应用于光纤通信系统中. 掺镨光纤放大器可以工作于 1310nm 波长. 拉曼光纤放大器的原理是基于光纤中的非线性效应: 受激拉曼散射 (SRS) 效应, 主要应用于需要分布式放大的场合. 拉曼光纤放大器固有的全波段可放大特性和可利用传输光纤做在线放大的优点使其进一步受到广泛关注. 表 8.1 给出 EDFA 和 SOA 的有关特性参数.

表 8.1 EDFA 和 SOA 的有关特性参数

放大器特性	EDFA	SOA
有源介质	硅中掺 Er^{3+}	半导体中的电子–空穴对
典型长度	几米	$500\mu m$
抽运方式	光学方式	电学方式
增益谱	$1.5 \sim 1.6\mu m$	$1.3 \sim 1.5\mu m$
增益带宽	$24 \sim 35nm$	$100nm$
弛豫时间	$0.1 \sim 1ms$	$< 10 \sim 100ps$
最大增益	$3 \sim 50dB$	$25 \sim 30dB$
饱和功率	$> 10dBm$	$0 \sim 10dBm$
串话	—	比特率 10GHz
偏振	不敏感	敏感
噪声	$3 \sim 4dB$	$6 \sim 8dB$
插入损耗	$< 1dB$	$4 \sim 6dB$

8.1 一般特性

20 世纪 90 年代初期掺铒光纤放大器研制成功, 使光信号可以直接进行放大, 突破了原有的光/电/光模式对光信号进行放大的限制, 给光纤通信带来了革命性的变化. 目前, 掺铒光纤放大器是性能最佳、技术最成熟、应用最广泛的光放大器. 光放大器的放大与激光的过程一样, 都是通过受激辐射完成的. 本节讨论的掺铒光纤放大器主要由掺铒光纤和泵浦激光器两部分组成. 掺铒光纤放大器工作在 1550nm 波长, 而掺镨光纤放大器用于 1310 nm 波长的放大. 光纤中掺铒元素 (+3 价) 的亚稳态和基态的能量差正好在 1550nm, 当它吸收泵浦光能量 (980nm 或 1480nm) 后, 电子会从基态跃迁到激发态, 接着释放少量能量转移到亚稳态. 当波长为 1550nm 的光信号通过这段掺铒光纤时, 亚稳态的电子会发生受激辐射效应, 放射出大量同波长的光子. 其原理和激光器相似, 唯一不同的是缺少了激光器中必备的谐振腔. 因此, 我们可以把与激光器类似的特征参数, 如增益、增益谱及带宽等, 应用到光放大器上. 下面将讨论它们中的一些细节.

8.1.1 稳态分析

为了给增益建模, 我们将从匀质的广义二能级系统开始讨论. 该系统的局域增益系数是

$$g\left(\nu, P\right) = \frac{g_0}{1 + \dfrac{(\nu - \nu_0)^2}{\Delta \nu_0^2} + \dfrac{P}{P_{\text{sat}}}} \tag{8.1}$$

式中, g_0 是未饱和增益的峰值; ν_0 是原子跃迁频率; $\Delta\nu_0$ 是 3dB 局域增益带宽; P_{sat} 是饱和功率; P 和 ν 是被放大光信号的功率和频率.

局域增益系数也可以写成

$$g\left(\omega, P\right) = \frac{g_0}{1 + (\omega - \omega_0)^2 T_2^2 + P/P_{\text{sat}}} \tag{8.2}$$

式中, $\omega = 2\pi\nu$ 是角频率; T_2 被称为偶极子弛豫时间.

对于小的信号功率, 我们需要考虑的是 $P \ll P_{\text{sat}}$ 的未饱和功率范围 (如前所述, P_{sat} 是饱和功率). 于是, 局域增益是

$$g\left(\omega\right) = \frac{g_0}{1 + (\omega - \omega_0)^2 T_2^2} \tag{8.3}$$

由上述方程我们可以得出以下结论:

(1) 最大增益出现在角频率 $\omega = \omega_0$ 处.

(2) 当 $\omega \neq \omega_0$ 时, 增益谱可用洛伦兹分布来描述.

(3) 局域增益带宽用最大值一半的全宽度 (FWHM) 来表述

$$\Delta\omega_0 = \frac{2}{T_2} \tag{8.4}$$

局域增益带宽 $\Delta\omega_0$ 定义为局域增益从极大值降到一半值时的两个频率点之间的宽度. 用频率来表示, 它可以改写为

$$\Delta\nu_0 = \frac{\Delta\omega_0}{2\pi} = \frac{1}{\pi T_2} \tag{8.5}$$

假设 $P(z)$ 为距离输入端 z 处的光功率, 它的变化可以表示为

$$\frac{\mathrm{d}P(z)}{\mathrm{d}z} = g(\nu, P) \cdot P(z) \tag{8.6}$$

假设这是一个线性器件 (此时 $P \ll P_{\mathrm{sat}}$), 因此它的局域增益与信号功率无关. 对上述方程积分, 我们得到

$$P(z) = P(0)\, \mathrm{e}^{g \cdot z} \tag{8.7}$$

式中, $P(0) = P_{\mathrm{in}}$ 是信号输入功率. 线性放大器的增益定义为

$$G = \frac{P(L)}{P(0)} \tag{8.8}$$

式中, $P(L) = P_{\mathrm{out}}$ 是输出功率. 由上面的结果, 我们得到

$$G = \frac{P(L)}{P(0)} = \mathrm{e}^{g \cdot L} = \exp\left[\frac{g_0 \cdot L}{1 + \dfrac{(\nu - \nu_0)^2}{\Delta\nu_0^2}}\right] \tag{8.9}$$

利用上面的结果, 我们可以估算放大器的带宽 B_0. 它定义为当功率降低 50%, 也就是 $P_{3\mathrm{dB}} = \dfrac{1}{2}P_{\max}(L)$ 或者 $G_{3\mathrm{dB}} = \dfrac{1}{2}G_{\max}$ 时, 两个频率之间的差值. 其中 $G_{\max}$ 是当 $\nu = \nu_0$ 时的增益极大值. 具体地说

$$\exp\left(\frac{g_0 \cdot L}{1 + \dfrac{B_0^2}{\Delta\nu_0^2}}\right) = \frac{1}{2}\exp\left(\frac{g_0 \cdot L}{1 + \dfrac{0}{\Delta\nu_0^2}}\right) = \frac{1}{2}\exp\left(g_0 \cdot L\right)$$

式中, 我们引入 3dB 带宽 B_0, 于是有 $B_0 = \nu - \nu_0$. 经过简单的代数运算, 由上式我们发现

$$B_0 = \Delta\nu_0 \sqrt{\frac{\ln 2}{g_0 L - \ln 2}} \tag{8.10}$$

显然, 放大器的宏域带宽 B_0 比局域增益带宽 $\Delta\nu_0$ 小.

8.1.2 增益饱和

我们现在分析当信号功率变大因而饱和效应变得重要时的增益. 假设 $\omega = \omega_0$, 把方程 (8.2) 代入方程 (8.6), 得到

$$\frac{\mathrm{d}P}{\mathrm{d}z} = \frac{g_0 P}{1 + P/P_{\text{sat}}} \tag{8.11}$$

引入新变量 $u = P/P_{\text{sat}}$ 对上式进行积分, 我们得到

$$\int_{u_{\text{in}}}^{u_{\text{out}}} \frac{1+u}{u} \mathrm{d}u = \int_0^L g_0 \mathrm{d}z$$

式中, $u_{\text{in}} = P_{\text{in}}/P_{\text{sat}}$; $u_{\text{out}} = P_{\text{out}}/P_{\text{sat}}$; P_{in}, P_{out} 分别是输入和输出功率; L 是一个放大器的长度. 增益 G 定义为

$$G = \frac{P_{\text{out}}}{P_{\text{in}}} \tag{8.12}$$

于是, 我们得到

$$G = G_0 \exp\left(-\frac{G-1}{G}\frac{P_{\text{out}}}{P_{\text{sat}}}\right) \tag{8.13}$$

式中, $G_0 = \exp(g_0 \cdot L)$.

在图 8.1 中我们绘制了根据方程 (8.13) 得到的饱和增益的变化. MATLAB 代码见**二维码 8A.1**.

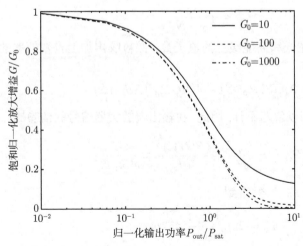

二维码 8A.1

图 8.1 饱和归一化放大器增益 G/G_0 在三个未饱和放大器增益 G_0 时与归一化输出功率 $P_{\text{out}}/P_{\text{sat}}$ 的函数关系

8.1.3　放大器噪声

光放大器信噪比 (SNR)的下降是信号放大过程中自发辐射不断叠加到信号中造成的. 衡量一个放大器性能优劣的标准之一是其噪声图, 放大器的噪声图 F_n 定义为

$$F_\mathrm{n} = \frac{(SNR)_\mathrm{in}}{(SNR)_\mathrm{out}} \tag{8.14}$$

理想情况下, 信号通过放大器后输出的信噪比和输入时的信噪比保持不变. 事实上, 这是不可能发生的. 因为, 消耗在放大器中的电功率不可能全部转化为光电接收器中的电信号. 我们如果考虑仅受散粒噪声影响的理想接收器, 那么 F_n 的分子项可以表示为

$$(SNR)_\mathrm{in} = \frac{\langle I \rangle^2}{\sigma_\mathrm{s}^2} = \frac{RP_\mathrm{in}}{2q\Delta f} = \frac{P_\mathrm{in}}{2h\nu\Delta f} \tag{8.15}$$

式中, $\langle I \rangle = RP_\mathrm{in}$ 是平均光电流, $R = \dfrac{q}{h\nu}$ 是理想接收器对单位量子效率的响应; $\sigma_\mathrm{s}^2 = 2q\,(RP_\mathrm{in})\,\Delta f$ 是散粒噪声的方差, 而 Δf 是接收器的带宽. 在输出端, 我们应该把自发辐射加到接收器的噪声上

$$S_\mathrm{sp}\,(\nu) = (G-1)\,n_\mathrm{sp}h\nu \tag{8.16}$$

式中, S_sp 是自发辐射引起的噪声谱密度; ν 是光频率; n_sp 是自发辐射因子或粒子翻转因子; G 是放大器的增益, 一般情况下应远大于 1. 对于发生粒子全部翻转 (全部原子处于高能级上) 的放大器, $n_\mathrm{sp}=1$, 而当不完全翻转时 $n_\mathrm{sp} > 1$.

对于二能级系统

$$n_\mathrm{sp} = \frac{N_2}{N_2 - N_1} \tag{8.17}$$

式中, N_1 和 N_2 分别是在低和高能级上的原子数. 散粒噪声加上自发辐射的总方差是

$$\sigma^2 = 2q(RGP_\mathrm{in})\Delta f + 4(RGP_\mathrm{in})(RS_\mathrm{sp})\Delta f \tag{8.18}$$

除自发辐射以外的贡献可以忽略不计. 因此, 在输出端放大器信号的信噪比

$$(SNR)_\mathrm{out} = \frac{\langle I \rangle^2}{\sigma^2} = \frac{(RGP_\mathrm{in})^2}{\sigma^2} \approx \frac{GP_\mathrm{in}}{4S_\mathrm{sp}\Delta f} \tag{8.19}$$

假设 $G \gg 1$, 并利用定义 F_n, 我们得到

$$F_\mathrm{n} = 2n_\mathrm{sp}\frac{G-1}{G} \approx 2n_\mathrm{sp} \tag{8.20}$$

它表明对于理想的掺铒光纤放大器 $(n_\mathrm{sp} = 1)$, 造成放大器品质下降的因子应该是 2, 也即 3dB. 然而, 实际上对于大多数掺铒光纤, 噪声图 F_n 在 $6 \sim 8$dB.

8.2　特　性　分　析

掺铒光纤放大器的纤芯部分又掺锗 (Ge) 以后, 它的折射率得以提高. 这种放大器的吸收和增益的实验数据如图 8.2 所示.

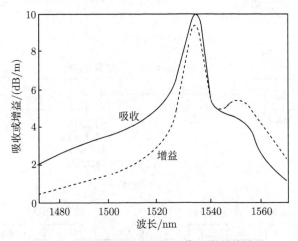

图 8.2　锗硅光纤放大器的吸收和增益的波谱

掺铒光纤放大器是靠掺入铒的一段光纤并用泵浦光把铒分子激励到高能级来实现的. 当光信号通过这段光纤时, 由于激励能量转移到光信号中去, 所以当光信号从这段光纤出来时它就被放大了. 光纤放大器能放大预先决定好的波段中的一个或几个波长, 而不需要把信号转换成电信号.

一个典型的 EDFA 由掺铒光纤、泵浦源、波分复用器、光隔离器、光滤波器等组成. 其中掺铒光纤提供放大; 泵浦源提供足够的泵浦功率; 波分复用器将信号与泵浦光合在一起输入到掺铒光纤中; 光隔离器保证光意向传输, 以防由于光反射形成光振荡以及反馈光引起信号激光器工作状态的紊乱; 光滤波器的作用是滤除光纤放大器中的 ASE 噪声, 提高 EDFA 的信噪比. 光纤放大器由掺入了产生光放大效应的稀土元素 (如铒或镨) 的光纤和使光纤有放大作用的光泵浦源所组成. 通常, EDFA 有三种泵浦形式: 同向泵浦、反向泵浦和双向泵浦. 图 8.3 所示为 EDFA 的结构图. 图 8.3(a) 所示为同向泵浦, 即信号光与泵浦光经 WDM 复用器合在一起同向输入到掺铒光纤中, 在掺铒光纤中同向传输; 图 8.3(b) 所示为反向泵浦, 即信号光与泵浦光在掺铒光纤中的传输方向刚好相反; 图 8.3(c) 所示为双向泵浦, 即在掺铒光纤的两端各有泵浦光相向输入到掺铒光纤中. 总体来说, 三种泵浦结构的 EDFA 在性能上略有差异, 采用同向泵浦可获得较好的噪声性能; 采用反射泵浦可获得较好的噪声性能; 采用反向泵浦可获得较高的输出功率; 采用双向泵浦可使 EDFA 的增益性能优于同向泵浦, 但增加一个泵浦源, 使 EDFA 的成本也增加很多.

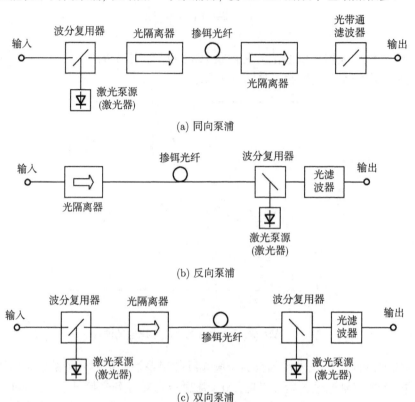

(a) 同向泵浦

(b) 反向泵浦

(c) 双向泵浦

图 8.3　EDFA 的结构图

通常, EDFA 还需要辅助电路对 EDFA 的泵浦光源的工作状态进行监测和控制, 对 EDFA 输入和输出光信号的强度进行监测. 此外, 辅助电路还包括自动温度控制和自动功率控制等保护功能电路.

EDFA 的三能级模式用 980nm 抽运泵时的放大过程如图 8.4 所示.

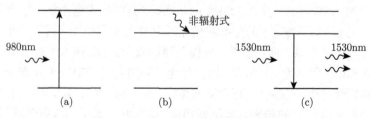

图 8.4　EDFA 的三能级模式示意图

980nm 的抽运泵使处于低能级的铒离子吸收能量后跳到高能级. 接着, 通过自发辐射, 铒离子失去它的部分能量到达亚稳态. 一旦一个波长为 1530nm 的光子出现就迫使离子发生受激辐射跳回低能级从而完成放大. 三能级的 EDFA 的模型如图 8.5 所示.

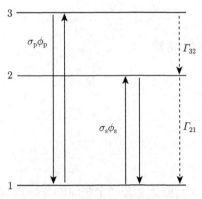

图 8.5 三能级系统的符号说明

能级 1 是基态, 能级 2 是亚稳态 (它有一个长的寿命), 而能级 3 是暂时的过渡态. 这些能级上的粒子数分别为 N_1, N_2 和 N_3. 离子自发跃迁率 (跃迁概率) 包括辐射及非辐射的贡献, 分别为 Γ_{32} 和 Γ_{21}, 它们分别对应于 $3 \to 2$ 和 $2 \to 1$ 的跃迁. σ_p 是该段的抽运吸收横截面, 而 σ_s 是信号在该段的发射横截面. 入射的抽运光和信号光的强度通量分别记作 ϕ_p 和 ϕ_s, 它们分别定义为单位时间和单位面积的光子数目.

三能级模式代表铒离子能级结构中有关的放大过程. 为了得到放大, 我们需要在能级 1 和 2 之间发生粒子数翻转. 这里我们仅考虑一维模型, 也就是说, 假设抽运和信号的强度以及铒离子在横向的分布是常数. 基于上面的讨论, 我们可以假设所有能级上的粒子数的变化率方程为

$$\frac{\mathrm{d}N_1}{\mathrm{d}t} = \Gamma_{21}N_2 - (N_1 - N_3)\sigma_p\phi_p + (N_2 - N_1)\sigma_s\phi_s \tag{8.21}$$

$$\frac{\mathrm{d}N_2}{\mathrm{d}t} = -\Gamma_{21}N_2 + \Gamma_{32}N_3 - (N_2 - N_1)\sigma_s\phi_s \tag{8.22}$$

$$\frac{\mathrm{d}N_3}{\mathrm{d}t} = -\Gamma_{32}N_3 + (N_1 - N_3)\sigma_p\phi_p \tag{8.23}$$

式 (8.21) 表明能级 1 上粒子数的增加来源于能级 2 的自发辐射 ($\tau_{21}N_2$) 及受激辐射 $(N_2 - N_1)\sigma_s\phi_s$, 而它的粒子数的减少是由于能级 1 至能级 3 的泵输运 $(N_1 - N_3)\sigma_p\phi_p$. 式 (8.22) 表明能级 2 上仅有的粒子数的增加来自能级 3 的自发辐射 ($\tau_{32}N_2$), 而它的粒子数的减少则源于能级 2 至能级 1 的自发辐射 ($\tau_{21}N_2$) 及受激辐射 $(N_2 - N_1)\sigma_s\phi_s$. 式 (8.23) 表明能级 3 上仅有的粒子数的增加来自能级 1 的泵输运 $(N_1 - N_3)\sigma_p\phi_p$, 而它仅有的粒子数的减少是由于能级 3 至能级 2 的自发辐射 ($\tau_{32}N_2$).

8.2.1　稳态分析

在稳态条件下

$$\frac{\mathrm{d}N_1}{\mathrm{d}t} = \frac{\mathrm{d}N_2}{\mathrm{d}t} = \frac{\mathrm{d}N_3}{\mathrm{d}t} = 0 \tag{8.24}$$

此外, 总的粒子数 N 假定为常数

$$N = N_1 + N_2 + N_3 \tag{8.25}$$

由方程 (8.23), 我们得到

$$N_3 = N_1 \frac{1}{1 + \dfrac{\Gamma_{32}}{\sigma_{\mathrm{p}}\phi_{\mathrm{p}}}} \tag{8.26}$$

接下来, 我们假设从能级 3 到能级 2 是一个快速的衰减, 也就是说, 从能级 3 掉下来的速率与抽运速率相比要大得多. 数学上而言, 这对应于下列的条件: $\Gamma_{32} \gg \sigma_{\mathrm{p}}\phi_{\mathrm{p}}$. 能级 3 的寿命 τ_{32} 与跃迁概率有下面的关系: $\tau_{32} = 1/\Gamma_{32}$. 由于这个限制, 在能级 3 上几乎没有粒子, 于是 $N_3 \approx 0$. 基于这些假设, 该系统真正需要考虑的仅有两个能级, 描述它的方程为

$$\frac{\sigma_{\mathrm{p}}\phi_{\mathrm{p}} + \sigma_{\mathrm{s}}\phi_{\mathrm{s}}}{\Gamma_{21} + \sigma_{\mathrm{s}}\phi_{\mathrm{s}}} N_1 - N_2 = 0 \tag{8.27}$$

$$N_1 + N_2 = N \tag{8.28}$$

使用通用方法求出该方程的解使我们得到粒子的翻转数为

$$N_2 - N_1 = N \frac{\sigma_{\mathrm{p}}\phi_{\mathrm{p}} - \Gamma_{21}}{\Gamma_{21} + 2\sigma_{\mathrm{s}}\phi_{\mathrm{s}} + \sigma_{\mathrm{p}}\phi_{\mathrm{p}}} \tag{8.29}$$

8.2.2　有效的二能级方法

沿用上述假设, 即 $\Gamma_{32} \gg \sigma_{\mathrm{p}}\phi_{\mathrm{p}}$, 我们能忽略能级 3 的存在, 从方程 (8.28) 得到

$$\frac{\mathrm{d}N_1}{\mathrm{d}t} = -\frac{\mathrm{d}N_2}{\mathrm{d}t}$$

于是我们只需要考虑一个方程, 如 N_2, 另一个粒子数 N_1 能够从 $N_1 = N - N_2$ 获得. 依据 Pedersen 等对该系统的叙述, 我们采用下面的方程:

$$\frac{\mathrm{d}N_2}{\mathrm{d}t} = -\Gamma_{21}N_2 + \left[\sigma_{\mathrm{s}}^{(\mathrm{a})}N_1 - \sigma_{\mathrm{s}}^{(\mathrm{e})}N_2\right]\phi_{\mathrm{s}} - \left[\sigma_{\mathrm{p}}^{(\mathrm{e})}N_2 - \sigma_{\mathrm{p}}^{(\mathrm{a})}N_1\right]\phi_{\mathrm{p}} \tag{8.30}$$

$$\frac{\mathrm{d}N_1}{\mathrm{d}t} = \Gamma_{21}N_2 + \left[\sigma_{\mathrm{s}}^{(\mathrm{e})}N_2 - \sigma_{\mathrm{s}}^{(\mathrm{a})}N_1\right]\phi_{\mathrm{s}} - \left[\sigma_{\mathrm{p}}^{(\mathrm{a})}N_1 - \sigma_{\mathrm{p}}^{(\mathrm{e})}N_2\right]\phi_{\mathrm{p}} \tag{8.31}$$

式中, $\sigma_{\mathrm{s}}^{(\mathrm{a})}$, $\sigma_{\mathrm{s}}^{(\mathrm{e})}$, $\sigma_{\mathrm{p}}^{(\mathrm{a})}$, $\sigma_{\mathrm{p}}^{(\mathrm{e})}$ 分别代表信号以及在两能级之间抽运的吸收和辐射横截面. 假定这是稳定状态, 由方程 (8.30) 可以确定 N_2

$$N_2 = N \frac{\sigma_{\mathrm{s}}^{(\mathrm{a})} \phi_{\mathrm{s}} + \sigma_{\mathrm{p}}^{(\mathrm{a})} \phi_{\mathrm{p}}}{\dfrac{1}{\tau} + \left[\sigma_{\mathrm{s}}^{(\mathrm{a})} + \sigma_{\mathrm{s}}^{(\mathrm{e})}\right] \phi_{\mathrm{s}} + \left[\sigma_{\mathrm{p}}^{(\mathrm{a})} + \sigma_{\mathrm{p}}^{(\mathrm{e})}\right] \phi_{\mathrm{p}}}$$

式中, 我们引入了 $\tau = 1/\Gamma_{21}$. 接着, 引入信号 I_{s} 以及抽运泵的光强度 I_{p}, 于是

$$\phi_{\mathrm{s}} = \frac{I_{\mathrm{s}}}{h\nu_{\mathrm{s}}}, \quad \phi_{\mathrm{p}} = \frac{I_{\mathrm{p}}}{h\nu_{\mathrm{p}}}$$

式中, h 是普朗克常量; ν_{s}, ν_{p} 分别是信号和抽运泵的光频率. 于是我们有

$$N_2 = N \frac{\tau \dfrac{\sigma_{\mathrm{s}}^{(\mathrm{a})}}{h\nu_{\mathrm{s}}} I_{\mathrm{s}}(z) + \tau \dfrac{\sigma_{\mathrm{p}}^{(\mathrm{a})}}{h\nu_{\mathrm{p}}} I_{\mathrm{p}}(z)}{\tau \dfrac{\sigma_{\mathrm{s}}^{(\mathrm{a})} + \sigma_{\mathrm{s}}^{(\mathrm{e})}}{h\nu_{\mathrm{s}}} I_{\mathrm{s}}(z) + \tau \dfrac{\sigma_{\mathrm{p}}^{(\mathrm{a})} + \sigma_{\mathrm{p}}^{(\mathrm{e})}}{h\nu_{\mathrm{p}}} I_{\mathrm{p}}(z) + 1}$$

进一步假设 N 和距离 z 无关, 信号和抽运泵的光强度的变化率可以写成

$$\frac{\mathrm{d}I_{\mathrm{s}}(z)}{\mathrm{d}z} = \left[\sigma_{\mathrm{s}}^{(\mathrm{e})} N_2 - \sigma_{\mathrm{s}}^{(\mathrm{a})} N_1\right] I_{\mathrm{s}}(z)$$

$$\frac{\mathrm{d}I_{\mathrm{p}}(z)}{\mathrm{d}z} = \left[\sigma_{\mathrm{p}}^{(\mathrm{e})} N_2 - \sigma_{\mathrm{p}}^{(\mathrm{a})} N_1\right] I_{\mathrm{p}}(z)$$

8.3 增益特性

我们将讨论计算 EDFA 特性的基本方法. 忽略放大的自发辐射 (ASE) 并基于共同传播配置的假设, 得到描述稳态的方程

$$\frac{\mathrm{d}I_{\mathrm{s}}(z)}{\mathrm{d}z} = 2\pi\Gamma_{\mathrm{s}} \left[\sigma_{\mathrm{se}} N_{\mathrm{me}}(z) I_{\mathrm{s}}(z) - \sigma_{\mathrm{sa}} N_{\mathrm{gr}}(z) I_{\mathrm{s}}(z)\right] \tag{8.32}$$

$$\frac{\mathrm{d}I_{\mathrm{p}}(z)}{\mathrm{d}z} = -2\pi\Gamma_{\mathrm{p}} \sigma_{\mathrm{sa}} N_{\mathrm{gr}}(z) I_{\mathrm{p}}(z) \tag{8.33}$$

$$N_{\mathrm{me}}(z) = N_{\mathrm{tot}} \frac{I_{\mathrm{s}}(z)/I_{\mathrm{ss}} + I_{\mathrm{p}}(z)/I_{\mathrm{sp}}}{1 + I_{\mathrm{p}}(z)/I_{\mathrm{sp}} + 2I_{\mathrm{s}}(z)/I_{\mathrm{ss}}} \tag{8.34}$$

$$N_{\mathrm{me}}(z) + N_{\mathrm{gr}}(z) = N_{\mathrm{tot}} \tag{8.35}$$

式中, $N_{\mathrm{gr}}(z)$ 是基态的粒子数; $N_{\mathrm{me}}(z)$ 是亚稳态的粒子数; $I_{\mathrm{p}}(z)$ 是在波长为 λ_{p} 时抽运泵的光强度; $I_{\mathrm{s}}(z)$ 是波长为 λ_{s}、沿 z 方向传播的信号波的强度.

最终整个放大器的增益可以用下式表示:

$$G = \frac{I_{\mathrm{s}}(L)}{I_{\mathrm{s}}(0)} \tag{8.36}$$

式中, L 是受掺的光纤长度.

二维码 8A.2　掺铒光纤放大器的典型特征

上述方程借助于表 8.2 中给出的参数值可以用数值方法求解. MATLAB 代码见**二维码 8A.2**.

表 8.2　低噪声在线 EDFA 的典型参数

参数	符号	数值	单位
信号模式面积	πw^2	1.3×10^{-11}	m^2
铒浓度	N_{tot}	5.4×10^{24}	m^{-3}
信号跃迁概率	Γ_{s}	0.4	
泵跃迁概率	Γ_{p}	0.4	
信号辐射横截面	σ_{se}	5.3×10^{-25}	m^2
信号吸收横截面	σ_{sa}	3.5×10^{-25}	m^2
抽运泵吸收横截面	σ_{p}	3.2×10^{-25}	m^2
信号局域饱和功率	P_{ss}	1.3	mW
抽运泵局域饱和功率	P_{sp}	1.6	mW

增益与光纤长度的变化关系首次被确定, 图 8.6 显示出在不同的抽运泵功率时的计算结果.

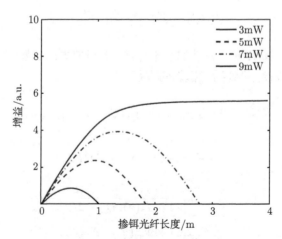

图 8.6　四个不同抽运泵功率时增益随掺铒光纤长度的变化

计算中假定输入的信号功率为 $10\mu\mathrm{W}$, 而且假设掺铒的浓度是一个常数, 而抽运泵功率分别为 3mW, 5mW, 7mW 和 9mW. 如图 8.6 所示, 增益开始随着光纤长度增加, 达到一个极大值后反而减小. 最佳光纤长度 (对应于有增益极大值的长度) 是若干米, 此时它随抽运泵功率的增大而上升, 此后增益反而减小是由于过度地使用抽运泵造成粒子数无法充分翻转. MATLAB 代码见**二维码 8A.3**. 图 8.7 展示出当光纤长度为 5m, 10m 和 15m, 以及信号输入功率固定为 1mW 时增益随抽运泵功率的变化. 假设掺铒的浓度是个常数, 该图表明 EDFA 的增益随着抽运泵功率的提高而增加, 当抽运泵功率达到 3 ~ 6mW 后其增益出现饱和.

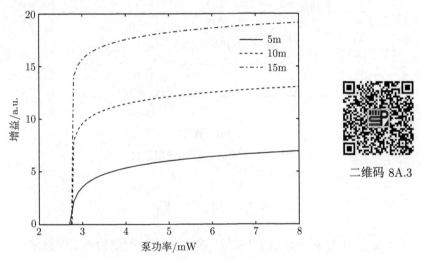

二维码 8A.3

图 8.7　三个不同光纤长度时增益随抽运泵功率的变化

8.4 应　　用

　　EDFA 在光纤通信领域已经得到了广泛的应用, 其主要应用领域为波分复用系统特别是密集波分复用系统. 其基本应用形式有三种:

　　(1) 线路放大: 线路放大也称"在线"放大, 是指将 EDFA 直接插入光纤传输线路中, 对信号进行中继放大的应用形式, 如图 8.8(a) 所示. 这种形式广泛应用于长距离光纤通信领域. 采用 EDFA 可以实现对几十路不同波长的光信号同时放大, 省去了传统光/电/光中继方式所需的大量光中继器, 使设备成本大幅降低, 而且便于运行维护.

　　(2) 功率放大: 功率放大是指将 EDFA 放在发射光源之后对信号进行放大的应用形式, 如图 8.8(b) 所示. 这种形式主要应用于光缆有线电视传输系统中. 采用 EDFA 使前端设备能够支持的光节点数大大增加, 降低了系统总体成本.

(3) 前置放大: 前置放大是指将 EDFA 放在光接收机的前面以提高光接收机的接收灵敏度, 如图 8.8(c) 所示.

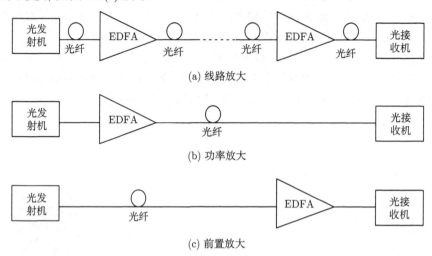

(a) 线路放大

(b) 功率放大

(c) 前置放大

图 8.8　EDFA 的基本应用形式

8.5　习　　题

1. EDFA 能放大哪个波段的光信号? 简述 EDFA 的结构和工作原理.

2. 一个 EDFA 具有 20dB 的增益. 如果输入的信号功率为 $150\mu W$, 它的输出功率有多大?

3. 一个光放大器的输入信号为 $1\mu W \sim 1mW$. 假设它的饱和功率是 20mW, 当 $100\mu W$ 输入信号加到该放大器时, 它的输出功率是多少?

4. 当一个光放大器抽运功率为 10mW, 其长度超过 30m 时有 1000 的功率增益. (1) 增益指数系数 α 的单位 nepers/m 代表的是什么? (2) 多长的放大器可以得到 1500 的增益?

5. 利用稳态放大器方程和适当的近似, 推导出具有最大放大量的最佳光纤长度的分析表示式.

6. 由方程 (8.11) 推导出方程 (8.13).

7. 查阅资料, 举例说明 EDFA 在光纤通信领域的应用.

C 第9章
hapter 9
光接收器件

在光通信系统中, 在发送端, 光源经过调制后发出光信号, 通过光纤传输; 由于光纤中存在损耗, 所以需要光放大器将光信号的幅度直接放大以抵消传播损耗; 在接收端, 由光电检测器 (PD) 对光信号进行探测, 并进行信号的恢复. 本章将对光接收器进行讨论. 前几章所述的激光器和光放大器, 材料中的电子吸收光子, 能量从低能级跃迁到高能级, 然后由于受激辐射发射产生激光或直接放大光信号. 而光接收器中的光电检测则是一个相反的过程: 当光子照射到半导体材料中占据低能级的电子时, 电子吸收光子携带的能量跃迁到较高的能级上. 如果半导体接上外加电场, 就可以在外电路上形成电流取出光子赋予的信号. Alexander 概述了用在光通信系统中的接收器件的设计原则. 接收器件的目的就是恢复发射的数据, 该过程涉及两个步骤:

(1) 恢复比特时钟信号;

(2) 恢复每个比特间隔 (bit interval) 内发送的比特.

理想光接收器的方框图如图 9.1 所示.

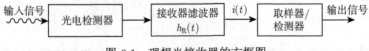

图 9.1　理想光接收器的方框图

光纤通信系统有模拟和数字两大类, 光接收器也有模拟和数字两类. 它们均由光电检测器、低噪声前置放大器 (pre-amplifer, PA) 及其他信号处理电路组成, 采用直接检测的方式探测光信号. 光电检测器的作用是把接收到的光信号转换成光电流. 对光电检测器的基本要求是高光电转换效率、低附加噪声和快速响应. 在光通信系统中, 在接收端通常利用 pin 型光电二极管或雪崩光电二极管 (APD) 两种光电检测器实现信号的还原. 因此, 本章将阐述光电检测器的工作原理及性能参数, 进而介绍光接收器的性能指标与噪声, 并对光信号的接收进行分析与评估.

9.1 光电检测器

光电检测器的基本功能是将光信号转化成电信号. 根据不同的光电效应原理制成的不同器件适用于不同的场合. 光电效应可以分为两大类: 光子效应和光热效应. 前者是光电器件吸收光子后器件本身发生变化, 如材料电导率改变或产生光生电势差等效应, 其特点是对光波的频率具有选择性; 后者是光电器件吸收光辐射而产生温升的效应, 其特点是对光波的频率不具有选择性. 光通信中通常使用的光电检测器均是基于光子效应的一种 —— 光伏效应制成的器件, 因此以下的讨论都针对此种类型的光电检测器.

在光纤的终端, 光信号为光电检测器所接收, 而转换为电信号. 对于光电检测器, 一端是光入射量, 即入射光功率 $P(t)$, 可以理解为光子流. 光子的能量 $h\nu$ 是光能量 E 的基本单元, $h = 6.626 \times 10^{-34} \text{J} \cdot \text{s}$ 是普朗克常量. $\nu = c/\lambda$ 是被吸收的光频率. 另一端是光电流量, 即光电流 $i(t)$, 它是以 e 为基本单元的光生电荷 Q 的时变量. 因此有

$$P(t) = \frac{\mathrm{d}E}{\mathrm{d}t} = h\nu \frac{\mathrm{d}n_{\mathrm{p}}}{\mathrm{d}t} \tag{9.1}$$

$$i(t) = \frac{\mathrm{d}Q}{\mathrm{d}t} = e \frac{\mathrm{d}n_{\mathrm{e}}}{\mathrm{d}t} \tag{9.2}$$

其中, n_{p}, n_{e} 分别是光子数与电子数. 式中所有变量都应理解为统计平均量.

对于光电转换过程, 其宏观的转换因子为 D, 并有

$$i(t) = DP(t) \tag{9.3}$$

而在微观层面, 有量子效率

$$\eta = \frac{\mathrm{d}n_{\mathrm{e}}}{\mathrm{d}t} \Big/ \frac{\mathrm{d}n_{\mathrm{p}}}{\mathrm{d}t} \tag{9.4}$$

它表示检测器吸收的光子数和激发的电子数之比. 它是检测器物理性质的函数. 将式 (9.1)、式 (9.2) 代入式 (9.3) 得

$$D = \frac{e}{h\nu} \eta \tag{9.5}$$

将式 (9.4)、式 (9.5) 代入式 (9.3) 得

$$i(t) = \eta \frac{P(t)}{h\nu} e \tag{9.6}$$

式 (9.6) 体现了光电检测器中的光电转换的过程: 将入射光功率 $P(t)$ 转换为输出光电流 $i(t)$.

9.1.1 光电检测器的工作原理

1. pn 结的形成

在本征半导体的两个不同区域分别掺入三价的受主杂质和五价的施主杂质, 便形成了 p 型区和 n 型区. p 型区中空穴为多数载流子, n 型区中电子为多数载流子, 在它们的交界处就存在电子和空穴的浓度差异. 多数载流子会发生由高浓度区域向低浓度区域的**扩散**, 以平衡它们的费米能级差. 它们扩散的结果使得 p 区和 n 区交界处原来呈现的电中性被破坏了. p 区一边失去空穴, 留下了带负电的杂质离子; n 区一边失去电子, 留下了带正电的杂质离子, 如图 9.2 所示. 半导体中的离子虽然带电, 但是不能自由移动. 这些不能移动的带电粒子集中在 p 区和 n 区交界面附近, 形成了空间电荷区, 即 pn 结. 在空间电荷区域, 多数载流子已经扩散到对方并复合消耗掉了, 因此此区域也称为耗尽区. 扩散越强, 此区域越宽.

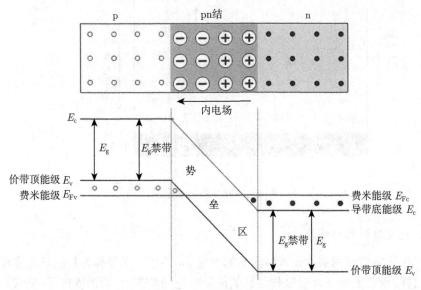

图 9.2 pn 结形成示意图

在空间电荷区, 正负离子的相互作用形成内建电场, 方向是从带正电的 n 区指向带负电的 p 区. 内建电场作用导致的载流子的运动称为**漂移**. 在此电场的作用下, n 区的少数载流子空穴向 p 区漂移, 补充了原来交界面上 p 区失去的空穴; p 区的少数载流子电子向 n 区漂移, 补充了原来交界面上 n 区失去的电子, 因此使得空间电荷减少. 可见, 漂移运动的结果是使空间电荷区变窄, 其作用与扩散运动相反. 当漂移运动和扩散运动相等时, 空间电荷区处于动态平衡状态, 因此也称为势垒区.

2. 光伏效应

如果有光照射 pn 结区, 并且光子的能量大于禁带宽度, 则价带中的电子就会吸收光子的能量而跃迁到导带中, 产生电子–空穴对. 在内建电场的作用下, 光生电子向 n 区漂移而空穴向 p 区漂移. 结果 p 区带正电, n 区带负电, 形成伏特电压. 这个电场的方向与内建电场的方向相反, 电压称为光生伏特. 此效应称为光伏效应.

当光照稳定时, 外电路就会有光生电流产生. 要想在外电路中形成稳定的光电流, 还需要给 pn 结加反向偏置电压, 以加速光生电子–空穴对的漂移运动. 如图 9.3 所示的反向偏置 pn 结即为最简单的半导体光电二极管, 也是最基本的半导体光电检测器.

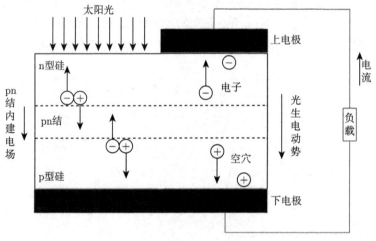

图 9.3 光伏效应示意图

3. 光电检测器的响应

产生光电效应的条件是入射光子的能量 $h\nu$ 不小于半导体材料的禁带宽度 E_{g}. 只有这样, 价带的电子才能吸收足够的能量跃迁到导带上, 而形成电子–空穴对 (见图 9.4), 即

$$h\nu \geqslant E_{\mathrm{g}}$$

把

$$\lambda_{\mathrm{c}} = \frac{c}{\nu}$$

代入上式得到 PD 工作的截止波长 λ_{c}, 即

$$\lambda < \lambda_{\mathrm{c}} = \frac{hc}{E_{\mathrm{g}}}$$

实用的公式为

$$\lambda_c = \frac{1.24}{E_g} \quad (\lambda_c \text{ 以 } \mu m \text{为单位, 而 } E_g \text{ 以 eV 为单位})$$ (9.7)

不同的半导体材料具有不同的能隙, 因而有不同的截止波长, 它们被用作电磁波谱不同频段的特定检测器. 一些半导体及化合物半导体的能隙和截止波长总结于表 9.1 中.

表 9.1 一些半导体及化合物半导体的能隙和截止波长

半导体	$\Delta E / \text{eV}$	$\lambda_c / \mu m$
C	7	0.18
Si	1.1	1.13
Ge	0.72	1.72
Sn	0.08	15.5
$Ga_x In_{1-x} As$	1.43~0.36	0.87~3.44
$Ga_x In_{1-x} As_y P_{1-y}$	1.36~0.36	0.92~3.44

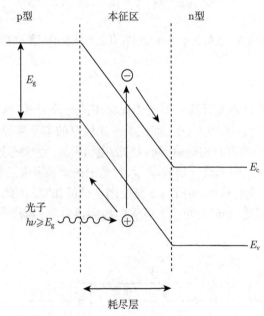

图 9.4 pin 光电检测器的能带图

图中显示电子–空穴对的生成

入射光波长必须要小于 λ_c, 但是并非只要小于 λ_c 的光都能被检测到. 这是因

为半导体材料对入射光的吸收作用和波长有关, 其吸收的光功率可以表示为

$$\frac{\mathrm{d}P}{\mathrm{d}x} = \alpha(\lambda)P \tag{9.8}$$

式中, $\alpha(\lambda)$ 是与波长有关的吸收系数. 几种半导体 (包括化合物半导体) 的吸收谱如图 9.5 所示. 由该图我们看到吸收系数 $\alpha(\lambda)$ 与波长密切相关.

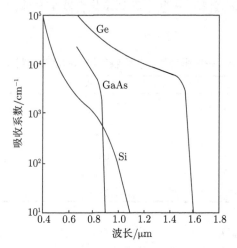

图 9.5   典型的半导体光吸收系数与波长的函数关系

4. pin 型光电二极管

pin 型光电二极管是光纤通信系统中最常用的光检测器, 其与普通 pn 结型光电二极管的区别在于 p 区和 n 区之间夹着一层较厚的本征半导体材料 (i 区), 如图 9.6 所示. i 区几乎没有自由电荷, 所以它的电阻很高, 绝大部分电压落在这一层, 因而其内部电场很强. 由于这一层较厚, 入射光子在此被吸收的概率远大于在很薄的 p 区或 n 区被吸收的概率. 由于 pn 结空间电荷区加宽, 因此结电容变小. 相对于 pn 结型光电二极管, pin 型光电二极管的检测器效率和响应速度都得到了明显的改善.

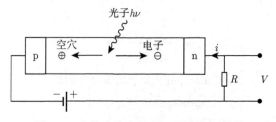

图 9.6   在外电路中的 pin 型光电二极管

5. 雪崩光电二极管

对于光电二极管, 当反向偏置电压升高到一定程度时, 在耗尽区会产生一个强电场. 光生载流子在此强电场中加速, 获得了很大的动能, 从而在漂移过程中由于碰撞电离而激发另外的高能电子. 这个电子又会碰撞产生更多的电子, 如此的连锁反应使得光电二极管内部产生雪崩式的载流子倍增效应, 这即为雪崩光电二极管的工作原理.

雪崩光电二极管自身有电流增益, 具有响应度高、响应速度快的优点, 但是其主要缺点是噪声较大. 由于雪崩效应是随机的, 特别是工作电压接近或等于反向击穿电压时, 噪声可以增大到放大器的噪声水平, 以至于无法使用.

9.1.2 光电检测器的性能参数

决定光电检测器特性的主要参数有灵敏度、响应时间和频率响应、量子效率、线性度等. 我们将一一进行讨论.

1. 灵敏度

灵敏度又称为响应度. 它是光电检测器件输出信号与输入辐射功率之间关系的度量, 描述的是光电检测器件的光电转换功能, 定义为光电检测器件输出电压 U_S 或输出电流 I_S 与入射光功率 P_0 之比, 即

$$S_\mathrm{V} = \frac{U_\mathrm{S}}{P_0} \tag{9.9}$$

$$S_\mathrm{I} = \frac{I_\mathrm{S}}{P_0} \tag{9.10}$$

S_V 和 S_I 分别称为电压灵敏度和电流灵敏度. 由于光电检测器件的灵敏度随入射光的波长而变化, 因此使用单色辐射源的称为单色灵敏度, 使用复色辐射源的称为积分灵敏度.

单色灵敏度又叫光谱灵敏度, 它描述光电器件对单色辐射的响应能力, 用公式表示为

$$S_\mathrm{V}(\lambda) = \frac{U_\mathrm{S}}{P_0(\lambda)} \tag{9.11}$$

$$S_\mathrm{I}(\lambda) = \frac{I_\mathrm{S}}{P_0(\lambda)} \tag{9.12}$$

积分灵敏度表示检测器对连续入射光辐射的反应灵敏程度. 对包含有各种波长的辐射光源, 总的入射功率为

$$P_0 = \int_0^\infty P_0(\lambda)\mathrm{d}\lambda \tag{9.13}$$

　　光电器件输出的电流或电压与入射总功率之比为积分灵敏度. 由于光电器件输出的光电流 (或光电压) 是由不同的光辐射引起的, 因此器件输出的总的光电流为

$$I_{\mathrm{S}} = \int_{\lambda_0}^{\lambda_1} S_{\mathrm{I}}(\lambda) P_0(\lambda) \mathrm{d}\lambda \tag{9.14}$$

式中, λ_0 和 λ_1 分别为光电器件的短波限和长波限. 由以上两式可得电流积分灵敏度为

$$S_{\mathrm{I}} = \frac{\displaystyle\int_{\lambda_0}^{\lambda_1} S_{\mathrm{I}}(\lambda) P_0(\lambda) \mathrm{d}\lambda}{\displaystyle\int_0^{\infty} P_0(\lambda) \mathrm{d}\lambda} \tag{9.15}$$

由于采用不同的辐射源, 甚至具有不同色温的同一辐射源所发射的光谱辐射功率的分布也不同, 因此在表明具体数据时应指明采用的辐射源及其色温.

　　2. 响应时间和频率响应

　　响应速度决定光电检测器对光信号的反应快慢. 典型的脉冲响应如图 9.7 所示. 反应速度取决于时间常数 RC. 在前面引入的等效电路的参数中, 上升时间 τ_{r} 是由下式决定的:

$$\tau_{\mathrm{r}} = 2.30 \cdot R_L \cdot C_{\mathrm{j}}$$

估算 τ_{r} 的工作将留给读者作为习题去做. 时间响应直接与频率响应有关. 3dB 带宽为

$$f_{\mathrm{3dB}} = \frac{1}{2\pi R_L C_{\mathrm{j}}}$$

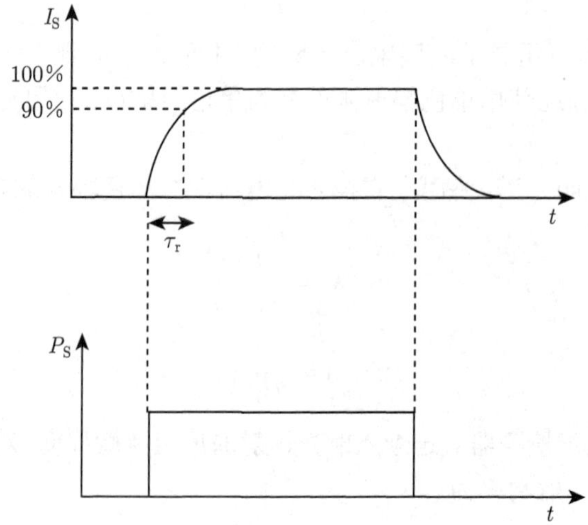

图 9.7　光电检测器对矩形脉冲信号的响应

3. 量子效率

量子效率是在某一特定波长下单位时间内产生的平均光电子数与入射光子数之比. 波长为 λ 的光辐射的单个光子能量为 $h\nu = \dfrac{hc}{\lambda}$, 设其入射功率为 P_0, 则入射光子数为 $\dfrac{P_0}{h\nu}$, 相应的光电流为 $I_{\rm S}$, 而每秒钟产生的光电子数为 $\dfrac{I_{\rm S}}{e}$, 因此量子效率可以表示为

$$\eta = \frac{I_{\rm S}/e}{P_0/(h\nu)} = \frac{hcI_{\rm S}}{eP_0\lambda} = \frac{hc}{e\lambda} \tag{9.16}$$

量子效率可以视为微观灵敏度, 它是一个统计平均量, 通常小于 1.

4. 线性度

线性度是描述光电检测器的光电特性输出信号与输入信号保持线性关系的程度, 即在规定范围内, 光电检测器的输出电量正比于输入光量的性能. 如果在某一规定的范围内光电检测器的响应度是常数, 则这一规定的范围为线性区. 光电检测器的线性区的大小与检测器后的电子线路有很大关系. 因此要获得所要的线性区, 必须设计相应的后续电子线路. 线性区的下限一般由光电器件的暗电流和噪声因素决定, 上限由饱和效应或过载决定. 光电检测器的线性区还随偏置、辐射调制及调制频率等条件的变化而变化.

9.2　光　接　收　器

在光纤通信系统中, 光接收器的任务是以最小的附加噪声及失真恢复出经光纤传输后光载波所携带的信息, 因此其输出特性综合反映了整个光纤通信系统的性质.

9.2.1　光接收器的性能指标

1. 接收器灵敏度

这个特性用来度量接收器在可靠的状态下需要的最小光功率. 对于数字系统, 灵敏度是指保证一定的误码率条件下, 光接收器所需接收的最小光功率; 对于模拟系统, 则是指在保证一定的输出信噪比条件下, 光接收器所需接收的最小光功率.

接收器的灵敏度是检测器及前置放大器两者信号和噪声参数的函数. 它用来度量接收器的工作极限, 虽然接收器很少在这极限附近工作. 由于各种原因 (温度、老化等), 系统品质下降, 所以一般要预设一个在 $3 \sim 6$ dB 的余量. 接收器的灵敏度是接收器的一个基本参数, 它与光学链接中两点之间的距离, 如发射器和接收器之间或者中继站之间的距离, 有直接的呼应关系.

2. 动态范围

动态范围是指在保证系统误码率的要求下, 光接收器所允许接收的最大和最小光功率之比, 即

$$D = 10\lg\frac{最大输入光功率}{最小输入光功率}[\text{dB}]$$

大的动态范围是重要的, 因为可以让我们在设计光学网中有更大的灵活性. 在设计各种网络时, 我们要考虑到由于温度、老化以及各种不同的耗损 (光纤本身以及接口) 的变化, 因而要使光接收器有尽可能大的余额.

3. 比特率透明度

比特率透明度指的是光接收器所工作的比特速率范围的能力, 代表同样的一个接收器能被用在具有不同比特速率的不同网络上的能力.

4. 比特图的独立性

比特图的独立性是决定光接收器能在各种不同制式的数据模式下工作的特性. 主要的限制来自 NRZ 制式的码元.

9.2.2 光接收器的噪声

从灵敏度的定义来看, 好像只要有光辐射存在, 无论它的功率多小, 都可以检测到, 但事实并非如此. 当入射功率很低时, 输出只是杂乱无章的变化信号, 而无法确定是否接收到有用的光信号. 这并非由检测器不好引起, 而是由噪声引起.

噪声既可能来自于光电检测器内部, 如雪崩光电二极管的噪声是在雪崩过程中产生的, 而光放大器产生的噪声来源于自发受激辐射 (ASE), 也可能是来自负载电阻或放大器. 此外, 所有的器件中都存在量子噪声, 它们是器件噪声功率的下限所在. 通常使用信噪比来判定噪声的大小. 它的定义是

$$SNR = \frac{平均信号功率}{噪声功率} = \frac{\overline{i_S^2}}{\overline{i_N^2}} \tag{9.17}$$

式中, $\overline{i_S^2}$ 和 $\overline{i_N^2}$ 分别称为均方信号电流和均方噪声电流. 信噪比有时用 dB 作单位, 则可写成

$$SNR = 10\lg\frac{\overline{i_S^2}}{\overline{i_N^2}}[\text{dB}]$$

对于模拟接收系统, 信噪比直观地反映了噪声对信号的干扰程度; 对于数字接收系统, 信噪比与误码率直接相关, 在 9.2.3 节进行讨论.

光接收器的各种噪声可以分为两大类: 散粒噪声和热噪声.

1. 散粒噪声

散粒噪声包括光载波的量子噪声, 光电检测器的暗电流噪声, 漏电流噪声和 APD 的过剩噪声. 它源于在光电检测器中产生的电子是随机分布的, 这与到达激发载流子的光电检测器的光子的量子本质有关. 光子抵达光电检测器在时间上的随机性源于它们的量子力学的本质. 它们的随机性可以用泊松统计来描述. 电流散粒噪声的表达式为

$$\overline{i_S^2} = 2eB\overline{i_S} \tag{9.18}$$

式中, e 是电子电荷; B 是带宽; $\overline{i_S}$ 是信号电流的平均值.

2. 热噪声

热噪声, 也称为约翰逊噪声, 包括检测器负载电阻的热噪声和放大器的噪声, 它是由载流子无规则热运动造成的噪声. 当温度高于绝对零度时, 导体或半导体中每一电子都携带着 1.59×10^{-19}C 的电量做随机运动, 尽管其平均值为零, 但瞬间电流扰动在导体两端会产生一个均方值电压, 称为热噪声电压. 热噪声的自相关函数为

$$\frac{4k_BT}{R}\delta(\tau)$$

式中, $\delta(\tau)$ 是狄拉克 (Dirac delta) 函数. 在带宽 B 内的热噪声功率等于

$$p_{S,th} = 4k_BTB \tag{9.19}$$

式中, $k_B = 1.38 \times 10^{-23}$J/K 是玻尔兹曼常量; T 是热力学温度. 热噪声可以表示为一个电流源

$$\overline{i_{S,th}^2} = \frac{4k_BT}{R_L}B \equiv I_T^2 B \tag{9.20}$$

式中, I_T 是一个用来规定标准偏差的参数, 它的单位为 $pA/\sqrt{Hz}$, 它的典型数值是 $1pA/\sqrt{Hz}$.

9.2.3 光接收器的分析

光检测理论的深入讨论可以参考 Einarsson 的书. 在检测信号时遇到的问题来自噪声. 在光学系统中, 信息的发送是通过由光子所组成的光来实现的. 由于它们统计学的本质, 发送的信息总伴随着随机性的起伏. 起伏大小决定发射功率的下限. 此外, 源于各种不同过程的其他类型的噪声也伴随而至. 我们所考虑的数字信号的比特率是 B, 时隙 (或比特间隙) T 为

$$T = \frac{1}{B}$$

它是比特率的倒数. 输入的数据序列在通信系统中记作 $\{b_k\}$. 落在光电检测器上的光功率 $p(t)$ 是脉冲系列, 它可以表示为

$$p(t) = \sum_{k=-\infty}^{+\infty} b_k h_{\mathrm{p}}(t - k \cdot T) \tag{9.21}$$

式中, k 是代表第 k 个时隙的参数; $h_{\mathrm{p}}(t)$ 表示孤立的光脉冲在光检测器输入端的脉冲形状. 我们假设

$$\frac{1}{T} \int_{-\infty}^{+\infty} h_{\mathrm{p}}(t)\mathrm{d}t = 1 \tag{9.22}$$

于是 b_k 表示在第 k 个时隙中接收到的光功率.

　　方程 (9.21) 基于构成发射器和光纤的系统是线性的, 而且是不随时间变化的. 方程 (9.21) 中的 b_k 可以取两个值 b_0 和 b_1, 它们分别代表在 k 时隙中的 0 和 1. 然而, 半导体激光器总是在非零的偏置电流下工作, 因此一直有一个小的发射功率存在.

1. 理想光接收器的比特误差率

　　光接收器对码元误判的概率称为误码率, 在二进制的情况下, 等于比特误差率 (BER), 即数字流中出现的误差的比率, 它等于在一些时间段里误差出现的次数被总的脉冲数目 (1 和 0) 相除. 定义比特误差率的最简单的方法是

$$BER = \frac{N_{\mathrm{e}}}{N_{\mathrm{p}}} = \frac{N_{\mathrm{e}}}{B \cdot t} \tag{9.23}$$

式中, N_{e} 是时间段 t 里出现的误差数目; N_{p} 是该时间段发射的脉冲数目; $B = 1/T$ 是比特率, T 是时隙. 当今高速光通信系统所要求 BER 典型的数值是 10^{-12}, 这意味着每发送 10^{12} 个比特平均只容许一个错的比特. BER 与光纤系统的各种信噪比有关, 如与接收器的噪声级息息相关.

　　直接光检测是一个决定光在一个比特间隔中是否有光的过程. 无光时判定为逻辑 0, 有光出现的信号判定为逻辑 1 .

　　在实际生活中, 检测过程没有那么简单, 因为随机性质的光子会到达接收器. 该过程可以用泊松随机过程模式化处理. 按照光子到达接收器的随机过程时间如图 9.8 所示. 对于一个理想的光接收器, 我们将假设系统内不存在噪声源. 如果 $h\nu_{\mathrm{c}}$ 为单个光子的能量, 那么光子到达光接收器的平均数目为

$$N = \frac{p(t)}{h\nu_{\mathrm{c}}} \tag{9.24}$$

式中, $p(t)$ 是光信号的功率; h 是普朗克常量; ν_c 是载流子的频率. 照射光电检测器的光功率可用方程 (9.21) 来表示.

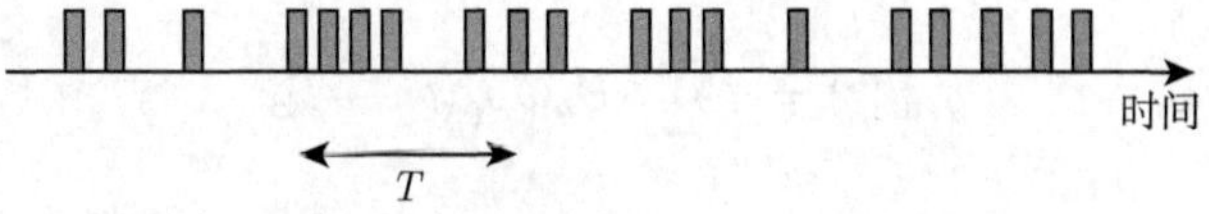

图 9.8 用泊松过程描绘随机到达光电检测器的光子

理想接收器 (无噪声) 的 BER 简单表示式可以如下推算:

在比特时隙 T 期间到达接收器的光子数为 n 的概率是

$$\mathrm{e}^{-\frac{N}{B}}\frac{\left(\dfrac{N}{B}\right)^n}{n!}$$

式中, N 为由方程 (9.24) 给出的平均光子数. 接收不到任何光子 $(n=0)$ 的概率为 $\exp(-N/B)$. 假设接收 1 和 0 的概率相同, 因此, 理想接收器的 BER 是

$$BER = \frac{1}{2}\mathrm{e}^{-N/B} \equiv \frac{1}{2}\mathrm{e}^{-M} \tag{9.25}$$

式中, $M = \dfrac{N}{B} = \dfrac{p}{h\nu_c B}$ 代表在一个比特期间接收到的平均光子数. 表示式 (9.25) 代表理想接收器的 BER, 被称为量子极限. 为了得到比 10^{-12} 更低的比特误差率, 每个比特中引起错判的最大光子数是 $M = 27$.

2. 接收器的误差概率

假设在接收器的二进位信号电流为

$$i_{\mathrm{tot}}(t) = \sum_{n=-\infty}^{+\infty} B_n \cdot h_{\mathrm{p}}(t - nT_{\mathrm{B}}) + I_{\mathrm{D}} + i_{\mathrm{noise}}(t)$$

$$= i_{\mathrm{ph}}(t) + I_{\mathrm{D}} + i_{\mathrm{noise}}(t)$$

式中, $i_{\mathrm{ph}}(t)$ 是调制脉冲信号的幅度; I_{D} 是暗电流, $i_{\mathrm{noise}}(t)$ 是噪声电流; B_n 取两个数值: B_{H} 和 B_{L} 分别对应于逻辑 1 和 0.

假设 $H(\omega)$ 是前端接收器和均衡器的组合传输函数. 均衡器的输出是

$$y_{\mathrm{out}}(t) = i_{\mathrm{tot}}(t) \otimes h(t) \tag{9.26}$$

式中, $\otimes$ 记作卷积; $h(t)$ 对应于传输函数 $H(\omega)$. 在均衡器输出端的信号分量是

$$y_{\mathrm{s}}(t) = i_{\mathrm{ph}}(t) \otimes h(t) = \sum_{n=-\infty}^{+\infty} B_n \cdot h_{\mathrm{p}}(t - nT_{\mathrm{B}}) \otimes h(t)$$

$$\equiv \sum_{n=-\infty}^{+\infty} B_n \cdot h_{\mathrm{p}}(t - nT_{\mathrm{B}})$$

均衡器的信号输出按比特率取样并与阈值相比较. 该过程可以检测的幅度为 B_n. 无暗电流 (常数) 时均衡器的输出信号是

$$y_{\text{out}}(t) = \sum_{n=-\infty}^{+\infty} B_n \cdot p_{\text{p}}(t - nT_{\text{B}})$$

式中, $p_{\text{p}}(t)$ 包括信号和噪声. 取样后在时间 $nT_{\text{B}} + \tau \ (0 < \tau < T_{\text{B}})$ 间的输出是

$$y_{\text{out},n}(t) \equiv y_{\text{out}}(nT_B + \tau) = \sum_k B_k \cdot p_{\text{p}}([n-k]T_{\text{B}} + \tau) + y_{\text{noise},n}$$
$$\equiv B_n \cdot p_{\text{p}}[0] + \text{ISI}_n + y_{\text{noise},n} \tag{9.27}$$

式 (9.27) 是基于以下的定义:

$$p_{\text{p}}[n] = p_{\text{p}}(nT_{\text{B}} + \tau)$$

$$\text{ISI}_n = \sum_{k \neq n} B_k \cdot p_{\text{p}}([n-k])$$

另外, 式中

$$y_{\text{noise},n} = y_{\text{noise},\text{out}}(nT_{\text{B}} + \tau)$$

是取样的噪声项. ISI_n 指的是符号间的干扰.

在实际的接收器中, 在每个比特时隙中对判断 0 或者 1 的发射是通过均衡器的取样电流来完成的. 在有噪声的情况下, 出现误差的概率是非零的.

引入 y_{th} 作为误差检测中的阈值. 由方程 (9.27), 我们发现, 当

$$B_k = B_{\text{H}} \quad (y_{\text{out},n} < y_{\text{th}})$$

或者

$$B_k = B_{\text{L}} \quad (y_{\text{out},n} > y_{\text{th}})$$

时, 出现误差. 因此, 误差检测的概率是

$$P_{\text{error}} = p_0 P\left(y_{\text{out},n} > y_{\text{th}} | B_k = B_{\text{L}}\right) + p_1 P\left(y_{\text{out},n} < y_{\text{th}} | B_k = B_{\text{H}}\right)$$

式中, p_0 和 p_1 是比特为 0 和 1 的先验概率. 将测量到的光电流 I 和阈值 I_{th} 进行比较时实施检测. 如果 $I > I_{\text{th}}$, 我们判定发射的是 1, 反之, 如果 $I < I_{\text{th}}$, 则判定发射的是 0.

3. 比特误差率和高斯噪声

在光数字通信中, 发射的信号从来没有完美地被复原过. 噪声、邻近信道的干扰、放大器中的自发辐射, 这一切都造成了误差. 此外, 脉冲由于色散、器件的非线性以及光电二极管的慢响应等因素而变宽. 产生的信号畸变称为符号间的干扰 (ISI), 它来源于相邻比特的畸变. 因此, 可能造成了对发射比特的检测差错. ISI 是随机的, 因为二进位信号是随机的. 为了降低 ISI, 通常可以使用均衡器.

下面的分析中, 我们使用的是事实上带有噪声的接收器性能. 比特误差率可以用接收器输出端噪声电压的概率密度函数 (PDF) 计算. 如图 9.9 所示, 我们假设接收器输出端的高电压和低电压都是服从参数 (μ, σ^2) 的高斯分布的随机变量. 其概率密度函数为

$$p(x) = \frac{1}{\sqrt{2\pi}\sigma}\mathrm{e}^{-\frac{(x-\mu)^2}{2\sigma^2}} \tag{9.28}$$

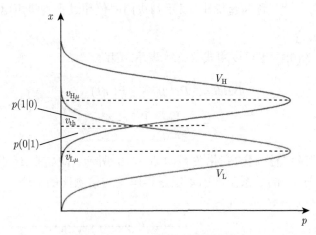

图 9.9 决定高斯过程的误码率

对于光接收器而言, 产生的比特误差即为由于色散和传播损耗等因素而本来是 0 的信号 (低电压) 被误判为 1(高电压) 和本来是 1 的信号 (高电压) 被误判为 0(低电压).

对于两个事件 A 和 B 的条件概率 $P(A|B)$ 定义为

$$P(A|B) = \frac{P(A \cdot B)}{P(B)}$$

因此,

$$BER = p_0 P(1|0) + p_1 P(0|1) \tag{9.29}$$

式中, p_0 和 p_1 是比特 0 和 1 的先验概率, 它们的数值为 $p_0 = p_1 = \frac{1}{2}$.

对于高斯分布的概率密度函数, 有

$$P(1|0) = \frac{1}{\sqrt{2\pi}\sigma_n} \int_{V_{th}}^{\infty} e^{-\frac{(x-V_{L\mu})^2}{2\sigma_n^2}} dx \tag{9.30}$$

$$P(0|1) = \frac{1}{\sqrt{2\pi}\sigma_n} \int_{-\infty}^{V_{th}} e^{-\frac{(x-V_{H\mu})^2}{2\sigma_n^2}} dx \tag{9.31}$$

其中, V_{th} 是判决的阈值电压, 并有 $V_{th} = \frac{1}{2}\left(V_{H\mu} + V_{L\mu}\right)$; σ_n 是噪声的方差.

对于方程 (9.30), 令 $X = \dfrac{x - V_{L\mu}}{\sigma_n}$, 同时变更积分限, 得到

$$P(1|0) = \frac{1}{\sqrt{2\pi}\sigma_n} \int_{Q}^{\infty} e^{-\frac{X^2}{2}} dX \tag{9.32}$$

其中, $Q = \dfrac{V_{H\mu} - V_{L\mu}}{2\sigma_n}$ 称为超扰比, 表示判决门限值超过平均噪声电压的倍数, 对应于信噪比的概念.

同理可证, $P(0|1)$ 也可以用式 (9.32) 表示. 因此,

$$\begin{aligned} BER &= \frac{1}{2}P(1|0) + \frac{1}{2}P(0|1) \\ &= \frac{1}{\sqrt{2\pi}\sigma_n} \int_{Q}^{\infty} e^{-\frac{X^2}{2}} dX \end{aligned}$$

比特误差率随超扰比的变化关系如图 9.10 所示 (MATLAB 代码见**二维码 9A.1**). BER 与 Q 的关系反映的本质是误码率与信噪比的关联. 光纤通信系统一般选取 $BER = 10^{-9}$, $Q = 6$.

二维码 9A.1

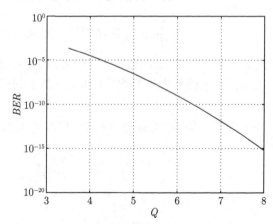

图 9.10　比特误差率随超扰比的变化关系

计算的结果表明, $(V_{\mathrm{H}\mu} - V_{\mathrm{L}\mu})$ 越大以及器件内在的噪声 σ_{n} 越低则比特误差率 BER 越低. 因此, 当设计一个接收器时, 我们需要把 $(V_{\mathrm{H}\mu} - V_{\mathrm{L}\mu})$ 选取得尽量高一些, 但是高低电平的选取又受实际电子线路的制约. 因此, 我们必须在理想值和现实值之间求得平衡, 选择一个适当的 Q, 从而达到实际可行的比特误差率.

平均入射功率 $\overline{P}$ 定义为

$$\overline{P} = \frac{1}{2}\left(P_{\mathrm{H}} + P_{\mathrm{L}}\right) \tag{9.33}$$

式中, P_{H} 和 P_{L} 是分别对应于逻辑 1 和 0 (高和低) 的光功率. 这些功率与前面提到的电压 V_{H} 和 V_{L} 有如下的关系:

$$V_{\mathrm{H}} = R \cdot P_{\mathrm{H}} \cdot y_{\mathrm{s,max}}(t) \tag{9.34}$$

$$V_{\mathrm{L}} = R \cdot P_{\mathrm{L}} \cdot y_{\mathrm{s,max}}(t) \tag{9.35}$$

式中, R 是检测器的响应率 (即灵敏度); $y_{\mathrm{s,max}}(t)$ 是接收器在给定的数位期间的最大输出电压. 基于上述物理量, 平均功率 $\overline{P}$ 可以按下面的推导进行估算:

$$
\begin{aligned}
\overline{P} &= \frac{1}{2}\left(P_{\mathrm{H}} + P_{\mathrm{L}}\right) = \frac{1}{2} \frac{P_{\mathrm{H}} + P_{\mathrm{L}}}{P_{\mathrm{H}} - P_{\mathrm{L}}}\left(P_{\mathrm{H}} - P_{\mathrm{L}}\right) \\
&= \frac{1}{2} \cdot \frac{1 + \dfrac{P_{\mathrm{L}}}{P_{\mathrm{H}}}}{1 - \dfrac{P_{\mathrm{L}}}{P_{\mathrm{H}}}} \cdot \frac{1}{R} \cdot \frac{1}{y_{\mathrm{s,max}}(t)} \cdot \left(V_{\mathrm{H}} - V_{\mathrm{L}}\right) \\
&= \frac{1 + r}{1 - r} \cdot \frac{1}{R} \cdot Q \cdot \frac{\sqrt{\overline{n_{\mathrm{out}}^2}}}{y_{\mathrm{s,max}}(t)}
\end{aligned}
\tag{9.36}
$$

上式给出为了获得一个给定的 BER 所必需的平均入射功率的大小. 在推导上述结果时, 我们使用 $\sigma_{\mathrm{n}}^2 = \overline{n_{\mathrm{out}}^2}$, 式中 $\overline{n_{\mathrm{out}}^2}$ 是输出噪声的方差. 另外, 我们还把消光比 r 定义为

$$r = \frac{P_{\mathrm{L}}}{P_{\mathrm{H}}} \tag{9.37}$$

对于 pin 光电二极管, 接收器灵敏度有如下的表示式:

$$\eta \overline{P} = \frac{h\nu}{q} \cdot \frac{1 + r}{1 - r} \cdot Q \cdot \frac{\sqrt{\overline{n_{\mathrm{out}}^2}}}{y_{\mathrm{s,max}}(t)} \tag{9.38}$$

当没有功率发射 $(r = 0)$ 时, 理想的灵敏度可以表示为

$$\eta \overline{P} = \frac{h\nu}{q} \cdot Q \cdot \frac{\sqrt{\overline{n_{\mathrm{out}}^2}}}{y_{\mathrm{s,max}}(t)} \tag{9.39}$$

利用上述结果我们可以分析使用不同类型的噪声滤波器时的接收器的灵敏度.

9.3 习   题

1. 确定简单 RC 电路上升时间 τ_r, 并将它与 3dB 的带宽联系起来.

2. 分析 APD 的噪声, 用 APD 的增益决定它的 SNR.

3. 模拟一个发射信号并分析对该信号的限制, 用 SNR 确定信号的功率.

4. 如果一个检测器的 V_H 和 V_L 分别为 14V 和 2V, 而且 σ_{noise} =1V, 利用图 9.10 确定该器件的 BER. 如果一个信号内总的粒子数为 10^{10}, 试求多少个脉冲被误判了.

第10章

Chapter 10 光的波分复用系统

10.1 波分复用的基本概念

波分复用 (WDM) 是高速全光通信中传输容量潜力最大的一种多信道复用方式, 它在发送端将不同波长的光信号复用到同一根光纤中进行传输, 在接收端将多个波长的光信号解复用, 并作进一步处理, 恢复出原信号后送入不同的终端. 波分复用技术对网络的扩容升级、宽带新业务升级、实现超高速通信具有十分重要的意义.

WDM 不是增加光纤能力的唯一办法, 在图 10.1 中说明了两种基本的复用格式, 它们都能增加光纤的容量: 时分复用 (TDM) 和波分复用 (WDM). 两种方式都把来自各种渠道的信息复用到一个单一的信息渠道, 因而复用既可在时间上又可用不同的频率 (波长) 来完成.

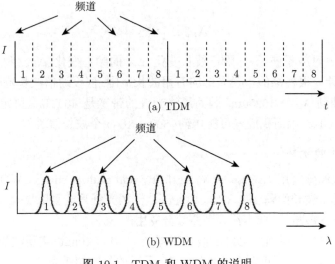

图 10.1　TDM 和 WDM 的说明

10.1.1　复用原理

1. WDM 的原理

在发送端采用复用器将不同波长的光信号进行合并, 在接收端利用解复用器将合并的光信号分开并送入不同的终端. 采用波分复用技术后, 将光纤可能应用的波长范围划分成若干波段, 每个波段作为一个独立的通道传输某一波长的光信号.

一个使用 N 个信道的 WDM 系统如图 10.2 所示, 该系统中为了在一根光纤中提高传输容量复用了 3 个波长. 使用国际电信联盟所推荐的波长通过激光二极管发射进入复用器 (MUX) 的输入端, 所有的波长结合在一起后耦合到一根单模的光纤中. 如果需要, 传播的光在光纤中用光纤放大器放大, 最终进入解复用器 (DMUX), 所有的光信号被分离并传送到各自的输出端.

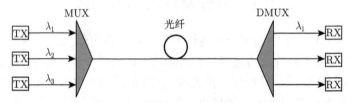

图 10.2　一个典型的 WDM 系统实施架构图

为了找出对应于在光区中的频谱宽度, 我们使用 $c = \lambda \cdot \nu$ 的关系, 其中 λ 是波长, ν 是载波频率, c 是光速. 对它求导数

$$\mathrm{d}\nu = c \frac{\mathrm{d}}{\mathrm{d}\lambda}\left(\frac{1}{\lambda}\right)\mathrm{d}\lambda = -\frac{c}{\lambda^2}\mathrm{d}\lambda$$

或者

$$|\Delta\nu| = \frac{c}{\lambda^2}|\Delta\lambda| \tag{10.1}$$

上述公式代表对应于波长 λ 附近波长变化 $\Delta\lambda$ 的频率变化 $\Delta\nu$. 利用上述公式, 我们可以估计一根标准的单模光纤的有用波长范围. 假设通信波长范围是从 $\lambda_1 = 1280\mathrm{nm}$ 延伸到 $\lambda_2 = 1625\mathrm{nm}$, 因而最终光纤的带宽是 40THz. 假定信道间隔为 50GHz 或 25GHz, 因而我们有可能传输 $800 \sim 1600$ 个波长信道.

2. WDM 的分类

(1) 稀疏波分复用 (coarse wavelength division multiplexing, CWDM)：光载波通道间距较宽, 波长间隔 $\Delta\lambda = 10 \sim 100\mathrm{nm}$. 一根光纤只能复用 2~16 个波长的光信号; 采用非冷却激光, 成本约为密集波分复用的 30%.

(2) 密集波分复用 (DWDM)：波长间隔 $\Delta\lambda = 1 \sim 10\mathrm{nm}$. 实现波长间隔较小的 8 个、16 个、32 个乃至更多个波长的复用, 采用的是冷却激光.

(3) 光频分复用 (orthogonal frequency division multiplexing, OFDM): 也称超密集波分复用, 波长间隔 $\Delta\lambda < 1\text{nm}$, 器件和技术要求更加严格.

10.1.2 技术特点

1. 巨大带宽资源

WDM 系统可充分利用光纤的巨大带宽资源 (低损耗波段), 使得一根光纤的传输容量比单波长传输时增加几十倍甚至上百倍, 从而降低了成本. 目前商用已经达到 100Gbit/s 的传输带宽.

2. 对数据"透明"传输

WDM 系统按光波长的不同进行复用和解复用, 与信号的速率和电调制方式无关, 对数据是透明传输, 可通过增加一个附加波长引入新业务或者新容量, 如 IP over WDM 技术. 对业务信号来说, WDM 系统中的各个光波长通道就像"虚拟"的光纤一样.

3. 平滑的升级扩容

在网络扩容和发展中, 无需对光缆线路进行改造, 只需要增加相应设备的复用光波长通道数, 即可增加系统的传输容量以实现系统扩容, 从而实现平滑升级, 能够最大限度地保护已有投资.

4. 高度的组网灵活性、经济性和可靠性

利用 WDM 技术构成的新型通信网络比利用传统的电时分复用技术组成的网络结构要大大简化, 网络层次分明, 各种业务的调度只需调整相应光信号的波长即可实现.

10.1.3 传输方式

WDM 系统组网主要有两种方式, 即单向传输和双向传输.

1. 单向传输方式

单向传输方式如图 10.3 所示, 采用两根光纤, 一根光纤只完成一个方向光信号的传输, 反向光信号的传输由另一根光纤来完成.

2. 双向传输方式

双向传输方式如图 10.4 所示, 在同一根光纤中实现两个方向光信号的同时传输, 但两个方向光信号应安排在不同波长上.

单纤双向 WDM 传输方式允许单根光纤携带全双工通路, 通常可以比单向传输方式节约一半的光纤器件, 但是需要采用特殊的措施来处理光反射, 以防多径干

扰; 当需要将光信号放大以延长传输距离时, 必须采用双向光纤放大器以及光环形器等元件.

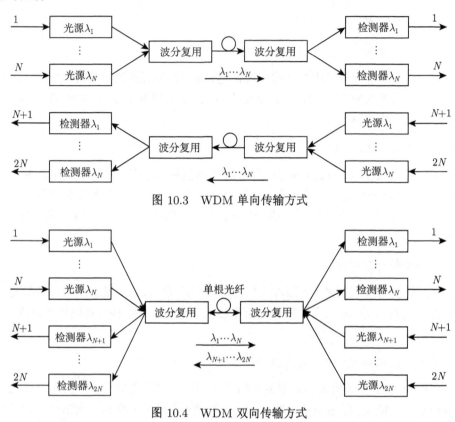

图 10.3　WDM 单向传输方式

图 10.4　WDM 双向传输方式

10.1.4　系统组成

WDM 传输系统结构由光发射机、光中继放大器、光接收机、光监控信道和光纤等组成, 如图 10.5 所示.

1. 光发射机

利用光转换单元 (optical transmission unit, OTU) 将非特定波长的光信号转换成特定波长的光信号; 先用 pin 型光电二极管或 APD 把接收到的光信号转换为电信号, 然后对该电信号采用标准波长的激光器进行调制, 从而得到合乎要求的光波长信号. 合波器每一个输入端口输入一个预选波长的光信号, 输入的不同波长的光信号合成一路由同一输出端口输出. 经后置功率放大器 (booster amplifier, BA) 放大后输出多通道光信号.

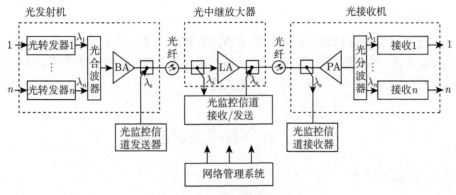

图 10.5 WDM 传输系统结构

2. 光中继放大器

光中继放大器可对光信号进行直接放大, 同时还具有实时、高增益、宽带、在线、低噪声和低损耗的特点. 目前实用的光放大器主要有掺铒光纤放大器 (EDFA)、半导体光放大器 (SOA) 和光纤拉曼放大器 (fiber Raman amplifier, FRA) 等, 通常使用线路放大器 (line amplifier, LA) 对多通道光信号进行中继放大. 在 WDM 系统中, 必须采用增益平坦技术, 使光放大器对不同波长的光信号具有相同的放大增益, 同时还要考虑到不同数量的光信号通道同时工作的各种情况, 确保光信号通道的增益不影响传输性能.

3. 光接收机

在接收端, 前置放大器 (PA) 放大经传输而衰减的光信号后, 利用光分波器 (解复用器) 从光信号中分出特定波长的信号送往各终端设备, 并通过接收模块将特定波长的光信号转换成非特定波长的光信号. 光接收机不但要满足一般接收机对光信号灵敏度、过载功率等参数的要求, 还要能够承受一定的光噪声信号.

4. 光监控信道

光监控信道 (optical supervisory channel, OSC) 是为 WDW 传输系统的监控而设立的、利用在低速率下较高的接收灵敏度仍能正常工作的特性来实现监控信息传送的信道. 在发送端, 插入本节点产生的波长为 1510nm 的光监控信号, 与业务通道的光信号合波输出; 在接收端, 将接收到的信号分波, 输出波长为 1510nm 的光监控信号和业务通道光信号. 帧同步字节、公务字节和网管系统所用的开销等, 都是通过光监控信道来传输的.

5. 网络管理系统

通过光监控信道物理层传送开销字节, 对 WDM 系统进行管理, 实现配置管理、故障管理、性能管理和安全管理, 并与上层管理系统 (如电信管理网 (telecommunications management network, TMN)) 相连.

10.2　波分复用关键技术

10.2.1　光放大技术

1. 光放大器

光放大器直接实现光信号的放大, 放大前后波形如图 10.6 所示. 光放大器的优点是: ①支持任何比特率和信号格式; ②将光信号放大并能够支持多种比特率、各种调制格式和不同波长的时分/波分复用网络. 光放大器在 WDM 中扮演重要角色, 将波分复用和全光网络的理论变成现实.

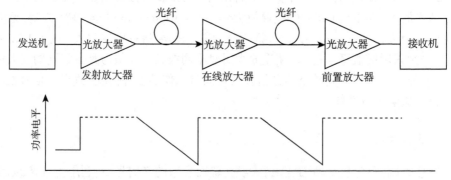

图 10.6　光放大前后波形示意图

常用的光放大器有半导体光放大器 (SOA) 和光纤光放大器 (fiber-based optical amplifier, FOA) 两种. 半导体光放大器实质上是一个没有或有很少光反馈的激光二极管. 光纤光放大器又可以分为掺稀土离子光纤放大器和非线性光纤放大器. 掺稀土离子光纤放大器的工作原理是受激辐射. 非线性光纤放大器是利用光纤的非线性效应放大光信号. 实用光纤放大器有 EDFA 和 RFA. EDFA 是大容量 DWDM 系统中必不可少的关键部件, 具有增益高、输出功率大、工作光学带宽较宽、与偏振无关、噪声系数较低、放大特性与系统比特率和数据格式无关等优点. RFA 的增益波长由泵浦光波长决定, 只要泵浦源的波长适当, 理论上可得到任意波长的信号放大, 增益介质为传输光纤本身, 噪声系数低. 当 RFA 与常规 EDFA 混合使用时可大大降低系统的噪声系数, 增加传输跨距.

2. EDFA 的特点

(1) 工作波长处于 $1.53 \sim 1.56\mu m$ 范围, 与单模光纤的最小衰减窗口一致.

(2) 耦合效率高. 由于是光纤光放大器, 易与传输光纤耦合连接, 能量转换效率高. 掺铒光纤 (EDF) 的纤芯比传输光纤小, 信号光和泵浦光同时在掺铒光纤中传播, 光能量非常集中. 这使得光与增益介质铒离子的作用非常充分, 加之适当长度的掺铒光纤, 因而光能量的转换效率高.

(3) 增益高、噪声系数较低、输出功率大. 增益可达 40dB, 噪声系数可低至 $3 \sim 4dB$, 输出功率可达 $14 \sim 20dB$.

(4) 增益特性稳定. EDFA 对温度不敏感, 增益与偏振无关.

(5) 增益特性与系统比特率和数据格式无关.

(6) 增益波长范围固定. 铒离子的能级之间的差值决定了 EDFA 的工作波长范围是固定的, 只能在 1550nm 窗口.

(7) 增益带宽不平坦. EDFA 的增益带宽很宽, 但 EFDA 本身的增益谱不平坦. 在 WDM 系统中应用时必须采取特殊的技术使其增益平坦.

(8) 光浪涌问题. 采用 EDFA 可使输入光功率迅速增大, 但由于 EDFA 的动态增益变化较慢, 在输入信号能量跳变的瞬间, 将产生光浪涌, 即输出光功率出现尖峰, 尤其是当 EDFA 级联时, 光浪涌现象更为明显. 峰值光功率可以达到几瓦, 有可能造成光/电变换器和光连接器端面的损坏.

3. FRA 的特点

(1) 噪声系数极低. 与 EDFA 不同, FRA 的噪声系数非常低, 可到 $-1dB$ 左右, 所以可以大大提高接收端的光信噪比, 从而增加传输距离.

(2) 带宽极宽. 因为 FRA 的增益带宽取决于泵浦激光器的波长, 所以从理论上讲, FRA 可以对任何波长的光进行放大. 设计上, 通过选择合适的泵浦激光器的波长, 可使 FRA 的增益带宽达到 $1300 \sim 1700nm$.

(3) 增益介质为传输光纤本身. FRA 可以对光信号进行在线放大, 构成分布式放大, 实现长距离的无中继传输和远程泵浦, 尤其适用于海底光缆通信等不方便设立中继器的场合.

(4) 增益具有偏振相关性. FRA 的增益与泵浦光的偏振态、被放大光信号的偏振态有关.

(5) 泵浦效率低. FRA 的效率一般仅有 $10\% \sim 20\%$.

10.2.2　复用解复用技术

1. 原理介绍

波分复用系统的核心部件是波分复用/解复用单元, 即光复用单元 (optical multiplexer unit, OMU) 和光解复用单元 (optical demultiplexer unit, ODU), 有时也称合波器和分波器, 实际上均为光学滤波器, 其性能好坏在很大程度上决定了整个系统的性能, 如图 10.7 所示. 波分复用单元的主要作用是将多个信号波长合在一根光纤中传输; 波分解复用单元的主要作用则是将在一根光纤中传输的多个波长信号分离. WDM 系统中波分复用单元要求满足复用信道数量足够、插入损耗小、串音衰耗大和通带范围宽等. 从原理上讲, 复用单元与解复用单元是相同的, 只需要改变输入、输出的方向. WDM 系统中使用的波分复用单元的性能满足 ITU-T G.671 及相关建议的要求.

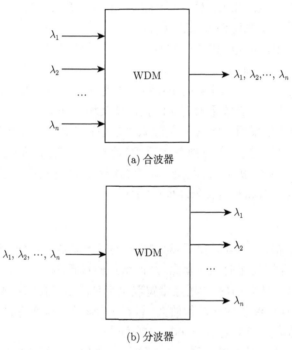

(a) 合波器

(b) 分波器

图 10.7　波分复用器件

　　光波分复用单元的种类有很多, 大致可以分为干涉滤光器型、光纤耦合器型、光栅型和阵列波导光栅型四类.

2. 器件要求

　　为了确保波分复用系统的性能, 对波分复用单元提出了基本要求, 主要是插入损耗小、隔离度大、带内平坦、带外插入损耗变化陡峭、温度稳定性好、复用通路数多、尺寸小等. 常用的几种波分复用器件性能比较见表 10.1 .

表 10.1 波分复用器件性能比较

器件类型	机理	批量生产	通道间隔	通道数	串音	插入损耗	主要缺点
衍射光栅型	角色散	一般	$0.5 \sim 10\text{nm}$	131	$\leqslant -30\text{dB}$	$3 \sim 6\text{dB}$	温度敏感
介质薄膜型	干涉/吸收	一般	$1 \sim 100\text{nm}$	131	$\leqslant -25\text{dB}$	$2 \sim 6\text{dB}$	通路数较少
熔锥型	波长依赖型	较容易	$10 \sim 100\text{nm}$	131	$\leqslant -10\text{dB}$	$0.2 \sim 1.5\text{dB}$	通路数少
集成光波导型	平板波导	容易	$4 \sim 32\text{nm}$	131	$\leqslant -25\text{dB}$	$6 \sim 11\text{dB}$	插入损耗大

10.2.3 克服色散技术

第 5 章讲述了光纤色散的概念及分类, 这里我们提供一种克服色散的解决方案.

在克服色散的方案和技术中, 比较成熟的技术是采用色散补偿光纤 (dispersion compensation fiber, DCF) 对传输线路的色散性能进行补偿.

DCF 是一种特制的光纤, 其色度色散为负值, 恰好与 G.652 光纤相反, 可以抵消 G.652 常规色散的影响. 其色散系数典型值为 $-90\text{ps}/(\text{nm}\cdot\text{km})$, 因此 DCF 只需在线路长度上占 G.652 光纤长度的 $1/5$, 即可使总线路色散值接近零. 采用 DCF 来进行色散补偿是一种无源补偿方法, 十分简单易行. 在目前商用的 DWDM 系统中大量已采用的色散补偿模块就是由 DCF 构成的.

10.2.4 节点技术

1. 光分插复用器

光分插复用器 (optical add and drop multiplexing, OADM) 是在光层实现支路信号的分插和复用功能的网元, 其功能是从传输光路中有选择地上下路本地信号, 同时不影响其他波长信道的传输. OADM 在光层内实现了传统的 SDH 中电 ADM 设备在时域内完成的功能, 而且具有透明性, 可以处理任何格式和速率的信号, 比电 ADM 更优越.

2. 光终端复用器

光终端复用器 (optical terminal multiplexer, OTM) 是将各类业务信号通过合波单元插入到 WDM 的线路上去, 同时经过光分波器从 WDM 线路上分下业务信号的网元.

3. 光交叉连接设备

交叉连接设备 (optical cross-connect, OXC) 是一种兼有复用、配线、保护、恢复、监控和网管的多功能波分网元.

4. 光线路放大器

光线路放大器 (optical line amplifier, OLA) 是通过线路光信号功率的放大, 补偿光信号因长距离的线路传输带来的损耗的一种网元.

10.2.5　光监控信道技术

光监控信道 (OSC) 是 WDM 系统中专用于对网元管理和监控的一个波长信道. 由于 EDFA 只有光放大而无电信号的接入, 尤其是在作为光再生器使用时, 因此必须也增加一个信号对 EDFA 的状态进行监控. 按照 ITU-T 的建议, WDM 系统的光监控信道应该与主信道完全独立, 在 OTM 站的发送方向, OSC 信号是在主信道合波、放大后才接入的; 在接收方向, 先分离 OSC 信号, 才对主信道进行预放和分波. 同样在 OLA 站点, 发方向是最后才接入 OSC; 收方向最先分离出 OSC. 在整个传送过程中, 监控信道没有参与放大, 但在每一个站点, 都被终结和再生了.

1. 光监控信道要求

(1) OSC 不限制光放大器的泵浦波长 (980nm 和 1480nm).

(2) OSC 不限制两个光线路放大器之间的距离.

(3) OSC 不限制未来在 1310nm 波长的业务.

(4) 线路放大器失效时 OSC 仍然可用.

(5) OSC 的传输应该是分段的双向传输.

(6) OSC 传送的监控信息应可以在每个光再生站和 WDM 系统局站上分出或者接入.

2. 监控通路接口参数

监控通路的接口参数见表 10.2.

表 10.2　监控通路的接口参数

参数	数值
监控波长	1510nm
监控速率	$\geqslant$2Mbit/s
信号码型	信号反转码 (CMI)
信号发送功率	$-7\sim$0dBm
光源类型	多纵模激光器 (MLMLD)
最小接收灵敏度	$\leqslant-48$dBm

10.3　光 传 送 网

10.3.1　概念与特点

1. 基本概念

随着网络 IP 化进程的不断推进, 传输网组网方式开始由点到点、环网向网状网发展, 网络边缘趋向于传输网与业务网的融合, 网络的垂直结构趋向于扁平化发展. 在这种网络发展趋势下, 传统的 WDM+SDH 的传输方式已经逐渐暴露其不足, 光传送网 (optical transport network, OTN) 组网方式脱颖而出.

OTN 是以波分复用技术为基础, 在光层组织网络的传输网, 由一组通过光纤链路连接在一起的光网元组成, 提供基于光通道的客户信号的传送、复用、路由、管理、监控及保护 (可生存性).

2. 基本特性

1) 多种客户信号封装和透明传输

基于 ITU-TG.709 的 OTN 帧结构可以支持多种客户信号的映射和透明传输, 如 SDH、ATM 、以太网等. 对于 SDH 和 ATM 均可实现标准封装和透明传送.

2) 大颗粒的带宽复用、交叉和配置

OTN 定义的电层带宽颗粒为光通路数据单元, 光层的带宽颗粒为波长, 相对于 SDH 的 VC-12/VC-4 的调度颗粒, OTN 复用、交叉和配置的颗粒明显要大很多, 能够显著提升高带宽数据客户业务的适配能力和传送效率.

3) 强大的开销和维护管理能力

OTN 提供了和 SDH 类似的开销管理能力, OTN 光通路层的 OTN 帧结构大大增强了该层的数字监视能力. 另外, OTN 还提供 6 层嵌套串联连接监视功能, 使端到端和多个分段同时进行性能监视的方式成为可能.

4) 增强了组网和保护能力

通过 OTN 帧结构、光通道数据单元 k (optical channel data unit-k, ODUk) 交叉和多维度可重构光分插复用器的引入, 大大增强了光传送网的组网能力, 改变了基于 SDH VC-12/VC-4 调度带宽和 WDM 点到点提供大容量传送带宽的现状. 前向纠错技术的采用, 显著增加了光层传输的距离. 能提供更为灵活的基于电层和光层的业务保护功能.

10.3.2 与相关网络的关系

1. OTN 与 SDH 的关系

与 SDH 相比, OTN 是面向传送层的技术, 特点是: 结构简单, 内嵌标准前向纠错 (forward error correction, FEC), 丰富的维护管理开销, 只有很少的时隙, 只适用于大颗粒业务的承载与调度. SDH 主要面向接入和汇聚层, 结构较为复杂, 有丰富的时隙, 对于大小颗粒业务都适用, 无 FEC, 电层的维护管理开销较为丰富. OTN 设计的初衷就是希望将 SDH 作为净荷完全封装到 OTN 中, 以弥补 SDH 在面向传送层时的功能缺乏和维护管理开销的不足.

2. OTN 与 WDM 的关系

OTN 基本可以理解为是为 WDM 量身定制的技术, 它为 WDM 设备增加了丰富的多层开销以方便维护, 定义了 ODUk、OTUk 等结构, 使得 WDM 的功能大大增加, 不仅实现了光层交叉调度 (波长调度), 还实现了电层 ODU 的交叉调度, 使得业务调度更加灵活. OTN 解决了传统 WDM 网络无波长/子波长业务调度能力、组网能力弱、保护能力弱等问题.

10.3.3　OTN 的国际标准

1. 标准体系

OTN 标准体系包括一系列协议, 涉及设备管理、抖动和性能、网络保护、设备功能特征、结构与映射、物理层特征和架构, 具体体系结构见表 10.3.

表 10.3　OTN 的 ITU-T 国际标准体系

设备管理	G.874	光传送网元的管理特性
	G.874.1	光传送网: 网元角度的协议中立管理信息模型
抖动和性能	G.8251	光传送网络内抖动和漂移的控制
	G.8201	光传送网络内部多运营商国际通道的误码性能参数和指标
网络保护	G.873.1	光传送网: 线型保护
	G.873.2	光传送网: 环型保护
设备功能特征	G.798	光传送网络体系设备功能块特征
	G.806	传送设备特征 —— 描述方法和一般功能
结构与映射	G.709	光传送网接口
	G.7041	通用成帧规程
	G.7042	虚级联信号的链路容量调整机制
物理层特性	G.959.1	光传送网络的物理层接口
	G.693	用于局内系统的光接口
	G.664	光传送系统的光安全规程和需求
架构	G.872	光传送网络的架构
	G.8080	自动交换光网络 (automatically switched optical network, ASON) 的架构

几个重要协议简介如下:

(1) G.874: 详细规定了用于故障管理、配置管理、计费管理和性能监控的管理功能, 主要描述 OTN 网络用于网元管理层操作系统和光网络网元的设备管理功能之间通信的管理网络架构模型. 光层网络的管理与其客户层网络的管理分离, 这样就可以使用与客户无关的管理方法.

(2) G.709: 定义了光传输网络 n 阶光传送模块 (OTM-n) 信号的要求, 包括开销功能、映射方法和客户信号复用方法、支持多波长光网络开销功能等.

(3) G.798: 规定了网元设备内光传输网络的功能性要求, 包括客户/服务层的适配、层网络的终结功能、连接功能等.

(4) G.872: 描述了光传输网分层结构、特诊信息、客户/服务层之间的关联、网络拓扑和层网络方面的功能, 包括光信号传输、复用、选录、监控、性能评估和网络生存性等.

OTN 的标准体系之间的关系如图 10.8 所示.

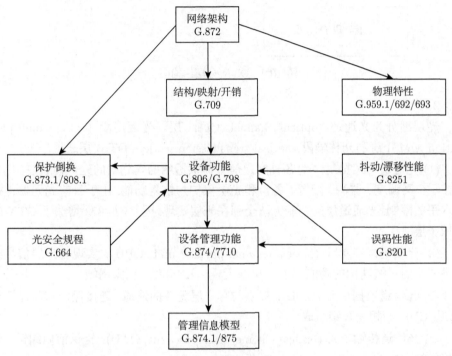

图 10.8　OTN 标准体系关系

2. 层次结构

根据 ITU-T G.872 标准的定义, OTN 分为两层: 客户层 (client) 和光层 (optic), 层次结构如图 10.9 所示.

1) 客户层

客户层包括很多种, 如 SDH/SONET、以太网、ATM、IP、MPLS, 甚至 OTN 信号自身. OTN 按照层次的顺序逐步把这些客户信号封装成可以在光纤传输的信号.

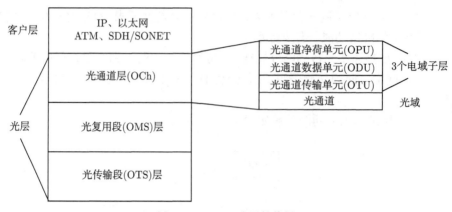

图 10.9　OTN 分层结构图

2) 光层

光层细分为光通道 (optical channel, OCh) 层、光复用段 (optical multiplex section, OMS) 层和光传输段 (optical transmission section, OTS) 层三层.

(1) 光通道 (OCh) 层: 为各种客户信号提供透明的端到端的光传输通道, 包括连接、交叉调度、监测、配置、备份和光层保护与恢复功能. 由于目前光元器件技术水平的限制, 光通道层的功能无法全部在光层实现, 因此, G.872 增加了 OTN 的电域子层.

(a) 光信道净荷单元 (optical channel payload unit, OPU): 实现客户层信号映射进一个固定帧结构的功能. 如 STM-N 信号、IP 分组、以太网帧.

(b) 光信道数据单元 (ODU): 提供与客户层无关的连通、连接保护和监控等功能, 由 OPU 和相关开销组成.

(c) 光信道传输单元 (optical channel transport unit, OTU): 提供前向纠错、光段层保护和监控等功能.

(2) 光复用段 (OMS) 层: 提供波分复用、复用段保护和恢复等服务功能, 主要包括光复用段层包头处理和光复用段层的操作、管理、维护.

(3) 光传输段 (OTS) 层: 为光信号在不同类型的光媒介 (G.652、G.653、G.655 光纤等) 上提供传输功能、光放大器或中继器的检测、控制功能和光传输段适配信息完整性保证, 主要包括光传输层包头处理和光传输段层的操作、管理、维护.

10.3.4　接口信息结构和功能模块

1. 接口信息结构

OTN 接口信息结构称为光传输模块-n (optical transport module-n, OTM-n), 分为两种结构: 完整功能 OTM 接口 (OTM-$n.m$) 和简化功能 OTM 接口 (OTM-

0.m、OTM-$nr.m$), 如图 10.10 所示.

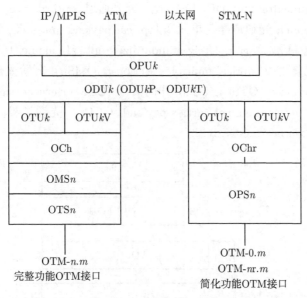

图 10.10 OTN 接口结构

1) 完整功能 OTM 接口

OTM-$n.m(n \geqslant 1)$ 由光传输段 OTSn、光复用段 OMSn、完整功能的光通道 OCh、完全或功能标准化的光通道传送单元 OTUk/OTUkV 和光通道数据单元 ODUk 组成. 其中 n、m、r 含义如下：

n：在波长支持的最低比特率情况下, 接口所能支持的最大波长数目, n 为 0 表示 1 个波长.

m：接口支持的比特率或比特率集合.

r：简化功能 (reduced), 而 OTM-0.m 则不需要标记 r, 因为 1 个波长的情况只能是简化功能.

OTM-$n.m$ 由最多 n 个复用的波长和支持非随路开销 (overhead) 的 OTM 开销信号构成. 光层信号 OCh 由 OCh 净荷和 OCh 开销构成; OMSn 净荷则和 OMSn 开销共同构成 OMU-$n.m$ 单元, 与此类似, OTSn 净荷和 OTSn 开销共同构成 OTM-$n.m$ 单元. 这几部分的光层单元的开销和通用管理信息一起构成了 OTM 开销信号 OOS, 以非随路开销的形式由 1 路独立的光监控信道 OSC 负责传送. 电层单元 OPUk、ODUk、OTUk 的开销为随路开销, 和净荷一同传送.

完整功能 OTM 接口结构如图 10.11 所示.

英文缩写 (全称) 分别是：功能标准化的光通道传送单元 k (functionally standardized optical channel transport unit-k, OTUkV); 光通道单元 k 路径 (optical data unit-k, path, ODUkP); 光数据通道单元 k 串接连接子层 (optical data unit-k, tandem connection monitoring, ODUkT); 简化功能光通道 (optical channel with reduced functionality, OChr); 光通道净荷单元 k (optical payload unit-k, OPUk); 完全标准化的光通道传输单元 k (completely standardized optical channel transport unit-k, OTUk); n 阶光复用段 (optical multiplex section-n, OMSn); n 阶光传输段 (optical transmission section-n, OTSn); OTM 开销信号 (OTM overhead signal, OOS); 光通道载波净荷 (optical channel carrier payload, OCCp); 光通道载波开销 (optical channel carrier overhead, OCCo).

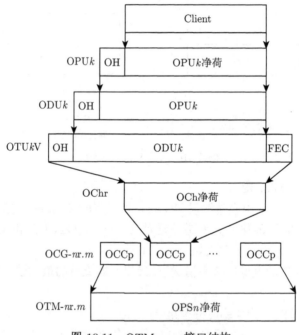

图 10.11　OTM-$n.m$ 接口结构

2) 简化功能 OTM 接口

简化功能 OTM 接口由光物理段 (optical physical section, OPSn)、简化功能的光通道 OChr、完全或功能标准化的光通道传送单元 OTUk/OTUkV、光通道数据单元 ODUk 组成. OTM-0.m 接口结构如图 10.12 所示, OTM-$nr.m$ 接口结构如图 10.13 所示.

客户信号 (如 IP/MPLS、ATM、以太网、SDH 信号) 作为 OPU 净荷加上 OPU 开销后映射到 OPUk, k 可为 1、2、3, $k = 1$ 表示比特率约为 2.5Gbit/s, $k = 2$ 表示比特率约为 10Gbit/s, $k = 3$ 表示比特率约为 40Gbit/s.

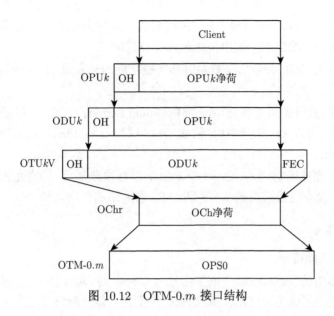

图 10.12   OTM-0.m 接口结构

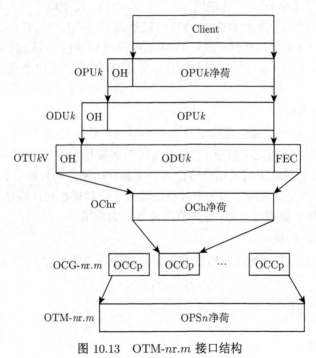

图 10.13   OTM-$nr.m$ 接口结构

OPUk 又作为 ODU 净荷加入, ODUkP、ODUkT、帧对齐开销以及全 0 的 OTU 开销后就组成了 ODUk.

ODUk 合入 OTU 开销和 FEC 区域后映射到完全标准化的光通道传送单元 k-OTUk 或功能标准化的光通道传送单元 k-OTUk[V].

OTUk 合入 OCh 开销后又被映射到完整功能的光通道 OCh 或简化功能的光通道 OChr.

OCh 被调制到光通道载波 (optical channel carrier, OCC) 上以后, n 个 OCC 进行波分复用, 合入 OMS 开销后, 构成 OMSn 接口. OMSn 合入 OTS 开销后, 构成 OTSn 单元.

而 OChr 则被调制到 OCCr, n 个 OCCr 进行波分复用, 构成光物理段 OPSn, OPSn 结合了没有监控信息的 OMS 和 OTS 层网络的传送功能.

2. 功能模块

1) OTU 功能模块

波分设备中的发送 OTU 完成了信号从 Client 到 OCC 的变化; 波分设备中的接收 OTU 完成了信号从 OCC 到 Client 的变化. 客户侧信号进入 Client, Client 对外的接口就是 DWDM 设备中的 OTU 的客户侧, 其完成了从客户侧光信号到电信号的转换. Client 加上 OPUk 的开销就变成了 OPUk; OPUk 加上 ODUk 的开销就变成了 ODUk; ODUk 加上 OTUk 的开销和 FEC 编码就变成了 OTUk; OCC 完成了 OTUk 电信号到发送 OTU 的波分侧发送光口送出光信号的转换过程.

2) OMS 功能模块

波分设备中的复用模块完成了从多个独立的特定波长信号转换为主信道信号的过程, 即光复用段的复用功能; 波分设备中的解复用模块 (解复用单元、OADM 的下波部分) 完成了从主信道信号转换为多个独立的特定波长信号的过程, 即光复用段的解复用功能; 从发送站点的合波模块输入光口到接收站点的分波模块输出光口之间的光路属于复用段光路, 即光复用段管理的范围.

3) OTS 功能模块

从发送站点的合波模块的输出到接收站点的分波模块之间是 OTSn 管理的范围.

10.3.5　OTN 开销

1. 基本概念

开销是在 OTN 网络传输过程中, 由于需要对传输信号变换数据格式, 加入一些保证正常传输所必需的冗余数据. OTN 协议中帧开销主要由以下部分组成: OTUk/ODUk 帧定位开销、OTUk 特征开销、ODUk 特征开销、OPUk 特征开销.

2. OTUk/ODUk 帧定位开销

OTUk/ODUk 帧定位开销在帧结构中的位置如图 10.14 所示. OTUk/ODUk 帧定位开销应用于 OTUk 帧和 ODUk 帧结构中. 它包括两个部分: 帧定位信号 (frame alignment signal, FAS) 和复帧定位信号 (multi frame alignment signal, MFAS).

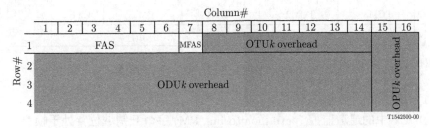

图 10.14　OTUk/ODUk 帧定位开销在帧结构中的位置

3. OTUk 开销

OTUk 开销在帧结构中的位置如图 10.15 所示.

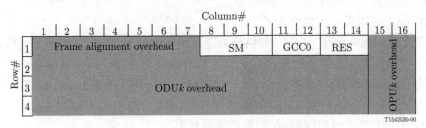

图 10.15　OTUk 开销在帧结构中的位置

1) OTUk 段监控开销

OTUk 中的段监控 (section monitoring, SM) 开销域位置处于帧第 1 行的第 8 列~第 10 列, 用于支持段监测.

2) OTUk 通用通信信道开销

通用通信信道 0(general communication channel 0, GCC0) 开销占 2 字节, 位于 OTUk 开销区的第 1 行的第 11 列和第 12 列. 这两个字节的开销用于支持在 OTUk 终端点之间的通用通信通道.

3) OTUk 保留开销

保留开销 (reserved overhead, RES) 是为国际标准保留的开销字节, 占 2 字节空间, 位于第 1 行的第 13 列和第 14 列, 设置为全 "0".

4. ODUk 开销

ODUk 开销在帧结构中的位置如图 10.16 所示.

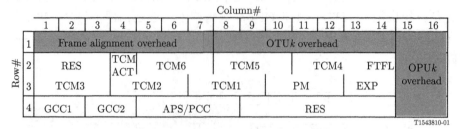

图 10.16 ODUk 开销在帧结构中的位置

1) ODUk 通道监控开销

ODUk 中的通道监控 (path monitoring, PM) 字节开销域位置处于帧第 3 行的第 10 列~第 12 列, 用于支持路径监测.

2) ODUk 串联监测开销

ODUk 串联监测 (tandem connection monitoring, TCM) 开销在 ODUk 中共有 6 个区, 位于 ODUk 开销区的第 1 行的第 5 列~第 13 列和第 3 行的第 1 列~第 9 列. TCM 支持以下一个或多个网络应用.

3) ODUk 通用通信信道开销

每个通用通信信道 (GCC) 开销分为通用通信信道 1 (GCC1) 和通用通信信道 2 (GCC2). 开销占 2 字节的空间, 2 个 GCC 开销支持在任何两个网络元素之间的 2 个通用通信信道, 这些都是空信道. GCC1 位于 ODUk 开销区的第 4 行的第 1 列和第 2 列, GCC2 位于 ODUk 开销区的第 4 行的第 3 列和第 4 列.

4) ODUk 自动保护倒换/保护通信通道开销

自动保护倒换/保护通信通道 (automatic protection switching and protection communication channel, APS/PCC) 开销占 4 字节空间, 位于 ODUk 开销区的第 4 行的第 5 列~第 8 列. 最多到 8 级的 APS/PCC 嵌套信号可以放入这个开销区.

5) ODUk 故障类型和故障定位开销

故障类型和故障定位 (fault type and fault location, FTFL) 开销位于 ODUk 第 2 行的第 14 列, 用于故障类型和故障定位.

6) ODUk 试验开销

试验开销 (experimental overhead, EXP) 位于 ODUk 开销区的第 3 行的第 13 列和第 14 列, 作为试验用途.

7) ODUk 保留开销

在 ODUk 开销区有 9 字节的保留开销 (RES), 留给以后的国际标准使用. 具体位于 ODUk 开销区第 2 行的第 1 列~第 3 列和第 4 行的第 9 列 ~第 14 列. 这些字节设置为全"0".

5. OPUk 开销

OPUk 的开销包括净荷结构标识符 (payload structure identifier, PSI)、有关级联的开销和有关客户信号映射到 OPUk 净荷的开销. PSI 又包含净荷类型 (payload type, PT). OPUk 的开销位置如图 10.17 所示.

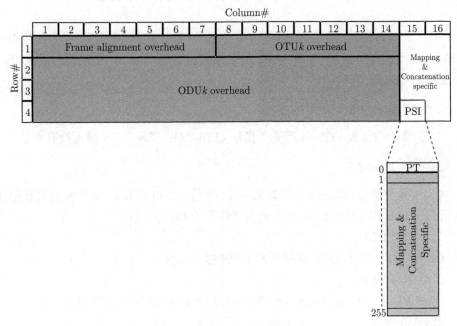

图 10.17　OPUk 的开销位置

10.3.6　OTN 维护信号

1. 维护信号类型

OTN 的维护信号包括: 告警指示信号 (alarm indication signal, AIS), 前向失效指示 (forward failure indication, FDI), 开放连接指示 (open connection indication, OCI), 锁定信号 (LCK), 净荷丢失指示 (payload missing indication, PMI).

1) AIS

AIS 向下游传送, 指示上游检测到的信号失效. AIS 由适配宿功能产生, 当踪迹终止宿功能检测到 AIS 以后, 会一直由于上游某点初始信号传送中断而产生故障或失效.

2) FDI

FDI 向下游传送, 指示上游检测到的信号失效. FDI 与 AIS 是相似的信号. AIS

是数字领域的术语, FDI 是光领域的术语. FDI 作为 OTM 开销信号中的非随路开销进行传输.

3) OCI

OCI 向下游传送, 指示上游信号未连接到路径终结源接点.

4) LCK

LCK 向下游传送, 指示上游信号连接被锁定, 没有信号通过.

5) PMI

PMI 向下游传送, 指示上游信号源接点的支路时隙没有光信号, 或光信号中没有净荷, 表明该支路光信号传输中断, 用来抑制在这种情况下产生的信号丢失 (loss of signal, LOS) 失效.

2. OTS 维护信号

OTS 维护信号为 OTS 净荷丢失指示 OTS-PMI, 指示 OTS 净荷没有光信号.

3. OMS 维护信号

OMS 维护信号有 OMS 前向缺陷指示–净荷 (OMS-FDI-P)、OMS 前向缺陷指示–开销 (OMS-FDI-O) 和 OMS 净荷丢失指示 (OMS-PMI).

1) OMS-FDI-P

OMS-FDI-P 指示 OTS 网络层的 OMS 服务层失效.

2) OMS-FDI-O

OMS-FDI-O 指示由 OOS 信号失效引起 OMS OH/OOS 的传送受干扰.

3) OMS-PMI

OMS-PMI 指示 OCC 不存在光信号.

4. OCh 维护信号

OCh 维护信号有 OCh 前向缺陷指示–净荷 (OCh-FDI-P)、OCh 前向缺陷指示–开销 (OCh-FDI-O) 和 OCh 开放连接指示 (OCh-OCI).

1) OCh-FDI-P

OCh-FDI-P 指示 OMS 网络层的 OCh 服务层失效. 当 OTUk 终结时, OCh-FDI-P 将作为 ODUk-AIS 信号继续传送.

2) OCh-FDI-O

OCh-FDI-O 指示由 OOS 信号失效引起 OCh OH/OOS 的传送受干扰.

3) OCh-OCI

OCh-OCI 指示下游传输处理功能 OCh 连接没有绑定或者连接到一个终止源功能. 此信号用于指示下游区分光通路丢失故障或者由于连接开放故障.

5. OTUk 维护信号

OTUk-AIS 是一个通用 AIS 信号, 指示信号用以支持未来服务层应用. OTN 设备应能检测到该信号, 但不要求产生该信号.

6. ODUk 维护信号

ODUk 维护信号包括 ODUk 告警指示信号 (ODUk-AIS)、ODUk 开放连接指示 (ODUk-OCI) 和 ODUk 锁定 (ODUk-LCK).

1) ODUk-AIS

ODUk-AIS 插入区域填充 "1111 1111". 插入区域是除 FA OH、OTUk OH、ODUk FTFL 外的整个 ODUk 信号.

ODUk-AIS 是通过监视 PM、TCMi 开销中的 ODUk STAT(statment) 比特来判断的.

2) ODUk-OCI

ODUk-OCI 插入区域填充 "0110 0110". 插入区域是除 FA OH、OTUk OH 外的整个 ODUk 信号.

ODUk-OCI 是通过监视 PM、TCMi 开销中的 ODUk STAT 比特来判断的.

3) ODUk-LCK

ODUk-LCK 插入区域填充 "0101 0101". 插入区域是除 FA OH、OTUk OH 外的整个 ODUk 信号, ODUk-LCK 是通过监视 PM、TCMi 开销中的 ODUk STAT 比特来判断的.

10.4 波分复用系统的实际应用

10.4.1 波分复用系统的网元类型

波分复用系统由光终端复用设备 (OTM)、光线路放大设备 (OLA)、中继设备 (regeneration station, REG)、光分插复用设备 (OADM) 等构成, 可组成点到点、链形、环形、网状等复杂网络.

1. OTM

OTM 将业务信号通过合波单元插入到波分系统的线路上去, 同时可将业务经过分波单元从波分系统的线路上分下来. OTM 主要包含光复用/解复用单元、光放大单元、波长转换单元和光监控单元. OTM 主要用于组建简单的链形网络, 实现大量波长业务的集中上下. OTM 信号流向如图 10.18 所示.

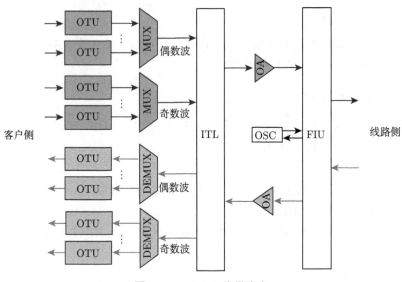

图 10.18　OTM 信号流向

2. OLA

OLA 用来对双向传输信号直接进行光放大, 从而延伸传输距离. OLA 包括光放大模块、色散补偿模块、光监控单元以及其他辅助处理模块. OLA 信号流向如图 10.19 所示.

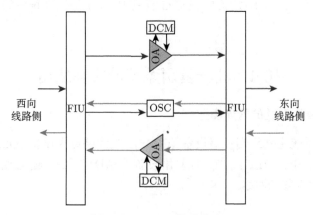

图 10.19　OLA 信号流向

3. REG

REG 完成电信号再生, 改善信号质量, 延伸传输距离. REG 信号流向如图 10.20 所示.

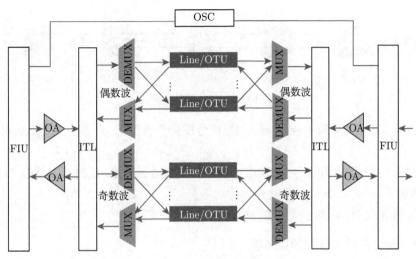

图 10.20 REG 信号流向

4. OADM

OADM 的主要功能是从多波长信道中分出或插入一个或多个波长, 在传输中实现波长的上下. OADM 包括复用/解复用模块、光放大模块、OCh 上下模块、色散补偿模块以及其他辅助处理模块. OADM 站点可分为固定光分插复用设备 (fixed OADM, FOADM) 和可重构光分插复用设备 (reconfigurable OADM, ROADM) 两种类型:

(1) FOADM 可以将从合波光信号中分插出的特定波长的光信号送入 OTU 或线路板, 同时将从 OTU 单板或线路板发送的符合 WDM 标准波长的光信号复用进合波光信号. FOADM 主要用于组建环形网和链形网, 但由于 FOADM 可上下的波长固定, 灵活性受到限制, 因此主要用于在城域网范围内构建中小容量节点引入.

(2) ROADM 可以从合波信号中分插出任意的单波或合波信号, 实现多个维度的动态光波长调度, 并可实现上述过程的逆过程. ROADM 能实现对波长的灵活交叉连接, 从而实现灵活组网、波长复用、保护和端到端业务调度等功能.

5. 举例说明

假设业务信号 A 和 B 都从城市 A 出发, 信号 A 要到达城市 E, 信号 B 要到达城市 D, 如图 10.21 所示.

(1) 业务信号 A 和 B 通过 OTM 站点上线路.

(2) 业务信号 A 和 B 到达城市 B, 由于光功率已经衰减了, 需要在 OLA 站点进行光信号的放大.

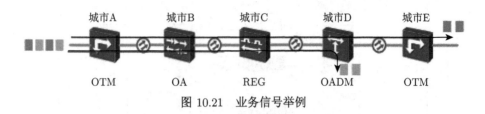

图 10.21　业务信号举例

(3) 业务信号 A 和 B 到达城市 C, 信号质量严重下降, 需要在 REG 站点进行再生.

(4) 业务信号 A 和 B 到达城市 D, 信号 B 到达目的地, 这时可以通过 OADM 站点落地了.

(5) 业务信号 A 到达城市 E, 通过 OTM 落地了.

10.4.2　波分复用系统的常见单板

波分设备的常见单板主要包括波长转换单元、光放大单元、光复用/解复用单元、光监控单元、主控单元及其他辅助处理单元. 各单板的主要功能如表 10.4 所示.

表 10.4　常见单板及主要功能

常见单板	功能描述
波长转换单元	(1) 在发端将非标准波长的信号转换成符合 G.692 规范的标准波长. (2) 在接收端将符合 G.692 规范的标准波长信号还原, 同时对信号进行再生. (3) 具有 B1 和 J0 字节的监视能力, 为故障定位提供了方便
光放大单元	用以实现波分复用系统长距离传输, 实际使用最多的是 EDFA, 对多波合路信号进行放大. 这些单板大部分为光器件, 性能稳定
光复用/解复用单元	波分复用系统的核心器件, 完成光层上的复用/解复用功能, 一般有分波器、合波器和光分插复用器三种. 这些单板大部分为光器件, 性能稳定
光监控单元	一个特别重要并相对独立的子系统, 用于传送全系统各个层面的网管管理和监控信息, 并提供公务电话通路
主控单元	波分复用系统的控制中心, 承载大量的配置数据
其他辅助处理单元	通过光谱分析单元对波分复用系统的复用/解复用单元或者光放大单元输出光信号的波长、功率、信噪比进行不中断业务的监控, 并上报主控单元和网管, 便于设备的维护

10.4.3　波分复用系统的组网应用

1. 点到点组网

点到点组网是最简单的一种组网形式, 用于端到端的业务传送, 一般用于常见的语音业务、数据专线业务和存储业务, 其组网如图 10.22 所示.

图 10.22　点到点组网

2. 链形组网

当部分波长需要在本地上下业务, 而其他波长继续传输时, 就需要光分插复用设备 OTM 组成的链形网络. 链形组网应用的业务类型与点到点组网类似, 且更加灵活, 其组网如图 10.23 所示.

图 10.23　链形组网

3. 环形组网

为提高传输网络的保护能力, 在城域 WDM 系统中, 绝大多数采用环形组网, 其组网如图 10.24 所示.

图 10.24　环形组网

4. MESH 组网

MESH 组网中大量节点之间有直达路由互连, 因此没有节点瓶颈, 组网灵活, 具备良好的扩展性, 同时具备设备失效时通过路由迂回确保业务畅通的功能, 其组网如图 10.25 所示.

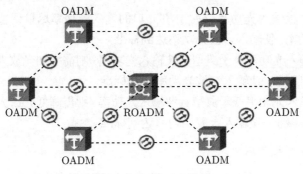

图 10.25　MESH 组网

10.4.4　连接调测操作

1. WDM 光功率调测思路

(1) 波分复用系统一般以每两个终端站点光终端复用器 OTM 之间的站点为一个网络段, 每一网络段中包含对应收发方向的两个信号流向. 波分系统在每个网络段中采用按照信号流向逐站点调测光功率的方式, 首先完成某 OTM 终端站点发送方向的光功率调测, 沿该信号方向, 逐站完成信号下游各站点光功率调测, 最终完成该信号流向终点的 OTM 站点的接收方向的光功率调测. 然后沿如上信号流向的逆方向, 完成另一信号流向的光功率调测.

(2) 调测的光功率应在最大和最小允许的范围之间. 光功率调测应留出一定的余量, 保证系统在一定范围内的功率波动不影响正常业务. 按照信号的流向顺序调测各个站点、各个单板的光功率值. 根据单板的光功率、增益和插损等要求, 排除线路和单板的异常衰耗.

(3) 主要围绕 OTU 单板、光中继放大板、光监控信道板、复用/解复用板的光功率调测要求进行调测.

2. OTU 调测要求

1) 支线路合一 OTU 调测

支线路合一光转换单元 OTU 调测时, 需要将 OTU 单板客户侧输入光口 (RXn) 和波分侧输入光口 (IN) 的光功率调节到最佳接收范围内: (光功率灵敏度+3)~(光功率过载点-5)dBm.

2) 支线路分离 OTU 调测

支线路分离光转换单元 OTU 调测时, 需要将支路板输入光口 (RXn) 和线路板输入光口的光功率调节到最佳接收范围内: (光功率灵敏度+3)~(光功率过载点-5)dBm.

3. 光中继放大板光功率调测要求

调节光放大板输入光功率, 使"IN"光口的输入光功率尽量调整到光放大板典型合波输入光功率, 使输入合波光功率达到标准.

如果合波输入光功率高于典型合波输入光功率, 则需增加光放大板输入端前置可调衰减器的衰减值, 使输入合波光功率达到标准.

如果合波输入光功率低于典型合波输入光功率, 则需降低光放大板输入端前置可调衰减器的衰减值, 使输入合波光功率达到标准.

4. 光监控信道板调测要求

将光功率计的波长设置为 1550nm, 并将光监控单元的单板"RM"光口光功率调节到最佳接收范围内: (光功率灵敏度+3)~(光功率过载点−5)dBm.

5. 复用/解复用板光功率调测要求

调节复用单元的单板光功率: 通过调节单板内的可变光衰减器 (variable optical attenuator, VOA), 使接收端各个波长的光功率的平坦度达到要求. 调测前将复用单元使用通道 VOA 的衰减量调至 5dB. 检测光谱分析单元的单板中该通道的单波输出光功率, 然后调节复用单元中该通道的 VOA, 使该通道输出光功率在 3.5~4.5dBm 范围内.

10.4.5 业务配置操作

1. 子网连接保护

1) 子网连接保护定义

子网连接保护 (sub network connection protection, SNCP) 是指对某一子网连接预先安排专用的保护路由, 一旦子网发生故障, 专用保护路由便取代子网承担在整个网络中的传送任务. SNCP 每个传输方向的保护通道都与工作通道走不同的路由, 采用双发选收方式实现保护功能. SNCP 的子网是广义上的子网, 即一条链或一个环都是一个子网. SNCP 对所有通道保护的场合都能胜任.

2) 子网连接保护类型

ODUk SNCP 保护的是 OTN 中 ODUk 级别的业务.

根据对例换启动条件监测方式的不同, ODUk SNCP 保护类型包括 SNC/I、SNC/N、SNC/S 三种子类型, 三种保护的区别在于对 OTN 的段监视 (SM)、通道监视 (PM)、串联链接监视 (TCM) 段开销的监视能力不同, 体现在告警触发条件不同.

SNC/I: 固有监视, 保护 ODUk 链路上的业务, 用服务层固有的可用信息启动客户层的保护倒换.

SNC/N: 非介入监视, 检测 ODUk 本层的故障, 使用客户层的 "只听" 监视功能, 不影响业务信号.

SNC/S: 子层监视, 通过监视 TCM 得到信号的质量情况, 只有保护域内可以触发倒换, 接入的 ODUk 层的故障不会触发倒换.

根据对保护路径利用情况的不同可以分为 1+1 的 SNCP 和 1:1 的 SNCP 两种.

1+1 方式: 指发端在主备两个信道上发同样的信息 (并发), 收端在正常情况下选收主用信道上的业务, 因为主备信道上的业务一模一样 (均为主用业务), 所以在主用信道损坏时, 通过切换选收备用信道而使主用业务得以恢复. 此种倒换方式又叫做单端倒换 (仅收端切换), 倒换速度快, 但信道利用率低.

1:1 方式: 指在正常时发端在主用信道上发主用业务, 在备用信道上发额外业务 (低级别业务); 收端从主用信道收主用业务, 从备用信道收额外业务.

另外, 根据工作路径正常反倒换是否返回可以分为返回式 SNCP 和非返回式 SNCP 两种; 根据对 SNCP 两端倒换时是否协同动作又可分为单向倒换保护和双向倒换保护两种.

3) ODUk SNCP 保护实现步骤

正常状态下, 发送站点的支路 OTU 同时发送信号到工作线路 OTU 和保护线路 OTU, 接收站点选收工作通道的信号, 如图 10.26 所示.

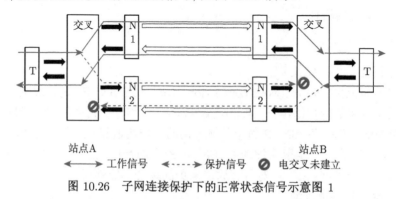

图 10.26   子网连接保护下的正常状态信号示意图 1

当工作通道发生故障, 工作通道线路 OTU 单板上报信号失效/信号劣化消息, 如图 10.27 所示.

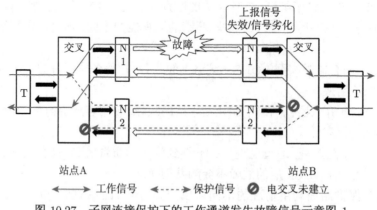

图 10.27   子网连接保护下的工作通道发生故障信号示意图 1

主机根据上报的信号失效/信号劣化消息, 下发命令删除工作线路 OTU 到支路 OTU 的电交叉, 同时建立保护线路 OTU 到支路 OTU 的电交叉, 如图 10.28 所示. 倒换完成后, 上报倒换告警至主控板, 主控板再上报至网管.

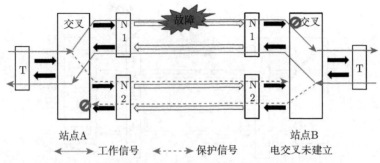

图 10.28 子网连接保护下的工作通道发生故障信号示意图 2

2. 客户侧 1+1 保护原理

1) 客户侧 1+1 保护

客户侧 1+1 保护通过运用双发选收功能, 在 OTU 线路侧故障、单板故障和子架故障情况下对业务进行保护. 客户侧 1+1 保护包含三种: 本子架客户侧 1+1 保护、跨子架客户侧 1+1 保护、跨网元客户侧 1+1 保护.

2) 客户侧 1+1 保护步骤

正常情况下, 发送站点光保护单元的单板同时发送信号给工作通道 OTU 和保护通道 OTU, 接收点选收工作通道的信号, 如图 10.29 所示.

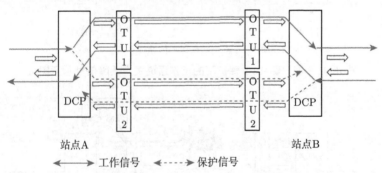

图 10.29 客户侧 1+1 保护下的正常状态信号示意图 2

当工作通道发生故障时, 工作通道 OTU 单板上报信号失效/信号劣化消息, 如图 10.30 所示.

主机根据上报的信号失效/信号劣化消息, 下发关激光器命令, 关闭工作通道客户侧激光器, 并将工作通道的状态置为输入信号失效/信号劣化, 如图 10.31 所示.

DCP 检测到主通道信号失效, 备通道正常, 光开关切换到备通道, 选收备通道传来的信号, 倒换完成, 上报倒换事件给主机, 如图 10.32 所示. 主机收到 DCP 上报的倒换事件, 将倒换事件上报至网管.

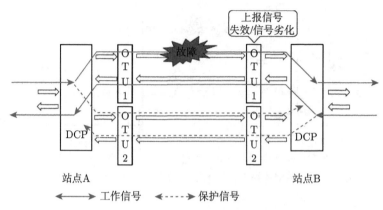

图 10.30　客户侧 1+1 保护下的工作通道发生故障信号示意图 3

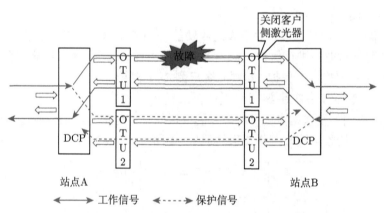

图 10.31　客户侧 1+1 保护下的工作通道发生故障信号示意图 4

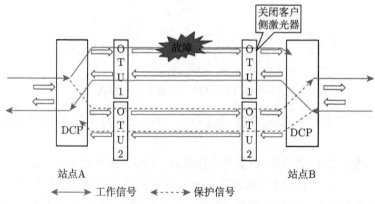

图 10.32　客户侧 1+1 保护下的工作通道发生故障信号示意图 5

10.5 光传输网的技术演进

随着近年来通信、宽带业务的海量需求, 光传输网的规模和带宽能力在迅速扩张, 其技术主要经历了 PDH、SDH、WDM、OTN、PTN 等的发展. 时至今日, 光传输网已经进入到了 100Gbit/s 商业化规模部署和基于 ASON 的智能光网络. 下面对光传输网的技术演进进行简单的介绍, 前文已经提到的 WDM 和 OTN 不再复述.

10.5.1 准同步数字序列

准同步数字序列 (plesiochronous digital hierachy, PDH) 是在数字通信网的每个节点上都分别设置高精度的时钟, 这些时钟的信号具有统一的标准速率. 尽管每个时钟的精度都很高, 但总还是有一些微小的差别. 为了保证通信的质量, 要求这些时钟的差别不能超过规定的范围. 因此, 这种同步方式严格来说不是真正的同步, 所以叫做 "准同步".

PDH 是一种早期的通信传输制式, 主要兴盛于 20 世纪 80 年代至 90 年代初, 后随着 SDH 的兴起而逐渐衰落. PDH 系统存在的缺点主要有: 一是没有世界性的标准, 欧洲、北美、日本各成一派, 使用不同的速率标准; 二是没有标准的光接口规范, 无法实现互联互通; 三是网络管理能力差, 帧结构中没有安排很多专用于网络运行和维护的比特; 四是多速率等级的信号采用异步复用, 利用率较低.

10.5.2 同步数字序列

同步数字序列 (synchronous digital hierachy, SDH) 是将复接、线路传输以及交换功能融为一体, 并由统一网管系统进行运维的综合信息传输网络, 为不同速率的数字信号提供相应等级的信息结构. SDH 可实现网络有效管理、实时业务监控、动态网络维护、不同厂商设备间的互通等多项功能, 能大大提高网络资源利用率、降低管理及维护费用、实现灵活可靠和高效的网络运行与维护. 具体特点如下:

(1) SDH 传输系统在国际上有统一的帧结构、数字传输标准速率和标准的光路接口, 使网管系统互通, 因此有很好的横向兼容性, 它能与 PDH 完全兼容, 并容纳各种新的业务信号, 形成了全球统一的数字传输体制标准, 提高了网络的可靠性.

(2) SDH 接入系统的不同等级的码流在帧结构净负荷区内的排列非常有规律, 而净负荷与网络是同步的, 它利用软件能将高速信号一次直接分插出低速支路信号, 实现了一次复用的特性, 克服了 PDH 准同步复用方式对全部高速信号进行逐级分解然后再生复用的过程, 因此大大简化了 DXC, 减少了背靠背的接口复用设备, 改善了网络的业务传送透明性.

(3) 由于采用了较先进的分插复用器、数字交叉连接, 网络的自愈功能和重组功能就显得非常强大, 具有较强的生存率. 因 SDH 帧结构中安排了信号的 5% 开销比特, 它的网管功能显得特别强大, 并能统一形成网络管理系统, 对网络的自动化、智能化、生存能力、信道利用率的提高, 以及网络维护管理费用的降低, 都起到了积极作用.

(4) 由于 SDH 有多种网络拓扑结构, 它所组成的网络非常灵活, 它能增强网监、运行管理和自动配置功能, 优化了网络性能, 同时也使网络运行灵活、安全、可靠, 使网络的功能非常齐全和多样化.

(5) SDH 有传输和交换的性能, 它的系列设备的构成能通过功能块的自由组合, 实现不同层次和各种拓扑结构的网络, 十分灵活.

(6) SDH 是严格同步的, 从而保证了整个网络稳定可靠, 误码少, 且便于复用和调整.

(7) SDH 指针调整机理复杂. 指针的作用就是时刻指示低速率信号的位置, 以便在解复用时能正确地拆分成所需的低速率信号; 但是指针调整会引起系统的抖动, 这种抖动多发于网络边界处, 频率低、幅度大, 会导致信号在分拆之后出现严重劣化.

10.5.3　同分组传送网络

同分组传送网络 (packet transport network, PTN) 是基于分组交换的、面向连接的多业务统一传输技术, 不仅能较好地承载电信级以太网业务、满足标准化业务、高可靠性、扩展性、严格的 QoS 和完善的网络管理等基本特性, 而且兼顾了传统的 TDM 和 ATM 业务. PTN 支持多种基于分组交换业务的双向连接通道, 具有适合各种颗粒业务的、端到端的组网能力, 提供了更加适合 IP 业务特性的弹性传输网络, 具备丰富的保护方式.

目前 PTN 的最新国际标准为 IETF/ITU-T JWT 工作组共同负责编制的 MPLS-Transport Profile(MPLS Transport Profile), 其主要特点如下:

(1) 克服了传统 SDH 在以分组交换为主的网络环境中的效率低下的缺点.

(2) 借鉴 MPLS 技术发展一种传送技术. 其数据是基于 MPLS-TP 标签进行转发的.

(3) 面向连接的技术.

(4) 吸收了 MPLS/PWE3(基于标签转发/多业务支持) 和 TDM/OTN(良好的操作维护和快速保护倒换) 技术的优点的通用分组传送技术.

(5) 可以承载 IP、以太网、ATM、TDM 等业务, 其不仅可以承载在 PDH/SDH/OTH 物理层上, 还可以承载在以太网物理层上.

(6) MPLS-TP = MPLS + OAM − IP.

10.5.4　100G 波分复用系统

随着互联网骨干带宽高速增长, 以及宽带用户 (IPTV、视频点播及 4G 业务等) 的增加, 为业务汇聚与核心网络应用提供 100GE 已经成为网络运营商、大型互联网业务提供商的迫切需求, 对波分传输的要求也越来越高. 目前波分复用系统的单波承载能力已经从早期的 10G 发展到 100G, 并实现规模化商用部署.

考虑到波分复用系统和设备的平滑升级演进, 目前 100G 封装映射技术主要有两种: 一是 100G 直接封装技术, 将 100G 业务映射到 OTU 中进行传输, 单波速率 112Gbit/s; 二是 100G 反向封装技术, 将高速串行对的 100G 业务反向复用为 10×10G 或者 4×25G 的低速并行信号.

10.5.5　自动光交换网络

自动光交换网络 (automatically switched optical network, ASON) 是指在信令网控制下完成光网络连接自动交换功能, 具有网络资源按需动态配置能力的光传输网络, 根据功能可分为传送平面、控制平面和管理平面, 这三个平面相对独立又协调工作. 采用 ASON 技术之后, 传统的多层复杂网络结构变得扁平化, 光网络层开始直接承载业务, 避免了传统网络中业务升级时受到的多重限制, 可以满足用户对资源动态分配、高效保护恢复能力以及波长灵活应用等方面的需求. 其主要特点如下:

(1) 以控制为主的工作方式. ASON 从传统的传输节点设备和管理系统中抽离出了控制平面, 并用自动控制取代了管理, 优化对 WDM 波长资源的使用, 从而实现光网络的智能化.

(2) 分布式智能. 传统的光网络采用集中式, 效率较低. ASON 采用网元智能化分布, 网元连接的建立采用分布式动态方式, 各节点自主执行信令、路由和资源分配; 同时采用分布式算法实现快速保护和恢复.

(3) 多层统一协调. 传统的光网络中, 光层网络之间是独立管理与控制的, 之间的协调需要网管的参与. ASON 通过公共的控制平面来协调各层的工作, 通过引入层间信令、层间路由、层发现和多层存储等机制, 增强了网络连接管理和故障恢复能力.

(4) 面向业务. ASON 业务提供能力强大, 业务种类丰富, 能在光层直接实现动态业务分配, 同时可以根据客户需求层次的不同, 提供不同服务等级的业务.

10.6　习　　题

1. 什么是 WDM ? WDM 按照波长间隔分为哪三种?
2. WDM 由哪几部分组成?

3. 目前实用的光纤放大器类型有哪几种?

4. WDM 的传输方式有哪两种? 两者各有什么特点?

5. 波分复用有哪些技术特点?

6. 什么是 DCF? DCF 的作用是什么?

7. WDM 有哪些网元? 各有什么作用?

8. 波分系统中对光监控通路有哪些要求?

9. OTN 的基本特性有哪些?

10. OTN 包括哪些层次结构?

11. 光通道层包括哪三个电域子层?

12. OTN 中帧开销由哪些部分组成?

13. OTN 的维护信号包括哪些?

R 相关文献
eferences

[1] Goff D R, Hansen K S, Stull M K. Fiber Optic Video Transmission: The Complete Guide. Oxford: Focal Press, 2002.

[2] Chen R T, Lome L S. Wavelength Division Multiplexing. Bellington, Washington: SPIE Optical Engineering Press, 1999.

[3] Keiser G. Optical Fiber Communications. 3rd ed. Boston: McGraw-Hill, 2000.

[4] Kartalopoulos S V. DWDM: Networks, Devices and Technology. Hoboken, NJ: IEEE Press, Wiley-Interscience, 2003.

[5] Zheng J, Mouftah H T. Optical WDM Networks: Concepts and Design Principles. Hoboken: IEEE Press, Wiley-Interscience, NJ, 2004.

[6] Palais J C. Fiber Optic Communications. 5th ed. Upper Saddle River, New Jersey: Prentice Hall, 2005.

[7] Kraus J D. Electromagnetics. 4th ed. New York: McGraw-Hill, 1992.

[8] Cheng D K. Field, Wave Electromagnetics. 2nd ed. Reading, Massachusetts: Addison-Wesley Publishing Company, 1989.

[9] Popovic Z, Popovic B D. Introductory Electromagnetics. Upper Saddle River, New Jersey: Prentice-Hall, 2000.

[10] Pedrotti F L, Pedrotti L S. Introduction to Optics. 3rd ed. Upper Saddle River, New Jersey: Prentice Hall, 2007.

[11] Hecht E. Optics. 4th ed. San Francisco: Addison-Wesley, 2002.

[12] Yamamoto Y. Characteristics of AlGaAs Fabry-Perot cavity type laser amplifiers. IEEE J. Quantum Electron., 1980, 16: 1047-1052.

[13] Lin Y K. Problems and Solutions on Optics. Singapore: World Scientific, 1991.

[14] Fleming J W. Dispersion in GeO_2-SiO_2 glasses. Applied Optics, 1984, 23: 4486-4493.

[15] Kasap S O. Optoelectronics and Photonics: Principles and Practices. Upper Saddle River, New Jersey: Prentice Hall, 2001.

[16] Ghosh G, Endo M, Iwasaki T. Temperature-dependent Sellmeier coefficients and chromatic dispersions for some optical fiber glasses. J. Lightwave Technol., 1994, 12: 1338-1342.

[17] 姚启钧. 光学教程. 3 版. 北京: 高等教育出版社, 2002.

[18] 宋贵才, 全薇. 光波导原理与器件. 2 版. 北京: 清华大学出版社, 2016.

[19] 曹庄琪. 导波光学. 北京: 科学出版社, 2007.

[20] Pollock C R, Lipson M. Integrated Photonics. Boston: Kluwer Academic Publishers, 2003.

[21] Chen C, Berini P, Feng D, et al. Efficient and accurate numerical analysis of multi-layer planar optical waveguides in lossy anisotropic media. Optics Express, 2000, 7: 260-272.

[22] Chilwell J, Hodgkinson I. Thin-films field-transfer matrix theory of planar multilayer waveguides and reflection from prism-loaded waveguide. J. Opt. Soc. Amer. A, 1984, 1: 742-753.

[23] Chen C, Berini P, Feng D, et al. Efficient and accurate numerical analysis of multi-layer planar optical waveguides. Proc. SPIE, 1999, 3795: 676.

[24] Visser T D, Blok H, Lenstra D. Modal analysis of a planar waveguide with gain and losses. IEEE J. Quantum Electron., 1995, 31: 1803-1818.

[25] Maerz R. Integrated Optics: Design and Modeling. Boston: Artech House, 1995.

[26] Sadiku M N O. Elements of Electromagnetics. 2nd ed. New York, Oxford: Oxford University Press, 1995.

[27] Kogelnik H. Theory of Optical Waveguides// Tamir T. Springer Series in Electronics and Photonics. Guided-Wave Optoelectronics, volume 26. Berlin: Springer-Verlag, 1988: 7-88.

[28] Coldren L A, Corzine S W. Diode Lasers and Photonic Integrated Circuits. New York: Wiley, 1995.

[29] Liu J M. Photonic Devices. Cambridge: Cambridge University Press, 2005.

[30] Kekatpure R D, Hryciw A C, Barnard E S, et al. Solving dielectric and plasmonic waveguide dispersion relations on a pocket calculator. Optics Express, 2009, 17: 24112-24129.

[31] Keiser G. Optical Fiber Communications. 3rd ed. Boston: McGraw-Hill, 2000.

[32] Pedrotti F L, Pedrotti L S. Introduction to Optics. 3rd ed. Upper Saddle River, New Jersey: Prentice Hall, 2007.

[33] Miya T, Terunuma Y, Hosaka T, et al. Ultimate low-loss single-mode fibre at 1.55μm. Electronics Letters, 1979, 15: 106-108.

[34] Buck J A. Fundamentals of Optical Fibers. 2nd ed. Hoboken, New Jersey: Wiley-Interscience, 2004.

[35] Palais J C. Fiber Optic Communications. 5th ed. Upper Saddle River, New Jersey: Prentice Hall, 2005.

[36] Cheng D K. Fundamentals of Engineering Electromagnetics. Reading, Massachusetts: Addison-Wesley, 1993.

[37] Arfken G. Mathematical Methods for Physicists. Orlando, Florida: Academic Press, 1985.

[38] Okoshi T. Optical Fibers. New York: Academic, 1982.

[39] van Etten W, van der Plaats J. Fundamentals of Optical Fiber Communications. New York: Prentice Hall, 1991.

[40] Pollock C R, Lipson M. Integrated Photonics. Boston: Kluwer Academic Publishers, 2003.

[41] Snyder A W, Love J D. Optical Waveguide Theory. Boston: Kluwer Academic Publishers, 1983.

[42] Gloge D. Weakly guiding fibers. Appl. Opt., 1971, 10: 2252-2258.

[43] Ghatak G, Thyagarajan K. Introduction to Fiber Optics. Cambridge: Cambridge University Press, 1998.

[44] Cherin A H. An Introduction to Optical Fibers. New York: McGraw-Hill, 1983.

[45] 张伟刚. 光纤光学原理及应用. 2 版. 北京: 清华大学出版社, 2017.

[46] Xu C L, Huang W P. Finite-difference beam propagation method for guide-wave optics// Kong J A, Progress in Electromagnetic Research, PIER 11. Cambridge, Massachusetts: EMW Publishing, 1995: 1-49.

[47] Kawano K, Kitoh T. Introduction to Optical Waveguide Analysis: Solving Maxwell's Equations and the Schroedinger Equation. New York: Wiley, 2001.

[48] Pollock C R, Lipson M. Integrated Photonics. Boston: Kluwer Academic Publishers, 2003.

[49] Okamoto K. Fundamentals of Optical Waveguides. Amsterdam: Academic Press, 2006.

[50] Lifante G. Integrated Photonics: Fundamentals. Chichester: Wiley, 2003.

[51] Liboff R L. Introductory Quantum Mechanics. Reading, Massachusetts: Addison-Wesley, 1992.

[52] Lidgate S. Advanced finite difference-beam propagation method analysis of complex components. PhD thesis, Nottingham University, 2004.

[53] Garcia A L. Numerical Methods for Physics. 2nd ed. Upper Saddle River: Prentice Hall, 2000.

[54] Yariv A. Quantum Electronics. 3rd ed. New York: Wiley, 1989.

[55] Davis C C. Lasers and Electro-Optics: Fundamentals and Engineeing. Cambridge: Cambridge University Press, 2002.

[56] Mroziewicz B, Bugajski M, Nakwaski W. Physics of Semiconductor Lasers. North-Holland, Warszawa, Amsterdam: Polish Scientific Publishers, 1991.

[57] Coldren L A, Corzine S W. Diode Lasers and Photonic Integrated Circuits. New York: Wiley, 1995.

[58] Carroll J, Whiteaway J, Plumb D. Distributed Feedback Semiconductor Lasers. London: The Institution of Electrical Engineers, 1998.

[59] Kapon E. Semiconductor Lasers. San Diego: Academic Press, 1999.

[60] Sands D. Diode Lasers. Bristol and Philadelphia: Institute of Physics Publishing, 2005.

[61] Wilmsen C W, Temkin H, Coldren L A. Vertical-Cavity Surface-Emitting Lasers. Cambridge: Cambridge University Press, 1999.

[62] Agrawal G P, Dutta N K. Semiconductor Lasers. 2nd ed. Boston, Dordrecht, London: Kluwer Academic Publishers, 2000.

[63] 顾畹仪. 光纤通信. 2 版. 北京: 人民邮电出版社, 2011.

[64] Keiser G. Optical Fiber Communications. 3rd ed. Boston: McGraw-Hill, 2000.

[65] Chuang S L. Physics of Optoelectronic Devices. New York: Wiley, 1995.

[66] Liu J M. Photonic Devices. Cambridge: Cambridge University Press, 2005.

[67] Ebeling K J. Integrated Optoelectronics. Berlin: Springer-Verlag, 1989.

[68] Liu M M K. Principles and Applications of Optical Communications. Chicago: Irwin, 1996.

[69] Keiser G. Optical Fiber Communications. 4th ed. Boston: McGraw-Hill, 2011.

[70] Liu M M K. Principles and Applications of Optical Communications. Chicago: Irwin, 1996.

[71] Binh L N. Optical Fiber Communications Systems. Boca Raton: CRC Press, 2010.

[72] Ramaswami R, Sivarajan K N. Optical Networks: A Practical Perspective. 2nd ed. San Francisco: Morgan Kaufmann Publishers, 1998.

[73] Yariv A, Yeh P. Photonics: Optical Electronics in Modern Communications. 6th ed. New York, Oxford: Oxford University Press, 2007.

[74] Desurvire E. Erbium-Doped Fiber Amplifiers, Principles and Applications. New York: Wiley, 2002.

[75] Becker P C, Olsson N A, Simpson J R. Erbium-Doped Fiber Amplifiers: Fundamentals and Technology. San Diego: Academic Press, 1999.

[76] Bjarklev A. Optical Fiber Amplifiers: Design and System Applications. Boston: Artech House, 1993.

[77] Yariv A. Quantum Electronics. 3rd ed. New York: Wiley, 1989.

[78] Agrawal G P. Fiber-Optic Communication Systems. 2nd ed. New York: Wiley, 1997.

[79] Agrawal G P. Semiconductor optical amplifiers// Agrawal G P, Semiconductor Lasers. Past, Present, and Future. Woodbury, New York: American Institute of Physics Press, 1995: 243-283.

[80] Iannone E, Matera F, Mocozzi A, et al. Nonlinear Optical Communication Networks. New York: Wiley, 1998.

[81] Sabella R, Lugli P. High Speed Optical Communications. Dordrecht: Kluwer Academic Publishers, 1999.

[82] Alexander S B. Optical Communication Receiver Design. Bellingham, Washington and London: SPIE Optical Engineering Press and Institution of Electrical Engineers, 1997.

[83] Ramaswami R, Sivarajan K N. Optical Networks: A Practical Perspective. San Francisco: Morgan Kaufmann Publishers, 1998.

[84] Cartledge J C, Burley G S. The effect of laser chirping on lightwave system performance. J. Lightwave Technol., 1989, 7: 568-573.

[85] Liu M M K. Principles and Applications of Optical Communications. Chicago: Irwin, 1996.

[86] 朱勇, 王江平, 卢麟, 等. 光通信原理与技术. 2 版. 北京: 科学出版社, 2011.

[87] Muoi T V. Receiver design of optical-fiber systems// Basch E E B. Optical-Fiber Transmission. Indianapolis: Howard W. Sams & Co., 1986: 375-425.

[88] Rogers D L. Integrated optical receivers using MSM detectors. J. Lightwave Technol., 1991, 9: 1635-1638.

[89] Liu J M. Photonic Devices. Cambridge: Cambridge University Press, 2005.

[90] Kasap S O. Optoelectronics and Photonics: Principles and Practices. Upper Saddle River, New Jersey: Prentice Hall, 2001.

[91] Palais J C. Fiber Optic Communications. 5th ed. Upper Saddle River, New Jersey: Prentice Hall, 2005.

[92] Keiser G. Optical Fiber Communications. 4th ed. Boston: McGraw-Hill, 2011.

[93] Einarsson G. Principles of Lightwave Communications. Chichester: Wiley, 1996.

[94] Keiser G. Local Area Networks. 2nd ed. Boston: McGraw Hill, 2002.

[95] van Etten W, van der Plaats J. Fundamentals of Optical Fiber Communications. New York: Prentice Hall, 1991.

[96] Stevens A E. An integrate-and-dump receiver for fiber optic networks. PhD thesis, Columbia University, 1995.

[97] 徐熙平, 张宁. 光电检测技术及应用. 2 版. 北京: 机械工业出版社, 2016.

[98] 张劲松, 陶智勇, 韵湘. 光波分复用技术. 北京: 北京邮电大学出版社, 2002.

[99] 龚倩, 徐荣, 张民, 等. 光网络的组网与优化设计. 北京: 北京邮电大学出版社, 2002.

[100] 刘业辉, 方水平. 光传输系统 (华为) 组件、维护与管理. 北京: 人民邮电出版社, 2011.

[101] 袁建国, 叶文伟. 光网络信息传输技术. 北京: 电子工业出版社, 2012.

[102] 杨一荔, 李慧敏, 文化. PTN 技术. 北京: 人民邮电出版社, 2014.

[103] ITU-T G.709. 光传送网 (OTN) 接口. 2009.

[104] ITU-T G.709. 光传送网 (OTN) 接口增补 I. 2009.

[105] ITU-T G.709. 光传送网 (OTN) 接口增补 II. 2009.

附录 Appendix   MATLAB 代码

本书中二维码提供全书中重要问题的 MATLAB 代码, 并加入描述性的评注. 建议读者把代码运行一遍, 并理解和分析它们的结果.

表 A.1 提供了全书 MATLAB 文件的清单, 并对每个函数都有简短的描述.

表 A.1   MATLAB 函数清单

清单	函数名	描述
2A.1	reflections_TE_TM.m	基于菲涅耳方程对 TE 和 TM 模式的反射率作图
3A.1	FP_transmit.m	绘制 FP 标准具的透射率
4A.1	b_V_diagram.m	绘制平板波导的 b-V 图
4A.2.1	a3L.m	分析三层平板波导
4A.2.2	func_asym.m	被 a3L.m 使用的函数
5A.1.1	bessel_J.m	绘制贝塞尔函数 J_m
5A.1.2	bessel_Y.m	绘制贝塞尔函数 Y_m
5A.1.3	bessel_K.m	绘制贝塞尔函数 K_m
5A.1.4	bessel_I.m	绘制贝塞尔函数 I_m
5A.2	b_V_of.m	绘制光纤 LP_{mm} 模式的 b-V 图
5A.3	LP01_field_two.m	用来产生二维单模 LP_{01} 的模场分布
5A.4	sellmeier.m	利用谢米尔方程绘制 SiO_2 的折射率图
5A.5	disp_mat.m	确定和绘制材料色散系数
6A.1	pbpm.m	近轴近似时自由空间中的高斯脉冲
6A.2	fd_bpm_free.m	自由空间中的高斯脉冲 (克兰克–尼科尔森)
6A.3.1	bpm_tbc.m	透明边界条件
6A.3.2	step.m	被 bpm_tbc.m 使用的函数, 执行单步运算
7A.1.1	ptrain.m	产生高斯脉冲序列
7A.1.2	fgauss_chirp.m	用于 ptrain.m 的函数
7A.1.3	cgptrain.m	产生啁啾高斯调制光脉冲
7A.2.1	small_signal.m	小信号分析
7A.2.2	param_rate_eq_bulk.m	速率方程中有源区的参数
7A.3.1	small_epsilon.m	小信号对增益压缩的响应
7A.3.2	param_rate_eq_QW.m	速率方程中量子阱有源区的参数
7A.4.1	large_signal.m	大信号分析
7A.4.2	eqs_large.m	大信号分析中的速率方程的定义
8A.1.1	sat_gain.m	建立计算饱和增益的数据
8A.1.2	f_sat_gain.m	用于 sat_gain.m 的函数
8A.1.3	sat_plot.m	绘制饱和增益图
8A.2.1	gain_variable_length.m	产生增益光纤长度图的数据
8A.2.2	edfa_param.m	EDFA 的参数
8A.2.3	edfa_eqs.m	EDFA 的方程
8A.2.4	variable_length_plot.m	将 gain_variable_length.m 产生的数据绘制成增益图
8A.3.1	gain_variable_pump.m	对于固定长度的光纤产生绘制增益功率图的数据
8A.3.2	variable_pump_plot.m	将 gain_variable_pump.m 产生的数据绘制成增益功率图
9A.1	berQ.m	绘制比特误差率和 Q 关系的图